建设行业专业技术管理人员继续教育教材

建设工程绿色施工及技术应用

北京土木建筑学会　组织编写
刘梦然　主编

江苏凤凰科学技术出版社

图书在版编目（CIP）数据

建设工程绿色施工及技术应用/刘梦然主编．—南京：江苏凤凰科学技术出版社，2016.9

建设行业专业技术管理人员继续教育教材/魏文彪主编

ISBN 978-7-5537-6946-2

Ⅰ.①建… Ⅱ.①刘… Ⅲ.①建筑工程-无污染技术-继续教育-教材 Ⅳ.①TU-023

中国版本图书馆 CIP 数据核字（2016）第 178819 号

建设行业专业技术管理人员继续教育教材

建设工程绿色施工及技术应用

主　　编	刘梦然
项目策划	凤凰空间/翟永梅
责任编辑	刘屹立
特约编辑	翟永梅
出版发行	凤凰出版传媒股份有限公司 江苏凤凰科学技术出版社
出版社地址	南京市湖南路 1 号 A 楼，邮编：210009
出版社网址	http：//www.pspress.cn
总　经　销	天津凤凰空间文化传媒有限公司
总经销网址	http：//www.ifengspace.cn
经　　销	全国新华书店
印　　刷	北京市十月印刷有限公司
开　　本	787 mm×1 092 mm　1/16
印　　张	17.5
字　　数	437 000
版　　次	2016 年 9 月第 1 版
印　　次	2016 年 9 月第 1 次印刷
标准书号	ISBN 978-7-5537-6946-2
定　　价	43.00 元

图书如有印装质量问题，可随时向销售部调换（电话：022-87893668）。

内 容 提 要

本书内容主要包括：绿色施工概述、绿色施工基础技术、绿色施工综合技术、装配式建筑绿色施工技术、超高层建筑绿色施工技术、BIM与绿色施工技术、绿色施工管理、绿色施工管理制度与管理表格。

本书内容先进、重点突出，易于学习和掌握，操作性强，可作为建设行业专业技术人员继续教育教材，也可作为工程监理单位、建设单位、勘察设计单位、施工单位和政府各级建设管理部门项目管理有关人员及大专院校工程管理专业、土木工程类专业师生参考用书。

前言

随着建设行业的发展，新材料、新设备、新工艺、新技术不断投入使用，一批新的施工规范和施工技术也相继颁布施行，对建设工程新知识要求也越来越广泛。为了使读者能系统地掌握更多先进的建设工程施工方面的知识，编者根据多年的教学经验和实践经验，特意编写了“建设行业专业技术管理人员继续教育教材”系列丛书，包括：

《建设工程新材料及应用》《建设工程新技术及应用》《建设工程节能技术》《建设工程绿色施工及技术应用》《工程技术经济》《建设行业职业道德及法律法规》《建设工程质量管理》《建设工程环境与安全管理》《计算机在建设工程中的应用》。

本系列丛书以新技术、新规范、新材料，节能、绿色、经济为主要内容；以提高建设行业从业人员素质、确保工程质量和安全生产为目的；按照继续教育工作科学化、制度化、经常化的要求，针对国家建设行业颁布的新技术、新规范、新材料和法律、法规等及时搜集整理，组织建设行业专家编写了行业急需的继续教育教材。

本系列丛书具有较强的适用性和可操作性，理论联系实际，图文并茂，可作为建设行业专业技术管理人员继续教育教材，同时也可作为从事建筑业、房地产业等工程建设和管理相关人员的参考用书。本系列丛书选取部分相关专业进行介绍，内容包括行业中最前沿的科技和需要重视的问题。阐述方式严谨科学，思路清晰。在内容安排上，尽量做到重点突出、表达简练。

本书主要讲述建设工程绿色施工及技术应用的相关内容，参与本书编写的人员有：刘海明、张跃、李佳滢、刘梦然、李长江、王玉静、许春霞、王启立。

本系列丛书在编写过程中，参阅了部分相关书籍，在此对参考资料的原作者表示衷心的感谢。此外，由于编写时间仓促，加之编者水平有限，书中难免会出现错误，欢迎读者给予批评指正，以便我们进一步地修改和完善。

编者

2016 年 9 月

目录

第一章 绿色施工概述

第一节 绪论

一、绿色施工的意义与本质

1. 绿色施工的意义

绿色施工是指工程建设中，在保证质量、安全等基本要求的前提下，通过科学管理和技术进步，最大限度地节约资源与减少对环境负面影响的施工活动。它涉及可持续发展的各个方面，包括减少物质化生产、可循环再生资源利用、清洁生产、能源消耗最小化、生态环境的保护等等。

绿色施工作为建筑全周期中的一个重要阶段，是实现资源节约和节能减排的关键环节。绿色施工，应依据因地制宜的原则，贯彻执行国家、行业和地方相关的技术经济政策和法律法规。绿色施工是可持续发展理念在工程施工中全面应用的体现，绿色施工并不仅仅是指在工程施工中实施封闭施工，没有尘土飞扬，没有噪声扰民，在工地四周栽花、种草，实施定时洒水等这些内容，它涉及可持续发展的各个方面，如生态与环境保护、资源与能源利用、社会与经济的发展等内容。

（1）绿色施工可以推动建筑企业可持续发展

绿色施工是企业转变发展观念、提高综合效益的重要手段。绿色施工的实施主体是企业。首先，绿色施工可以在技术、管理和节约中提高效益。绿色施工在规划管理阶段要编制绿色施工方案，方案中应包括环境保护、节能、节地、节水、节材等措施，这些措施都将直接为工程建设节约成本。其次，环境效益可以带来经济效益、社会效益，建筑企业在施工过程中，应注意保护环境，在扬尘、噪声震动、光污染、水污染、土壤保护、建筑垃圾、地下设施文物和资源保护等方面做到措施到位，改善施工现场脏、乱、差、闹的现象，以便树立良好的社会形象，良好的社会形象有利于取得社会的支持，进而保证工程的顺利进行，乃至获得市场的青睐，从而获得更多的市场。所以说建筑企业在绿色施工过程中产生环境效益的同时也带来了社会效益和经济效益，从而形成企业的综合效益。

（2）绿色施工有利于保障城市的环境卫生

要想提升城市的整体形象与面貌，除了整体的环境保护与城市绿化，必须通过有效措施提升城市在施工过程中对环境的保护。这就要求在施工过程中要有效落实绿色施工，保证城市的环境秩序良好。工程建设过程中对城市环境的影响主要表现在施工扬尘、施工噪声、水土污染以及施工期对施工段局部生态环境暂时的影响。施工过程中开挖路面，压占土地、植被和道路，以及施工过程中的扬尘、施工噪声、建筑垃圾、水土流失等都会对城市局部环境造成一定影响。

（3）绿色施工有利于保障带动城市良性发展

胡锦涛强调指出："树立和落实科学发展观，必须着力提高经济增长的质量和效益，努力实现速度和结构、质量、效益相统一，经济发展和人口、资源、环境相协调，不断保护和增强发展的可持续性。"经济发展与环境保护的关系必须以科学发展观为指导加以正确处理。科学发展观的提出，为我们科学把握经济发展与环境保护这一人与自然关系的关键问题，提供了强大的理论指导。先污染再治理的道路已经行不通，在建设城市发展经济的同时一定要做到保护环境。绿色施工就是在施工过程中，努力做到经济发展与环境保护相统一、相协调。

环境与经济发展是相互促进、相互作用的。一方面，我们靠基本建设带动社会生产力，发展经济；另一方面，环境建设会对经济发展起到作用，如果我们的环境建设保护工作得到落实贯彻，那将会促进经济发展，因此，建设工程施工是否有效落实绿色施工对于经济发展与城市发展起到了不可忽视的作用。

2. 绿色施工的本质

绿色施工的本质主要包括以下四方面：

①绿色施工把保护和高效利用资源放在重要位置。施工过程是一个大量集中投入资源的过程。随着工业化、城市化进程的加速，建筑业也飞速发展，相伴而产生的是在建筑施工过程中的资源破坏与浪费，绿色施工把节约资源放在重要位置，按照循环经济要求的减量化、精细化、再循环的原则来保护和高效利用资源，在施工过程中就地取材、精细施工以尽可能减少资源的投入，同时加强资源回收与利用，减少废弃物的排放。

②绿色施工必须坚持以人为本。注重减轻劳动者的工作强度和改善作业条件，坚持以人为本作为基本理念，尊重和保护生命，保障人身健康。

③绿色施工应该将保护环境和控制污染物排放作为前提条件。施工是一种对现场周边甚至更大范围的环境有着负面影响的生产活动，施工活动除了对大气和水体有一定的污染外，基坑施工对地下水影响较大，同时，还会产生大量的固体废弃物排放以及扬尘、噪声、强光等刺激感官的污染。因此，施工活动必须体现绿色特点，将保护环境和控制污染排放作为前提条件。

④绿色施工必须追求技术进步，把推进建筑信息化和工业化作为重要支撑，绿色施工的意义在于创造一种对人类、自然和社会的环境影响相对较小、资源高效利用的全新施工模式，绿色施工的实现需要技术进步和科技管理的支撑，特别是要把推进建筑工业化和施工信息化作为重要方向，这两者对于节约资源、保护环境和改善人工作业条件具有重要的推进作用。

推进绿色施工是施工企业贯彻科学发展观、实现国家可持续发展、保护环境、勇于承担社会责任的一种积极应对措施，是施工企业面对严峻的经营形势和严酷的环境压力时自我加压、挑战历史和引导未来工程建设模式的一种施工活动。建筑工程施工中的某些环境的负面影响大多具有集中、持续和突发特征，其决定了施工企业推行绿色施工的迫切性和必要性。切实推进绿色施工，使施工过程真正做到"四节一环保"，对于促使环境改善，提升建筑业环境效益和社会效益具有重要意义。绿色施工并非一项具体的技术，而是对整个施工企业提出的一个革命性的变革要求，其影响范围之大、覆盖范围之广是空前的，影响更是深远的。

二、绿色施工的地位和作用

建筑全生命周期，是指包括原材料获取，建筑材料生产与建筑构配件加工，现场施工安装，建筑物运行维护以及建筑物最终拆除处置等建筑生命的全部过程。建筑生命周期的各个阶段都是在资源和能源的支撑下完成的，并向环境系统排放物质，如图 1-1 所示。

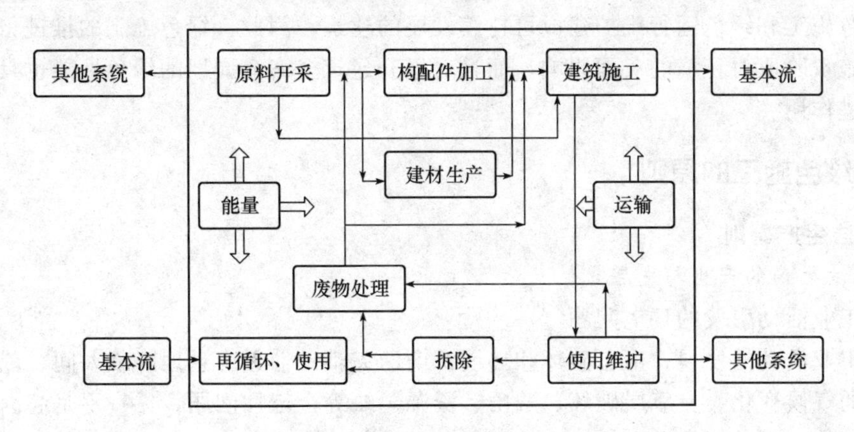

图 1-1　建筑生命周期系统示意

从建筑全生命周期的角度分析，绿色施工在整个建筑生命周期环境中的地位和作用表现如下。

1. 绿色施工有助于减少施工阶段对环境的污染

建筑施工现场往往是脏、乱、差、闹的形象，最主要的是，在施工过程中产生的大量粉尘、噪声、固体废弃物、水消耗、土地占用及土地污染等多种类型的环境污染，对施工现场和周围人们的生活和工作带来了不必要的影响。施工阶段对环境影响在数量上不一定是最多的，但是具有类型多、影响集中、程度深的特点，是人们感受最突出的阶段。绿色施工通过控制各种环境影响，节约能源资源，能够有效地减少各类污染物的产生，减少对周围人群的负面影响，取得突出的环境效益和社会效益。

2. 绿色施工有助于改善建筑全寿命周期的绿色性能

在建筑全寿命周期中，规划设计阶段对建筑物整个生命周期的使用功能、环境影响和费用的影响最为深远，然而，规划设计的目的是在施工阶段来落实的，施工阶段是建筑物的生成阶段，其工程质量影响着建筑运行时期的功能、成本和环境影响。绿色施工的基础质量保证，有助于延长建筑物的使用寿命，从实质上提升资源利用率。绿色施工是在保障工程安全质量的基础上保护环境、节约资源，其对环境的保护将带来长远的环境效益，有利于推进社会的可持续发展。施工现场建筑材料、施工机具和楼宇设备的绿色性能评价和选用绿色性能相对较好的建筑材料、施工机具和楼宇设备是绿色施工的需要，更对绿色建筑的实现具有重要作用。可见，推进绿色施工不仅能够减少施工阶段的环境负面影响，还可以为绿色建筑的形成提供重要支撑，为社会的可持续发展提供保障。

3. 推进绿色施工是建造可持续性建筑的重要支撑

建筑在全生命周期中是否绿色、是否具有可持续性是由其规划设计、工程施工和物业运行等过程是否具有绿色性能、是否具有可持续性所决定的。对于绿色建筑物的建成，首先，需要工程策划思路正确、符合可持续发展要求；其次，规划设计还必须达到绿色设计标准；最后，施工过程也要严格进行策划，严格实施，达到绿色施工水平，物业运行是一个漫长的阶段，必须依据可持续发展的思想进行绿色物业管理。在建筑的全生命周期中，要完美体现可持续发展思想，各环节、各阶段都需凝聚目标，全力推进和落实绿色发展理念，通过绿色设计、绿色施工和绿色运行维护建成可持续发展的建筑。因此，绿色施工的推进，不仅能有效地减少施工阶段对环境的负面影响，而且对提升建筑全寿命周期的绿色性能也具有重要的支撑和促进作用。

三、绿色施工的原则

1. 清洁生产原则

1）清洁生产的产生与发展

（1）工业活动引发的环境问题

随着工业活动的发展，生态破坏和环境污染的灾难已悄无声息地降临人间。威胁人类生存和发展的气候变化、臭氧层破坏、酸雨、资源短缺等全球性问题，无一不是起因于人类贪婪的、疯狂的、无节制的向自然界索取的工业活动。

（2）解决工业污染方法的演进

人们解决工业污染的方法是随着人类赖以生存和发展的自然环境的日益恶化和人们对工业污染原因及本质问题认识的加深而不断向前发展的。为此，我们也按历史发展轨迹和其发展特点，把人们解决工业污染的方法的演进划分为三个阶段："先污染，后治理"阶段、"末端治理"阶段、"污染预防，全程控制"阶段。

（3）末端治理与清洁生产的比较

清洁生产是关于产品和产品生产过程的一种新的、持续的、创造性的思维，它是指对产品和生产过程持续运用整体预防的环境保护战略。末端治理是等问题出现了以后再去处理，而清洁生产是控制好整个生产过程。

由于清洁生产能够实现经济效益、环境效益与社会效益的真正统一，推行清洁生产已经成为世界各国发展经济和保护环境所采用的一项基本策略。

2）清洁生产的基本要素

（1）清洁生产的定义

清洁生产是指既满足生产的需要，又可合理地使用自然资源和能源，并保护环境的实用生产方法和措施，它的目的是将生产排放的废物减量化、资源化和无害化，以求减少环境负荷。

（2）清洁生产的主要内容

清洁生产的内容，可归纳为"三清一控制"，即清洁的原料与能源、清洁的生产过程、清洁的产品以及贯穿于清洁生产的全过程控制。

清洁的原料与能源，是指产品生产中能被充分利用而极少产生废物和污染的原材料和能源。选择清洁的原料与能源，是清洁生产的一个重要条件。目前，在清洁生产原料方面的措施主要有：清洁利用矿物燃料；加速以节能为重点的技术进步和技术改进，提高能源利用率；加速开发水能资源，优先发展水力发电；积极发展核能发电；开发利用太阳能、风能、地热能、海洋能、生物质能等可再生的新能源；选用高纯、无毒原材料。

清洁的生产过程指尽量少用或不用有毒、有害的原料；选用无毒、无害的中间产品；减少生产过程的各种危害性因素；采用少废、无废的工艺和高效的设备；做到物料的再循环；简便、可靠的操作和控制；完善的管理等。清洁的生产过程，要求选用一定的技术工艺，将废物减量化、资源化、无害化，直至将废物消灭在生产过程之中。

清洁的产品，就是有利于资源在生产、使用和处置的全过程中不产生有害影响的产品。

贯穿于清洁生产中的全过程控制包括两方面的内容，即生产原料或物料转化的全过程控制和生产组织的全过程控制。

应该指出，清洁生产是一个相对的、动态的概念，所谓清洁生产的工艺和产品是和现有的工艺相比较而言的。推行清洁生产，本身就是一个不断完善的过程，随着社会经济的发展和科学技术进步，需要适时地提出更新的目标，不断采取新的方法和手段，争取达到更高的水平。

3）清洁生产与可持续发展

（1）可持续发展理论概述

在20世纪，飞速发展的工业经济给人类带来了高度发达的物质文明，但也带来了诸多的环境问题，人类生存环境开始陷入危机：生态环境恶化，廉价资源趋于耗竭，全球性环境问题危及人类生存安全等。目前，可持续发展观念已渗透到自然科学和社会科学等诸多领域。它要求人们要珍惜自然环境和资源，在满足当代人的需要的同时，又不对后代人满足其需要的能源构成危害。可持续发展已逐渐成为人们普遍接受的发展模式，并成为人类社会文明的重要标志和共同追求的目标。

可持续发展有两个基本要求：一是资源的永续利用；二是环境容量的承载能力。这两个基本要求是可持续发展的基础，它们支撑着生态环境的良性循环和人类社会的经济增长。

（2）清洁生产是可持续发展的必由之路

清洁生产不仅要实现生产过程的无污染或少污染，而且生产出来的产品在使用和最终报废处理过程中，也不能对人类生存环境造成损害。清洁生产在生产全过程的每一个环节，以最小量的资源和能源消耗，使污染的产生降低到最低程度。清洁生产低能耗、高产出，是实现经济效益、社会效益与环境效益相统一的生产方式。清洁生产能够节能、降耗、减污、降低产品成本和废物处理费用，节约能源和资源，提高资源和能源利用率，使企业的局部利益和当前利益与社会的整体利益和长远利益有机结合起来，达到经济效益、社会效益和环境效益相统一，使可持续发展的目标成为现实。

总之，实施清洁生产体现了持续发展的战略思想，可以实现经济、生态（环境）和社会效益的统一，保障经济与资源、环境的协调发展。

2. 绿色施工技术

建筑施工技术是指建筑物形成的方法，就是把施工图纸变成实物的过程中所采用的技术，而绿色施工技术则是指在上述传统的各种施工技术中如何贯彻“清洁生产”和“减物质化”等绿色理念，使之体现在传统的施工技术、工艺生产过程的各个环节中。节约资源、能源，减少污染物的排放，保护生态环境，要从分部工程的施工技术方面来探讨怎样做到绿色施工，各分部工程的施工方案的选择比较，应既满足工程施工需要又符合绿色施工原则。利用合适的方法来选择最佳的施工方案。总之在施工的过程中尽量考虑节约资源、能源，并使我们的环境尽量地少受到侵害，在遵循清洁生产原则和减少物质化生产的原则的基础上选择最合适的施工技术，也就是绿色评价程度最高的施工方案。

四、绿色施工发展趋势

绿色施工图设计和绿色施工实施是绿色建造的两个阶段，将绿色施工图设计技术与绿色施工技术紧密结合，将会有力地提升工程项目的总体绿色水平，真正实现预期的绿色建造效果，才能在建筑全寿命周期的“生成阶段”构建真正意义的绿色建造。

1. 装配式建造技术

装配式建造不同于传统建筑的“粗放型建造”模式，它更像“制造”一种工业产品一样，采用流水线生产的方式预制建筑构配件，运到安装现场后像“搭积木”一样将建筑搭起来，并且具有可持续性的特点。装配式可持续建筑与传统建筑相比，具有以下几个特点。

1）模块化、多样化设计

装配式建造技术的建筑设计以建筑模块为基本的设计单元，通过各类模块间的组合，形成不同建筑的外形。建筑的功能区的划分可根据需要设置在一个主板模块或多个主板模块上。另外，在同一个空间，不会受到传统建筑承重墙或分隔墙的限制，其采用可装配的内隔墙对大开间进行灵活分割，根据用户的需要，创造出不同的空间布局，实现设计多样化。

2）标准化、工厂化制造

建筑物品的标准化和工厂化是实现建筑工业化的基础。在建筑模数协调的基础上，将部件的尺寸参数成套地统一起来，减少建筑部件的类型和规格，形成标准化的部件，提高部件的互换性、通用性。建筑的部件以工厂制造为主，也可采用市场上配套的产品。

3）机械化、装配化施工

传统建筑以现场湿作业为主的建造方式，建造过程中耗能、耗水、耗地严重，同时也造成建筑使用中的高能耗和高物耗。装配式可持续建筑的主要部件在工厂预制运输到现场，通过专用工具吊装，并由装配工将各部件连接起来，不存在传统建筑大规模的湿作业和各类专业工种。

4）制造、使用的可持续性

装配式建造技术在追求工业化的过程中，更加注重建筑的可持续性，主要体现在：

①采用工厂化生产形式，部件根据设计图进行预制，采用环境友好的材料，制造产生的废材料可循环使用。

②主体采用钢结构，自重轻、抗震性好、使用寿命长，建筑的非承重部件可拆卸更换。

③建筑部件的生产、装修100%在工厂完成；现场装配过程无湿作业、不进行二次装修，不会产生扬尘、污水、建筑垃圾等。

④集成化的建筑节能设计。将建筑节能融入到建筑中，如采用轻质保温墙板、热回收的空调系统等，减少建筑生命周期内的能耗。

⑤建筑可异地重建。

2. 信息化建造技术

信息化建造技术是利用计算机、网络和数据库等信息手段，对工程项目施工图设计和施工过程的信息进行有序存储、处理、传输和反馈的建造方式，建筑工程信息交换与共享是工程项目实施的重要内容。信息化建造技术有利于施工图设计和施工过程的有效衔接，有利于各方、各阶段的协调与配合，从而有利于提高施工效率，减小劳动强度。信息化建造技术应注重于施工图设计信息、施工工程信息的实时反馈、共享、分析和应用，开发面向绿色建造全过程的模拟技术、绿色建造全过程实时监测技术、绿色建造可视化控制技术以及工程质量、安全、工期与成本的协调管理技术，建立实时性强、可靠性高的信息化建造技术系统。

3. 楼宇设备及系统智能化控制技术

楼宇设备及智能化控制是采用先进的计算机技术和网络通信技术结合而成的自动控制方法，其目的在于使楼宇建造和运行中的各种设备系统高效运行，合理管理资源，并自动节约资源。因此，楼宇设备及智能化控制技术是绿色建造技术发展的重要领域，在绿色施工中应该选用节能降耗性能好的楼宇设备，开发能源和资源节约效率高的智能控制技术并广泛应用于各类建筑工程项目中。

4. 建材、楼宇与施工机械绿色性能评价及选用技术

选用绿色性能好的建筑材料与施工机械是推进绿色建造的基础，因此，绿色材料和施工机械绿色性能评价及选用技术是绿色建造实施的基础条件，其重点和难点在于采用统一、简单、可行的指标体系对施工现场各式各样的建筑材料和施工机械进行绿色性能评价，从而方便施工现场选取绿色性能相对优良的建筑材料和施工机械。建筑材料绿色评价可注重于废渣、废水、废气、粉尘和噪声的排放，以及废渣、水资源、能源、材料资源的利用和施工效率等指标，施工机械绿色性能评价可重点关注工作效率、油耗、电耗、尾气排放和噪声等关键性指标。

5. 高强钢与预应力结构等新型结构开发应用技术

绿色建造的推进应鼓励高强度钢的广泛应用，宜高度关注与推广预应力结构和其他新型结构体系的应用。一般情况下，该类型结构具有节约材料、减小结构截面尺寸、降低结构自重等优点，有助于绿色建造的推进和实施，但可能同时存在生产工艺较为复杂、技术要求高等问题。突破新型结构体系开发的重大难点，建立新型结构成套技术是绿色建造发展的一大主题。

6. 多功能高性能混凝土技术

混凝土是建筑工程使用最多的材料，混凝土性能的研发改进对绿色建造的推动具有重要作用，多功能混凝土包括轻型高强度混凝土、透光混凝土、加气混凝土、植生混凝土、防水混凝土和耐火混凝土等，高性能混凝土要求具备强度高、强度增长受控、可塑性好、和易性好、热稳定性好、耐久性好、不离析等性能，多功能高性能混凝土是未来混凝土发展的方向，符合绿色建造的要求，所以应从混凝土性能和配比、搅拌和养护等方面加以控制研发并推广应用。

7. 新型模架开发应用技术

模架体系是混凝土施工的重要工具，其便捷程度和重复利用程度对施工效率和材料资源节约等有重要影响，新型模架结构包括自锁式、轮扣式、承插式支架或脚手架，钢模板、塑料模板、铝合金模板、轻型钢框模板及大型自动提升工作平台，水平滑移模架体系、钢木组合龙骨体系、薄壁型钢龙骨体系、木质龙骨体系、型钢龙骨体系等。开发新型模架及配套的应用技术，探索建立建筑模架产、供、销一体化，以及专业化服务体系、供应体系和评价体系，可为建筑模架工程的节材、高效、安全提供保障。

8. 现场废弃物减排及回收再利用技术

我国建筑废弃物数量已经占到城市垃圾总量的1/3左右，建筑废弃物的无序堆放，不但侵占了宝贵的土地资源、耗费了大量费用，而且清运和堆放过程中的遗撒和粉尘、灰尘飞扬等问题又造成了严重的环境污染。因此，现场废弃物的减排和回收再利用技术是绿色建造技术发展的核心主题。现场废弃物的处置应遵循减量化、再利用、资源化的原则，开发并应用建筑垃圾减量化技术，从源头上减少建筑垃圾的产生。当无法避免产生时，应立足于现场分类、回收和再利用技术研究，最大限度地对建筑垃圾进行回收和循环利用。对于不能再利用的废弃物应本着资源化处理的思路，分类排放，充分利用或进行集中无害化处理。

第二节 四节一环保

一、节能与能源利用

施工节能是指建筑工程施工企业采取技术上可行、经济上合理的有利于环境、社会可接受的措施，提高施工所耗费能源的利用率。

施工节能主要是从施工组织设计、施工机械设备及机具、施工临时设施、施工用电及照明等方面，在保证安全的前提下，最大限度地降低施工过程中的能量损耗，提高能源利用率。

1. 施工节能措施

①制定合理的施工能耗指标，提高施工能源利用率。施工能耗非常复杂，依据施工情况来定。因此，制定合理的施工能耗指标必须依靠施工企业自身的管理经验，结合工程实际情况，按照“科学、务实、前瞻、动态、可操作”的原则进行，并在实施过程中全面细致地收集相关数据，及时调整相关指标，最终形成比较准确的单个工程能耗指标供类似工程参考。

根据工程特点，开工前制定能耗定额，定额应按生产能耗、生活办公能耗分开制定，并分别建立计量管理机制。一般能耗为电能，能耗较大的土木工程、市政工程等还包括油耗。

大型工程应该分不同单项工程、不同标段、不同施工阶段、不同分包生活区制定能耗定额，并采取不同的计量管理机制。

进行进场教育和技术交底时，应将能耗定额指标一并交底，并在施工过程中计量考核。

专项重点能耗考核。对大型施工机械，如塔式起重机、施工电梯等，单独安装电表，进行计量考核，并有相关制度配合执行。

②优先使用国家、行业推荐的节能、高效、环保的施工设备和机具。国家、行业和地方会定期发布推荐、限制和禁止使用的设备、机具、产品名录，绿色施工禁止使用国家、行业、地方政府明令淘汰的施工设备、机具和产品，推荐使用节能、高效、环保的施工设备和机具。

③施工现场分别设定生产、生活、办公和施工设备的用电控制指标，定期进行计量、核算、对比分析，并有预防和纠正措施。

按生产、生活、办公三区分别安装电表进行用电统计，同时，大型耗电设备做到一机一表单独用电计量。

定期对电表进行读数，并及时将数据进行横向、纵向对比，分析结果，发现与目标值偏差较大或单块电表发生数据突变时，应进行专题分析并采取必要措施。

④在施工组织设计中，合理安排施工顺序、工作面，以减少作业区域的机具数量，相邻作业区充分利用共有的机具资源。

在编制绿色施工专项施工方案时，应进行施工机具的优化设计。优化设计应包括：

安排施工工艺时，优先考虑能耗较少的施工工艺。例如，在进行钢筋连接施工时，尽量采用机械连接，减少采用焊接连接的次数。

设备选型应在充分了解使用功率的前提下进行，避免出现设备额定功率远大于使用功率或超负荷使用设备的现象。

合理安排施工顺序和工作面，科学安排施工机具的使用频次、进场时间、安装位置、使用时间等，减少施工现场机械的使用数量和占用时间。

相邻作业区应充分利用共有的机具资源。

⑤根据当地气候和自然资源条件，充分利用太阳能、地热能等可再生能源。

太阳能、地热能等作为可再生的清洁能源，在节能措施中应该利用一切条件加以利用。在施工工序和时间的安排上，应尽量避免夜间施工，充分利用太阳光照。另外在办公室、宿舍的朝向、开窗位置和面积等的设计上也应充分考虑自然光照射，节约电能。

太阳能热水器作为可多次使用的节能设备，有条件的项目也可以配备，作为生活热水的部分来源。

2. 施工机械设备及机具的节能措施

1）建立施工机械设备管理制度

①大型施工设备的租赁规定。为确保各项目在施工过程中所用的大型施工设备完好及机械设备在使用过程中处于安全运转、环境影响达标状态。具体如下：

项目部需要大型施工设备时必须先申报公司设备科，由设备科统一安排调度。

在公司设备不够或不能满足施工要求时，由设备科向外单位租赁。

在征得公司同意后，项目部可提出推荐单位，在确保设备完好及安全、环境影响达标的前提下，由公司设备科出面签订合同。

向外单位租赁的设备，归入公司设备管理范围。

②机械设备的使用管理规定。为了正确合理使用机械设备，防止设备事故的发生，更好地完成企业施工任务，特制定本使用规定。

必须严格按照厂家说明书规定的要求和操作规程使用机械。

配备熟练的操作人员，操作人员必须身体健康，经过专门训练，方可上岗操作。

特种作业人员（起重机械、起吊指挥、挂钩作业人员、电梯驾驶等）必须按国家和省、市安全生产监察局的要求培训和考试，取得省、市安全生产监察局颁发的“特种作业人员安全操作证”后，方可上岗操作，并按国家规定的要求和期限进行审证。

实习操作人员，必须持有实习证，在师傅的指挥下，才能操作机械设备。

在非生产时间内，未经主管部门批准，任何人不得私自动用设备。

新购或改装的大型施工设备应由公司设备科验收合格后方可投入运行，现场使用的机械设备都必须标识、挂牌。

经过大修理的设备，应该由有关部门验收发给使用证后方可使用。

机械使用必须贯彻“管用结合”、“人机固定”的原则，实行定人、定机、定岗位的岗位责任制。

有单独机械操作者，该人员为机械使用负责人。

多班作业或多人操作的机械（如塔吊、升降机），应任命一人为机长，其余为组员。

班组共同使用的机械以及一些不宜固定操作人员的机械设备，应将这类设备编为一组，任命一人为机组长，对机组内所有设备负责。

机长及机组长是机组的领导者和组织者，负责本机组设备的所有活动。

在交班时，机组负责人应及时、认真地填写机械设备运行记录。

所有施工现场的机管员、机修员和操作人员必须严格执行机械设备的保养规程，应按机械设备的技术性能进行操作，必须严格执行定期保养制度，做好操作前、操作中和操作后的清洁、润滑、紧固、调整和防腐工作。

起重机械必须严格执行“十不吊”的规定，遇六级（含六级）以上的大风或大雨、大雪、打雷等恶劣天气，应停止使用。

机械设备转场过程中，一定要进行中修、保养、更换已损坏的部件、紧固螺钉、加润滑油，脱漆严重的要重新油漆。

③机械设备安装后启用验收检测规定。

设备启用验收前，项目部必须依照编制的施工组织设计制订的方案实施，核对基础处理、安装要求、施工位置及安全、环境影响达标等方面工作。

设备启用验收范围划分。

大型设备：40 km 以上塔吊（包括 40 km）、人货电梯、输送泵等。

中型设备：各种混凝土搅拌机、井架等。

参加大型设备启用验收，由公司设备科会同项目部技术员、机管员、安全员、设备安装人员及操作工参加，依照公司大型设备验收用表实施，做好详细记录。

中小型设备验收，由项目部组织相关技术人员、机管员、安全员设备安装人员及操作工参加，依照设备启用验收表实施，做好记录，验收合格后方可使用。

由省、市府文件规定须经省、市检测站验收的设备，一定要申报，安排时间验收，验收后将验收文件存档。

设备启用验收项目的内容：

检查起重限位、变幅限位、轿箱限位、冲顶限位；

检查机械各传动部分是否正常，各螺钉紧固是否松动；

检查各制动器，制动效果是否可靠，制动片磨损是否超标，保证制动器有效工作；

检查钢丝绳的规格及磨损和断丝情况，以及钢丝绳端头紧固情况；

检查各传动机构、机械运动处、减速箱、蜗轮箱等工作是否正常，杜绝隐患存在；

检查各变速机构、齿轮啮合部位、液力偶合器、钢丝绳、滑轮以及黄油嘴处是否加足各种润滑油；

检查塔吊路轨型号、轨距、拉杆、四组轨牌及路轨端头硬靠山是否齐全可靠完好；

检查吊具、索具等是否齐全符合标准，安全可靠；

检查塔吊、人货电梯、井架等避雷针接地装置是否装好有效；

检查各种设备电器，包括外接电器装置，电器部分验收均按行业用电规范及当地的标准，严格执行。

小型设备固定使用设备安装牢固稳定，安全防护装置齐全，并搭设工棚保护设备。

大型设备的基础施工由项目部指定专人负责，与设备科联系确定合理位置，按随机基础图要求、说明书，或施工组织设计中的要求组织施工并验收，合格后方可安装。项目工程师要详细做好技术资料记录，并归档成册备查。特殊项目大型设备基础施工方案，由总工程师组织技术科、设备科及项目部研究确定。

机械设备使用，必须认真执行有关操作规程和保养规定。未通过验收的设备任何人不得违章开动设备，在验收过程中弄虚作假的，必须追究责任，严肃处理。

塔吊、升降机、附着式脚手架在公司与产权方共同验收合格后，应委托检测机构检测合格后使用。

④机械设备等级保养及维修规定。为使机械设备处于良好的安全状态，确保机械设备对环境影响达标，延长使用寿命，应对机械设备实行单级或多级的定期保养，定期保养时贯彻预防为主的原则。具体规定如下。

设备的定期保养周期、作业项目、技术规范，必须遵循设备各总成和零部件的磨损规律，结合使用的条件，参照说明书的要求执行。

定期保养一般分为例行保养和分级保养。分级保养分三级保养，以清洁、润滑、紧固、调整、防腐为主要内容。

例行保养由机操工或设备使用人员在上、下班或交接班时间进行，重点是清洁、润滑、检查，并做好记录。

一级保养由机操工或机组人员执行，主要以润滑、紧固为中心，通过检查、紧固外部紧固件，并按润滑图表加注润滑脂，加添润滑油或更换滤芯等。

二级保养由机管员协同机操工、机修工等人员执行，主要以紧固、调整为中心，除执行一级保养作业项目外，还应检查电气设备、操作系统、传动、制动、变速和行走机构的工作装置，以及紧固所有的紧固件。

各级保养均应保证其系统性和完整性，必须按照规定或说明书规定的要求如期执行，不应有所偏废。

各项目部机管员应每月督促操作工进行一次等级保养，并保存相应记录，整理汇总后备查。

机械设备的修理，按照作业范围可区分为：

小修：维护性修理，主要是解决设备在使用过程中发生的故障和局部损伤，维护设备的正常运行，应尽可能按功能结合保养进行并做好记录。

项目修理：以状态检查为基础，对设备磨损接近修理极限前的总成，有计划地进行预防性、恢复性的修理，延长大修的周期。

中修：大型设备在每次转场前必须进行检查与修理，更换已磨损的零部件，对有异议的总成部件进行解体检查，整理电器控制部分，更换已损的线路。

大修：大多数的总成部分即将到达极限磨损的程度，必须送生产厂家修理或委托有资格修理的单位进行修理。

通过定期保养，减少施工机械在施工过程中的噪声、振动、强光对环境造成的污染，在保养过程中产生的废油、废弃物作业人员及时清理回收，确保其对环境影响达标。

⑤机械设备检查规定。为了确保现场机械设备在施工中正常运转，搞好机械设备的平时维修、保养和合理使用，提高机械设备完好、使用率，杜绝重大机械事故的发生，避免一般机械事故发生，延长机械使用寿命，做到安全生产，文明施工，特作下列检查规定。

设备检查方法：项目部机管员每月定期对本项目部的机械设备进行一次检查，并将检查结果记录在案。

设备检查内容：各类机械设备安全装置是否齐全，限位开关是否可靠有效，设备接地线是否符合有关规定：

塔吊轨道接地线、路轨顶端止档装置是否齐全可靠；

轨道铺设平整，拉杆、压板是否符合要求；

设备钢丝绳、吊索具是否符合安全要求；

各类设备制动装置性能是否灵敏可靠；

固定使用设备的布局搭设是否符合有关规定；

人货电梯限速器，附墙装置是否符合有关规定；

井架、人货电梯进出口处、防护棚、门搭设是否符合有关规定；

机械设备重要部位螺钉紧固，各类减速箱和滑轮等需要润滑部位的润滑是否符合有关规定；

现场设备用电装置是否符合有关规定；

操作人员是否持证上岗；

机械设备的清洁工作是否做好。

对查处的问题有关项目部应立即改正，并做好相应记录，整改情况及时反馈给公司设备科。

⑥分承包单位机械设备管理方法。为了加强对分承包单位机械设备的管理，防止设备事故的发生，特制定此管理办法。

分包方使用的机械，必须在验收合格后方可使用，自备机械纳入公司项目部管理范围。现场使用的机械必须标识、挂牌。

分包方借用的机械，工具必须符合安全使用要求，做好维护、保养工作，确保安全使用。自备的起重机械、人货电梯安装必须由市级认可的“起重机械安装单位”安装，投入使用前必须有市级颁发的“安装验收合格证”。

分包方自备的机械操作人员、特种工种等必须持有省、市安全生产监察局，市建委指定的培训单位的培训、考核合格证，做到持证上岗。

项目部机管员对分包方施工设备负责监督与管理。

⑦机械设备的拆装规定。为确保大型施工设备进出场时的设备安全及人身安全，保证工作顺利进行，特作如下规定。

严格按照工程专业分包管理制度中的有关规定执行，对拆装队伍进行评估，选择有资质的合格的拆装队伍（工程专业分包商评定表）。

拆装前，拆装单位必须把施工方案、资质证书、安全协议、人员名单等上报公司的设备科，项目部必须做好基础工程验收并归档备查。

办理拆装方案手续（施工组织设计审批表）。

拆装方案由设备科会同技术、安全科、总工室会审签署后方可进行拆装。

安装完毕后，须经公司设备科、市检测中心检验后方可投入使用。

塔吊、人货电梯的升级及附墙的安装拆卸必须由资质队伍进行，并做好相应记录。

项目部不得自己组织队伍或未经公司审批私自拆装。

⑧主要设备完好标准，混凝土搅拌机完好标准。

搅拌机技术性能良好，工作能力达到设计要求，能满足生产工艺要求，整机运转过程中各部分传动系统平稳，零部件齐全无异常。

传动零件润滑正常，皮带传动良好。

水泵、水管、水箱、计量标尺刻度等给水系统正常，计算正确，跳动杆使用正常。

料斗钢丝绳、绳卡符合规定要求，上料斗挂钩保险完整有效，跳动杆使用正常。

各部紧固件牢靠紧固。

齿轮箱、齿圈啮合正常，无其他异常，齿轮箱润滑油质量和数量符合要求。

上料斗、出料口操作轻巧，离合器间隙符合规定要求。

电线、电器箱、操作开关无漏电现象，操作方便，整机具有良好的接地性能。

2）机械设备的选择与使用

选择功率与负载相匹配的施工机械设备，避免大功率施工机械设备低负载长时间运行。施工机械设备容量选择原则是：在满足负荷要求的前提下，主要考虑电机经济运行，使电力系统有功损耗最小化。对于已投入运行的变压器，由实际负荷系数与经济负荷系数差值情况即可认定运行是否经济，等于或相近时为经济，相差较大时则不经济。此外，根据负荷特性和运行方式还需考虑电机发热、过载及启动能力留有一定裕度（一般在10%左右），对恒定负荷连续工作制机械设备，可使设备额定功率等于或稍大于负荷功率；对变动负荷连续工作制机械设备，可使电机额定电流（功率、转矩）大于或稍大于折算至恒定负荷连续工作制的等效负荷电流（功率、转矩）。但此时需要校核过载、启动能力等不利因素。

机电安装可采用节电型机械设备，如逆变式电焊机和能耗低、效率高的手持电动工具等，节电逆变式电焊机是一种通过逆变器提供弧焊电源的新型电焊机，这种电源一般是将三相工频（50 Hz）交流网络电压，经输入整流器整流和滤波，变成直流，再通过大功率开关电子元件（晶闸管 SCR、晶体管 GTR、场效应管 MOSFET 或 IGBT）的交替开关作用，逆变成几赫兹到几十赫兹的中频交流电压，同时经变压器降至适合于焊接的几十伏电压，后经再次整流并经电抗滤波输出相当平稳的直流焊接电流。逆变式电焊机具有高效、节能、轻便和良好的动态特性，且电弧稳定，有溶池容易控制、动态响应快、性能可靠、焊接电弧稳定、焊缝成形美观、飞溅小、噪声低、节电等特性。

机械设备宜使用节能型油料添加剂，在可能的情况下考虑回收利用，节约油量，节能型油料添加剂可有效提高机油的抗磨性能，减轻机油在高温下的氧化分解和防止酸化，防止积炭及油泥等残渣的产生，最终改善机油质量并降低机油消耗。由于受施工环境和条件的影响，施工机械设备的燃油浪费现象比较严重，如果能够回收利用，既环保又节能，一举两得。国内外研究表明，现在对燃油甚至余热的回收利用技术已经比较成熟。

合理安排工序要求进入施工现场后，要结合当地实际情况和公司的技术装备能力、设备配置等情况确定科学的施工工序，并根据施工图合理编制切实可行的机械设备专项施工组织设计。在编制专项施工组织设计过程中，要严格执行施工程序，科学安排施工工序，应用科学的计算方法进行优化，制订详细、合理、可行的施工机械进出场组织计划，以提高各种机械的使用率和满载率，降低各种设备的单位耗能。

3. 生产、生活办公临时设施的节能措施

1）存在问题

施工现场生产、生活及办公临时设施的建造因受现场条件和经济条件的限制，一般多是因陋就简，往往存在下列问题：规划选址不合理，由于没有比较严格的审批制度，建筑施工企业对临时设施的选址仅仅以方便施工为目的，有的搭设在基坑边、陡坡边、高墙下、强风口区域，有的搭建在地势低洼的区域，由于通风采光条件不好，场地甚至长期阴暗潮湿；保温隔热性能差、通风采光卫生条件差，职工办公、生活条件艰苦。

2）一般解决措施

利用场地自然条件，合理设计生产、生活及办公临时设施的体形、朝向、间距和窗墙面积比，使其获得良好的日照、通风和采光。南方地区可根据需要在其外墙窗设遮阳设施。建筑物的体形用体形系数来表示，是指建筑物接触室外大气的外表面积与其所包围的体积的比值，其实质上是指单位建筑体积所分摊到的外表面积。体积小、体形复杂的建筑，体形系数较大，对节能不利；体积大、体形简单的建筑，体形系数较小，对节能较为有利。

临时设施宜采用节能材料，墙体、屋面应使用隔热性能好的材料，减少夏季空调、冬季取暖设备的使用时间及消耗能量。新型墙体节能材料（如孔洞率大于25%的非黏土烧结多孔砖、蒸压加气混凝土砌块、石膏砌块、玻璃纤维增强水泥轻质墙板、轻集料混凝土条板、复合墙板等）具有节能、保温、隔热、隔声、体轻、高强度等特点，施工企业可以根据工程所在地的实际情况合理选用，以减少夏季空调、冬季取暖设备的使用时间及能量消耗。合理配置采暖、空调、风扇数量，规定使用时间，实行分段分时使用，节约用电。

3）降耗措施

(1) 施工用电

施工用电除施工机械设备用电外，就是夜间施工和地下室施工的照明用电，合理安排施工工序，根据施工总进度计划，在施工进度允许的前提下，尽可能地少进行夜间施工作业，可以降低电能的消耗量。另外，地下室大面积照明均使用节能灯，以有效节约用电。所有电焊机均配备空载短路装置，以降低功耗。夜间施工完成后，关闭现场施工区域内大部分照明，仅留四周道路边照明供夜间巡视，可降低能耗，又可减少施工对周围环境的影响。

(2) 生活用电

针对施工人员生活用电的特点，规定宿舍内所有照明设施的节能灯配置率为100%；办公室白天尽可能使用自然光源照明，办公室内所有管理人员养成随手关灯的习惯；下班时关闭办公室内所有用电设备，这些都是建筑施工企业降低施工生活用电能耗的重要措施。

冬季、夏季减少使用空调时间，夏季超过32℃时方可使用空调，空调制冷温度≥26℃，冬季空调制热温度≤20℃。施工人员经常使用大功率电热器具做饭、烧水或取暖，造成比较大的能量消耗，而且造成火灾事故的情况时有发生。为了禁止使用大功率电热器具，要求在生活区安装专用电流限流器，禁止使用电炉、电饮具、热得快等电热器具，电流超过允许范围时立即断电，并且定期由办公室人员对宿舍进行检查，若发现违规大功率电热器具，一律进行没收处理并进行相关处罚。

(3) 施工用水

采用循环水、基坑积水和雨水收集等作为施工用水，均是节约施工用水和降低能耗，甚至节约施工成本的主要措施。施工车辆进出场清洗用水采用高压水设备进行冲洗，冲洗用水可以采用施工循环废水。混凝土浇筑前模板冲洗用水和混凝土养护用水，均可利用抽水泵将地下室基坑内深井降水的地下水抽上来进行冲洗、养护。上部施工时在适当部位增设集水井，做好雨水的收集工作，用于上部结构的冲洗、养护，也是切实可行的节水措施。

(4) 生活用水

节约施工人员生活用水的主要措施有：所有厕所水箱均采用手动节水型产品；冲洗厕所采用废水；所有水龙头采用延迟性节水龙头；浴室内均采用节水型淋浴；厕所、浴室、水池安排专人管理，做到人走水关，严格控制用水量；浴室热水实行定时供水，做到节约用电、用水。

(5) 临时加工场

施工现场的木工加工场、钢筋加工场等均采用钢管脚手架、模板等周转设备料搭设，做到可重复利用，减少一次性物资的投入量。

(6) 临时设施的节约

现场临时设施尽量做到工具化、装配化、可重复利用化，施工围墙采用原有围墙材料进行加工，并且悬挂施工识别牌。氧气间、乙炔间、标养室、门卫、茶水棚等都可以是工具化可吊装设备。临时设施能在短时间内组装及拆卸，可整体移动或拆卸再组装用以再次利用，这将大大节约材料使用及其他社会资源。

4. 施工用电及照明的节能措施

节约能源是我国一项重要的经济政策，而节约电能不但能缓解国家电力供应紧张的矛盾，也是建筑施工企业自身降低成本，提高经济效益的一项重要举措。在建设节约型社会的今天，建筑施工现场电能浪费现象仍很严重，同时也影响安全用电。随着国家现代化建设事业的发展，工程建设项目逐年增多，施工现场临时用电设施也随之增加。为了保障施工现场的用电安全，提高施工现场节能水平，加快施工进度，有必要加强对施工现场临时用电的管理，针对薄弱环节切实加以改进。

1) 提高供电线路功率因数

一般来说，在交流电路中电压与电流之间相位差（常用 φ 表示）的余弦叫作功率因数，即为 $\cos\varphi$，可见，功率因数是衡量电气设备效率高低的一个系数。功率因数低，说明电路用于交变磁场转换的无功功率大，降低了设备的利用率，增加了线路供电损失，所以提高施工临时用电供电线路功率因数也是一项好的节电措施。

目前建筑工地供电线路功率因数普遍偏低，据调查一般都在 0.6 左右，甚至更低。为了提高功率因数，一方面可以从加强施工用电管理、尽量使用供电线路、布局趋于合理等方面采取措施；另一方面，在供电线路中接入并联电容器，采用并联电容器补偿功率因数以提高技术经济效益。

2) 平衡三相负载

建筑施工工地由于单相、两相负载比较多，为了达到三相负载平衡，必须从用电管理制度着手，在施工组织设计阶段就必须充分调查研究，根据不同用电设备，按照负荷性质分门别类，尽量做到三相负载趋于平衡。用户接电必须向工地供电管理部门书面申请（注明用电容量和负荷性质），待供电部门审批后，方能接在供电部门指定的线路上。平日不经供电部门允许，任何人不得擅自在线路上接电。值得一提的是，平衡三相负载是一项基本不需要付出任何经济代价便能取得较大实效的节电技术措施。

3）降低供电线路接触电阻

接触对导体件呈现的电阻称为接触电阻，目前供电线路中，大量的是铝与铝及铜与铝之间的连接增加了接触电阻，其防止铝氧化简单而行之有效的办法是：在连接之前用钢丝刷刷去表面氧化铝，并涂上一层中性凡士林，当两个接触面互相压紧后，接触表面的凡士林便被挤出，包围了导体而隔绝了空气的侵蚀，防止了铝的氧化。建筑工地上低压电源铝线与变压器低压端子连接大多不装铜铝过渡接线端子，往往将铝线直接箍在变压器铜质端子上用垫圈和螺母紧固即完。显然，因铝线与铜端子在接触处不断氧化，加之接触面积也常常不够，这样就造成接触电阻大而损耗大量电能。

近年来，一种行之有效的节电材料 DG1 型或 DJG 型电接触导电膏的出现，大幅度提高了节电效果，在接触表面涂敷导电膏，不仅可以取代电气连接点（特别是铝材电气连接点）装接时所需涂敷的凡士林，而且可以取代铜铝过渡接头及搪锡、镀银等工艺。

4）采用新技术、新装置来不断更新用电设备

新装置主要包括配电变压器、电动机和电焊机等，从配电变压器考虑：电力变压器的功率因数与负载的功率因数及负载率有关。在条件允许的地方最好采用两台变压器并联运行，或把生产用电、生活用电与照明分开，用不同的变压器供电。这样可以在轻负载的情况下，将一部分变压器退出运行，减少变压器的损耗。同时，对旧型号变压器进行有计划有步骤的更新，以国家重点推广的节能产品 SL7、S7、S9 系列低损耗电力变压器来取代。在规划新的建筑工地变电所，亦应尽可能选用 SL7、S7、S9 等低损耗节能变压器。

从电动机考虑：电动机是建筑施工现场消耗无功功率的主要设备，一般工地电动机所需的无功功率在总用电功率的 50%以上，甚至高达总用电功率的 70%。目前，建筑工地使用的电动机主要是 Y 系列和 Y2 系列，对新建项目应选用 YX、Y2－E 系列高效节能电动机，其总损耗平均较 Y 系列下降了 20%～30%。

电动机的容量应根据负载特性和运行状况合理选择，应选用节能产品，如 Y 系列节能电动机，应将被国家列为淘汰的产品电动机逐步更换为节能产品。目前，正在运行的电动机，如负载经常低于 40%，则应予更换。对空载率高于 60%的电动机，应加装限制电动机空载运行的装置。建筑工地使用的电动机，“Y—△”（星形—三角形）自动转换节电器能提高电动机在轻载负荷时的功率因数和功率，从而达到节电的目的。

建筑施工现场使用的电动机，经常处于轻重载交替或轻载下运行，功率因数和效率都相当低，电能损耗比较大。因此，除电动机的容量应根据负载特性和运行状况合理选择外还要采取节电措施，对空载率高于 60%的电动机，应加装限制电动机空载运行的装置，JDI 型自动转换节电器能提高电动机在轻载时的功率因数和效率，节约有功电能 5%～30%，降低无功损耗 50%～70%；对工地用的水电、通风机，由于流量变化较大，可采用变频调速节能等措施。

另外，一些电力电容器厂研制的交流电动机就地补偿并联电容器，为进一步推广低压电动机无功功率就地补偿技术创造了有利条件，也是当前适用于低压电网节能效果比较理想的一种实用技术。

从电焊机考虑：电焊机是工地常用的电气设备，由于间断工作，很多时间处在空载运行状态，往往消耗大量的电能。电焊机加装空载自动延时断电装置，限制空载损耗是一项行之

有效的节电措施。据统计，对 17～40 kV 交流电焊机，加装空载自动延时断电装置后，在通常情况下，每台焊机每天按 8 h 计算可节约有功电能 5～8 kV · h，节约无功电能 17～25 kV · h,其投资可在 1～2 年内从节电效益中得到补偿。

二、节材与材料资源利用

1. 选用绿色建材

1）使用绿色建材

选用对人体危害小的绿色、环保建材，满足相关标准要求。绿色建材是指采用清洁生产技术，少用天然资源和能源，大量使用工业或城市固态废物生产的无毒害、无污染、无放射性，有利于环境保护和人体健康的建筑材料。它具有消磁、消声、调光、调温、隔热、防火、抗静电的性能，并具有调节人体机能的特种新型功能建筑材料。

2）使用可再生建材

可再生建材是指在加工、制造、使用和再生过程中具有最低环境负荷的，不会明显地损害生物的多样性，不会引起水土流失和影响空气质量，并且能得到持续管理的建筑材料。主要是在当地形成良性循环的木材和竹材以及不需要较大程度开采、加工的石材和在土壤资源丰富的地区使用，不会造成水土流失的土材料等。

3）使用再生建材

再生建材是指材料本身是回收的工业或城市固态废物，经过加工再生产而形成的建筑材料，如建筑垃圾砖、再生骨料混凝土、再生骨料砂浆等。

4）使用新型环保建材

新型环保建材是指在材料的生产、使用、废弃和再生循环过程中以与生态环境相协调，满足最少资源和能源消耗，最小程度或无环境污染，最佳使用性能，最高循环再利用率要求设计生产的建筑材料。现阶段主要的新型环保建材主要有：

①以最低资源和能源消耗、最小环境污染代价生产传统建筑材料是对传统建筑材料从生产工艺上的改良，减少资源和能源消耗，降低环境污染，如用新型干法工艺技术生产高质量水泥材料。

②发展大幅度减少建筑能耗的建材制品。采用具有保温、隔热等功效的新型建材，满足建筑节能率要求。如具有轻质、高强、防水、保温、隔热、隔声等优异功能的新型复合墙体。

③开发具有高性能长寿命的建筑材料。研究能延长构件使用寿命的建筑材料，延长建筑服务寿命，是最大的节约，如高性能混凝土等。

④发展具有改善居室生态环境和保健功能的建筑材料。我们居住的环境或多或少都会有噪声、粉尘、细菌、放射性等环境危害，发展此类新型建材，能有效改善我们的居住环境，如抗菌、除臭、调温、调湿、屏蔽有害射线的多功能玻璃、陶瓷、涂料等。

⑤发展能替代生产能耗高，对环境污染大，对人体有毒、有害的建筑材料。水泥因为在其生产过程中能耗高，环境污染大，一直是材料研究人员迫切想找到合适替代品替代的建材，现阶段主要依靠在水泥制品生产过程中添加外加剂，减少水泥用量来实现。如利用粉煤灰、矿渣、外加剂等新材料降低混凝土和砂浆中的水泥用量等。

2. 节材措施

1）结构材料及围护材料的节材措施

根据房屋的构成和功能可以将建造房屋所涉及的各种材料归结为结构材料和围护材料两大类。结构材料构成房屋的主体，包括结构支撑材料、墙体材料、屋（楼、地）面材料；围护材料则赋予房屋以各种功能，包括隔热隔声材料、防水密封材料、装饰装修材料等。长期以来，我国的房屋建筑材料基本上是钢材、木材、水泥、砖、瓦、灰、砂、石；房屋的结构形式主要是砖混结构。砖混结构的特点是房屋的承重和保温功能都由墙体承担，因此，从南到北随着气候的变化，为了建筑保温的需要，我国房屋砖墙的厚度从 24 cm、37 cm 到49 cm 不等，每平方米房屋的重量也从 1.0 t、1.5 t 到近 2.0 t 变化。这样的房屋，即使有梁柱作支撑体，也被描述为“肥梁、胖柱、重盖、深基础”的典型耗材建筑。

我国的砖混结构体系将承重结构和围护结构的两个功能都赋予了墙体，致使墙体的重量增加，占到了房屋总重的 70%～80%，具有重量大、耗材多的特点。可见，选择一个合理的结构体系是节约主体材料的关键，且选定的结构体系一定要使其支撑结构和围护结构的功能分开。这样，结构支撑体系只承担房屋主承重的功能，为墙体选用轻质材料创造了条件，可大幅度地减轻墙体的重量，从而减轻房屋的重量，房屋轻便可节约支撑体和房屋基础的用材。

房屋的主体结构是指在房屋建筑中由若干构件连接而成的能承受荷载的平面或空间体系，包括结构支撑体系、墙体体系和屋面体系，建筑物主体结构可以由一种或者多种材料构成。用于房屋主体的建筑材料重量大、用量多，占材料总量的绝大部分，因此，节材的重点应该抓构成房屋主体的材料，即结构的支撑材料、墙体材料和屋面材料等。

2）结构支撑体系的选材及相应节材措施

如前文所述，仅 2012 年我国钢材消耗量已达到 6.46 亿 t，其中建筑用钢材约占 65%；水泥产量也已达到 17.6 亿 t，占世界总产量的 55%左右。根据此水泥产量估算出的 2013 年我国建设工程的混凝土总消耗量约为 36 亿 m^3。据《2013 年国民经济和社会发展统计公报》数据显示，我国城乡建筑竣工面积已达 85.5 亿 m^3，作为建筑材料的主体，混凝土用量约为 36 亿 m^3。仅 2012 年我国墙体材料生产总能力已超过 12 000 亿块标准砖，其产量折标准砖达到 9000 亿块，其中新型墙体材料产量折标准砖达到 3500 亿块。

由此可以看出，要从结构支撑体系上减轻结构重量、节约建材消耗，就应该在传统结构材料的选用上做出改变。预计“到 2015 年，全国新建建筑对不可再生资源的总消耗比现在下降 10%；到 2020 年，新建建筑对不可再生资源的总消耗比 2015 年再下降 20%”的目标。要实现上述目标应主要从建筑工程材料应用、建筑设计、建筑施工等方面推广和应用节材技术。

3）混凝土节材措施

（1）推广使用预拌混凝土和商品砂浆

预拌混凝土和商品砂浆大幅度降低了施工现场的混凝土、砂浆生产，在减少材料损耗、降低环境污染、提高施工质量方面有绝对优势。

(2) 优化混凝土配合比

利用粉煤灰、矿渣、外加剂等新材料降低混凝土和砂浆中的水泥用量。

(3) 减少普通混凝土的用量，推广轻骨料混凝土

与普通混凝土相比，轻骨料混凝土具有自重轻、保温隔热性、抗火性、隔声性好等特点。

(4) 注重高强度混凝土的推广与应用

高强度混凝土不仅可以提高构件承载力，还可以减小混凝土构件的截面尺寸，减轻构件自重，延长使用寿命，减少装修。

(5) 推广预制混凝土构件的使用

预制混凝土构件包括新型装配式楼盖、叠合楼盖、预制轻混凝土内外墙板和复合外墙板等，使用预制混凝土构件，可以减少现场生产作业量，节约材料，减少污染。

(6) 推广清水混凝土技术

清水混凝土属于一次性浇筑成型的材料，不需要其他外装饰，既节约材料又降低污染。

(7) 采用预应力混凝土结构技术

据统计，工程采用无粘结预应力混凝土结构技术，可节约钢材、混凝土，同时减轻结构自重。

4) 钢材节材措施

(1) 推广使用高强钢筋

使用高强钢筋，减少资源消耗。

(2) 推广和应用新型钢筋连接方法

采用机械连接、钢筋焊接网等新技术。

(3) 优化钢筋配料和钢构件下料方案

利用计算机技术在钢筋及钢构件制作前对其下料单及样品进行复核，无误后方可批量下料，减少下料不当造成的浪费。

(4) 采用钢筋专业化加工配送

采用钢筋专业化加工配送，减少钢筋余料的产生。

(5) 优化钢结构制作和安装方法

大型钢结构宜采用工厂制作，现场拼装；宜采用分段吊装、整体提升、滑移、顶升等安装方法，减少方案的措施用材量。

5) 装饰装修材料

①购买装饰装修材料前，应充分了解建筑模数，尽量购买符合模数尺寸的装饰装修材料，减少现场裁切量。

②贴面类材料在施工前应进行总体排版，尽量减少非整块材料的数量。

③尽量采用非木质的新材料或人造板材代替木质板材。

④防水卷材、壁纸、油漆及各类涂料基层必须符合国家标准要求，避免起皮、脱落。各类油漆及黏结剂应随用随开启，不用时应及时封闭。

⑤幕墙及各类预留预埋应与结构施工同步。

⑥对于木制品及木质装饰用料、玻璃等各类板材等宜在工厂采购或定制。

⑦尽可能采用自黏结片材，减少现场液态黏结剂的使用量。

推广土建装修一体化设计与施工，减少后凿后补。

6）周转材料的集采措施

周转材料，是指企业能够多次使用、逐渐转移其价值但仍保持原有形态不确认为固定的材料和在建筑工程施工中可多次利用使用的材料，如架杆、扣件、模板、支架等。

（1）施工中的周转材料一般分为四类

①模板类材料：浇筑混凝土用的木模、钢模等，包括配合模板使用的支撑材料、滑模材料和扣件等在内。按固定资产管理的固定钢模和现场使用固定大模板则不包括在内。

②挡板类材料：土方工程用的挡板等，包括用于挡板的支撑材料。

③架料类材料：搭脚手架用的竹竿、木杆、竹木跳板、钢管及其扣件等。

④其他：除以上各类之外，作为流动资产管理的其他周转材料，如塔式起重机使用的轻轨、枕木（不包括附属于塔式起重机的钢轨）以及施工过程中使用的安全网等。

（2）治理措施

①周转材料应集中规模管理。对周转材料实行集团内的集中规模管理，可以降低企业的成本，提高企业的经济效益，提升企业的核心竞争力，并更好地满足集团内多个工程对周转材料的需求，同时也可以为企业与整个建筑行业的进一步融通往来奠定基础。

②加强材料管理人员业务培训。为真正做到物尽其用、人尽其才，变过去的经验型材料收发员为新型材料管理人员，企业决策层应对材料人员进行定期培训，以提高他们的工作技能，扩大其知识面，使其具备良好的职业道德素质和较新的管理观念。

③降低周转材料的租费及消耗。要降低周转材料的租费及消耗，就要在周转材料的采购、租赁和管理环节上加强控制，具体做法包括以下内容。

采购时选用耐用、维护与拆卸方便的周转材料和机具。

对周转材料的数量与规格把好验收关，因租金是按时间支付的，故对租用的周转材料要特别注重其进场时间。

与施工队伍签订明确的损耗率和周转次数的责任合同，这样可以保证在使用过程中严格控制损耗，同时加快周转材料的使用次数，并且还可以使租赁方在使用完成之后及时退还周转材料，从而达到降低周转材料成本的目的。

④选择合理的周转材料取得方式。通常情况下为免去公司为租赁材料而消耗的费用，集团公司最好要有自己的周转材料。但是某些情况下租赁也较为经济合理，故公司在使用周转材料前，要综合考虑以下因素，以得出较合理的选择方案：工程施工期间的长短以及所需材料的规格（一般来讲，公司自行购买那些需要长期使用且适用范围比较广的周转材料较为划算）；现阶段公司货币资金的使用情况（若公司临时资金紧张，可优先选择临时租赁方案）；周转材料的堆放场地问题（周转材料是间歇性、循环使用的材料，因此在选择自行购买周转材料前，应事先规划好堆放闲置周转材料的场地）。

⑤控制材料用量。加强材料管理并严格控制用料制度，加快新材料、新技术的推广和使用。在施工过程中优先使用定型钢模、钢框竹模、竹胶板等新型模板材料，并注重引进以外墙保温板替代混凝土施工模板等多种新的施工技术。对施工现场耗用较大的辅材实行包干，且在进行施工包干时，优先选用制作、安装、拆除一体化的专业队伍进行模板工程施工，可以大大减少材料的浪费。

⑥提高机械设备和周转材料的利用率。具体措施有：项目部应在机械设备和周转材料使

用完毕后，立即归还租赁公司，这样既可以加快施工工期，又能减少租赁费用；选择合理的施工方案，先进、科学、经济合理的施工方案，可以达到缩短工期、提高质量、降低成本的目的；在施工过程中注意引进和探索能降低成本、提高工效的新工艺、新技术、新材料，严把质量关，保证在施工中严格做到按图施工、按合同施工、按规范施工，确保工程质量，减少返工造成的人工和材料的浪费。

⑦做好周转材料的护养维修及管理工作。周转材料的护养和维修工作主要包括以下几个方面：钢管、扣件、U形卡等周转材料要按规格、型号摆放整齐，并且在使用后及时对其进行除锈、上油等维护工作。为不影响下次使用，应及时检查并更换扣件上不能使用的螺丝。方木、模板等周转材料要在使用后按其大小、长短堆放整齐，以便于统计数量。由于周转材料数量大，种类多，故应加强周转材料的管理，建立相应的奖罚措施。在使用时，相应的负责人认真盘点数量后，材料员方可办理相应的出库手续，并由施工队负责人员在出库手续上签字确认。当工程结算后，施工队应要求把周转材料堆放整齐以便于统计数量，如果归还数量小于应归还数量，要对施工队做出相应的处罚。

⑧施工前对模板工程的方案进行优化。在多层、高层建筑建设过程中，多使用可重复利用的模板体系和工具式模板支撑，并通过采用整体提升、分段悬挑等方案来优化高层建筑的外脚手架方案。

三、节水与水资源利用

1. 提高水资源利用效率的对策

1）施工现场供、排水系统合理适用

①施工现场给水管网的布置本着“管路就近、供水畅通、安全可靠”的原则，在管路上设置多个供水点，并尽量使这些供水点构成环路，同时应考虑不同施工阶段管网具有移动的可能性。

②应制定相关措施和监督机制，确保管网和用水器具不渗漏。

2）制定用水定额

①根据工程特点，开工前制定用水定额，定额应按生产用水、生活办公用水分开制定，并分别建立计量管理机制。

②大型工程应该分不同单项工程、不同标段、不同施工阶段、不同分包生活区制定用水定额，并采取不同的计量管理机制。

③签订标段分包或劳务合同时，应将用水定额指标纳入相关合同条款，并在施工过程中计量考核。

④专项重点用水考核。对混凝土养护、砂浆搅拌等用水集中区域和工艺点单独安装水表，进行计量考核，并有相关制度配合执行。

3）使用节水器具

施工现场办公室、生活区的生活用水100%采用节水器具，并派专人定期维护。

4）施工现场建立雨水、中水收集利用系统

①施工场地较大的项目，可建立雨水收集系统，回收的雨水用于绿化灌溉、机具车辆清洗等；也可修建透水混凝土地面，直接将雨水渗透到地下滞水层，补充地下水资源。

②现场机具、设备、车辆冲洗用水应建立循环用水装置。

③现场混凝土养护、冲洗搅拌机等施工过程用水应建立回收系统，回收水可用于现场洒水降尘等。

2. 非传统水源高效利用

1）建筑污水再生回用

根据建筑物性质不同，建筑可分为住宅建筑、公共建筑和工业建筑，建筑用水由室内用水和室外用水组成。按建筑用水的用途又可分为生活用水、生产用水、消防用水、其他用水（景观环境用水、绿化和浇洒道路用水、工艺设备用水、车辆冲洗和循环补充用水、不可预见用水等）。非传统水源利用是关键，其基础是非传统水源利用的水量平衡。但是，我国目前尚缺乏非传统水源利用水量平衡的指南和规范，大多沿用《建筑中水设计规范》（GB 50336—2002）的水量平衡设计思路，以年为单位进行水量平衡设计，致使多数项目实际用水与水量平衡差异较大。

随着建筑业的蓬勃发展，建筑用水会不断增加，为此必须全面深入开展建筑节水工作，绿色建筑应把污水的减量化、无害化和资源化作为重中之重，以保护自然珍贵的水资源。在建筑中建立水循环的概念，此时建议优先采用雨水，主要理由是：第一，经过就地收集处理后的雨水，特别是降雨历时内中后期雨水水质相对建筑中水较佳；第二，雨水就地收集处理，相对建筑中水经济性更优。但是，因降雨时间的不确定性，如何将日常雨水水量进行利用是难点。

2）雨水利用

（1）建筑雨水利用概述

雨水的获得是不需要支付任何费用的，同时由于水质条件较好，因此被认为是最有利用价值的水资源。雨水利用是一种综合考虑雨水径流污染控制、城市防洪以及生态环境的改善等要求，建立包括屋面雨水集蓄系统、雨水截污与渗透系统、生态小区雨水利用系统等，将雨水用作喷洒路面、灌溉绿地、蓄水冲厕等城市杂用水的技术手段。由于对居住小区内的雨水进行了合理的规划和充分利用，使得居住区内土壤中的含水率增大。雨水能涵养地表水和地下水，调节小区气候，降低了雨水管系容量负荷，即减少雨水管道系统的投资和运行费用，总而言之，雨水利用的益处是很多的。

（2）建筑雨水利用现状

建筑雨水利用就是将水循环中的天空雨水以天然地形或人工方法收集、截流、储存、处理回用，供建筑及小区日常用水。雨水收集利用技术与住宅建设的结合将在很大程度上改变我们由于水资源日益枯竭而望天兴叹的生活。在较大面积的绿地及广场等地可以设置地下式蓄水池或蓄水渗透池，还可以利用人工水池、人工湖等。雨季来临时，可以将雨水存入蓄水池中，进行简单的处理如：沉淀、过滤、消毒等即可用作浇洒绿地、冲洗路面、冲厕所及洗车等耗水量大而又对水质要求不高的用水项目。在一些工业区，可以将雨水进一步处理，作为冷却循环用水节省小区或厂区内雨水管道的投资，在夏季即雨季用水高峰期缓解城市的供水压力，在长时间无降雨的情况下，可以由市政给水管网供给，这些方面的工作还有待进一步的提高。

（3）建筑雨水利用的措施

雨水利用分直接利用与间接利用，前者是将雨水收集后直接回用于绿化、冲洗道路和停车场与汽车、景观用水及建筑工地用水，由于我国大多数地区降雨量全年分布不均，故直接利用往往不能作为唯一水源满足需求，一般需与其他水源一起互为备用；后者是将雨水简单处理后下渗或回灌到地下，补充地下水，改善生态环境，减轻城区水涝危害和水体污染等。在降雨量少而且不均匀的一些地区，将雨水直接利用的经济效益不高，可以考虑选择雨水间接利用方案。

雨水处理工艺简单：雨水水质较之中水要好得多，处理工艺简单，其杂质主要是由降水中的基本物质和流经汇水面而携带的外加杂质组成。加强水系综合整治和水网建设，树立“堵疏结合，蓄泄并重”的防洪避洪理念和“亲近自然、恢复自然、美化环境、分水集雨”的规划思想，在抓好农村水利建设的同时，加强城市水利工程建设，因地制宜地拦蓄、利用雨水洪水。

经济、环境和社会效益的比较：雨水利用与污水深度处理回用均可起到减少自来水用水量，降低城市引水、净水的边际费用的作用和环境保护的效果。且雨水利用能有效地减少向排水系统的排放量，节省城市排水设施的运行费用；在城市下暴雨时，还能起到防洪减灾的积极作用。

制定相应的雨水回收利用的政策、法规。根据城市规划和建设中忽视雨水回收设计与应用的实际问题，结合“十二五”规划的编制和实施，牢固树立“雨水是资源，综合利用在先，排放在后”的理念，抓紧制定政策、法规，规定新建小区，无论是工业、服务业，还是居民住宅小区都要设计地下、屋顶、路面雨水回收利用等内容。

四、节地与施工用地保护

1. 临时用地的使用、管理和保护

临时用地是指在工程建设施工和地质勘察中，建设用地单位或个人在短期内需要临时使用，不宜办理征地和农用地转用手续的，或者在施工、勘察完毕后不再需要使用的国有或者农民集体所有的土地（不包括因临时使用建筑或者其他设施而使用的土地）。

临时用地就是临时使用而非长久使用的土地，在法规表述上可称为“临时使用的土地”。与一般建设用地不同的是，临时用地不改变土地用途和土地权属，只涉及经济补偿和地貌恢复等问题。

1） 临时用地范围

（1） 与建设有关的临时用地

工程建设施工临时用地，包括工程建设施工中设置的建设单位或施工单位新建的临时住房和办公用房、临时加工车间和修配车间、搅拌站和材料堆场，还有预制场、采石场、挖砂场、取土场、弃土（渣）场、施工便道、运输通道和其他临时设施用地；因从事经营性活动需要搭建临时性设施或者存储货物临时使用土地；架设地上线路、铺设地下管线和其他地下工程所需临时使用的土地等。地质勘探过程中的临时用地，包括建筑地址、厂址、坝址、铁路、公路选址等需要对工程地质、水文地质情况进行勘测、勘察所需要临时使用的土地等。

（2） 不宜临时使用的土地

临时用地应该以不得破坏自然景观、污染和影响周边环境、妨碍交通、危害公共安全为原则，下列土地一般不得作为临时用地：城市规划道路路幅用地，防汛通道、消防通道、城市广场等公用设施和绿化用地，居民住宅区内的公共用地，基本农田保护区和文物保护区域内的土地，公路及通信管线控制范围内的土地，永久性易燃易爆危险品仓库，电力设施、测

量标志、气象探测环境等保护区范围内的土地，自然保护区、森林公园等特用林地和重点防护林地，以及其他按规定不宜临时使用的土地。

2）临时用地的管理

统筹安排各类、各区域临时用地；尽可能节约用地、提高土地利用率；可以利用荒山的，不占用耕地；可利用劣地的，不占用好地；占用耕地与开发复垦耕地相平衡，保障土地的可持续利用。

（1）临时用地期限

依据《中华人民共和国土地管理法》的规定，使用临时用地应遵循依法报批、合理使用、限期收回的原则。临时用地使用期限一般不超过2年，国家和省重点建设项目工期较长的，一般不超过3年，因工期较长确需延长期限的，须按有关规定程序办理延期用地手续。

（2）临时用地的管理内容

在项目可行性研究阶段，应编制临时用地特别是取、弃土方案，针对项目性质、地形地貌、取土条件等来确定取、弃土用地控制指标，并据此编制土地复垦方案，纳入建设项目用地预审内容。对于生产建设过程中被破坏的农民集体土地复垦后不能用于农业生产或恢复原用途的，经当地农民集体同意后，可将这部分临时用地由国家依法征收。在项目施工过程中，探索建立临时用地监理制度，加强用地批后监管。用地单位和个人不得改变临时用地的批准用途和性质；不得擅自变更核准的位置；不得无故突破临时用地的范围；不得擅自将临时用地出卖、抵押、租赁、交换或转让给他人；不得在临时用地上修建永久性建筑物、构筑物和其他设施；不得影响城市建设规划、市容卫生，妨碍道路交通，损坏通信、水利、电路等公共设施；不得堵塞和损坏农田水系配套设施。

3）临时用地保护

（1）合理减少临时用地

在环境与技术条件可能的情况下，积极应用新技术、新工艺、新材料，避开传统的、落后的施工方法，例如，在地下工程施工中尽量采用顶管、盾构、非开挖水平定向钻孔等先进绿色施工综合技术及应用的施工方法，避免传统的大开挖，减少施工对环境的影响。

深基坑的施工应考虑设置挡墙、护坡、护脚等防护设施以缩短边坡长度。在技术经济比较的基础上，对深基坑的边坡坡度、排水沟形式与尺寸、基坑填料、取弃土设计等方案进行比选，可避免高填深挖。尽量减少土方开挖和回填量，最大限度地减少对土地的扰动来保护周边自然生态环境，认真勘察，引用计算精度较高以及合理、有效且方便的理论计算，制订最佳土石方的调配方案，在经济运距内充分利用移挖作填，严格控制土石方工程量。

施工单位要严格控制临时用地数量，施工便道、各种料场、预制场要结合工程进度和工程永久用地统筹考虑，尽可能设置在公共用地范围内。在充分论证取土场复垦方案的基础上，合理确定施工场地、取土场地点、取土数量和取土方式，尽量结合当地农田水利工程规划，避免大规模集中取土，并将取、弃土和改地、造田结合起来，有条件的地方要尽量采用符合技术标准的工业废料、建筑废渣填筑，减少取土用地。

在桥梁设计中宜采用能够降低标高的新型桥梁结构，降低桥头引线长度和填土高度。充分利用地形，认真进行高填路堤与桥梁、深挖路堑与隧道、低路堤和浅路堑等施工方案的优化，在道路建设中建设单位可以采取线路走向距离最短与控制路基设计高度等措施，优选线路方案以减少占用土地的数量和比例。

（2）红线外临时占地应环保

红线外临时占地要重视环境保护，不破坏原有自然生态，并保持与周围环境、景观相协调。在工程量增加不大的情况下，应优先选择能够最大限度节约土地、保护耕地和林地的方案，严格控制占用耕地和林地，要尽量利用荒山、荒坡地、废弃地、劣质地，少占用耕地和林地。对确实需要临时占用的耕地、林地，考虑利用低产田或荒地便于恢复，工程完工后及时对红线外占地恢复原地形、地貌，使施工活动对周边环境的影响降至最低。

（3）利用和保护施工用地范围内原有绿色植被

建设工程临时性占用的土地，对环境的影响在施工结束后不会自行消失，而是需要人为地通过恢复土地原有的使用功能来消除。按照“谁破坏、谁复垦”的原则，用地单位为土地复垦责任人，应履行复垦义务。取土场、弃土（渣）场、拌和场、预制场、料场以及当地政府不要求留用的施工单位临时用房和施工便道等临时用地，原则上界定为可复垦的土地。对于可复垦的土地，复耕责任人要按照土地复垦方案和有关协议，确定复垦的方向、复垦的标准，在工程竣工后按照合同条款的有关规定履行复垦义务。

清除临时用地上的废渣、废料和临时建筑、建筑垃圾等，翻土且平整土地，造林种草，恢复土地的种植植被。对占用的农用地仍复垦作农田地，在对临时用地进行清理后，对压实的土地进行翻松、平整，适当布设土埂，恢复破坏的排水、灌溉系统。施工单位临时用房、料场、预制场等临时用地，如果非占用耕地不可，用地单位应在使用硬化前，要采取隔离措施将混凝土与耕地表层隔离，便于以后土地的复垦。因建设确需占用耕地的，用地单位在生产建设过程中，必须进行“耕作层剥离”，及时将耕作层的熟土剥离并堆放在指定地点，集中管理以便用于土地复垦、绿化和重新造地，以缩短耕地熟化期，提高土地复垦质量，恢复土地原有的使用功能，利用和保护施工用地范围内原有绿色植被（特别是施工工地的生活区），对于施工周期较长的现场，可按建筑永久绿化的要求兴建绿化。

2. 临时用地指标规划

为强化对临时用地的保护，在满足对环境保护以及安全、文明施工要求的前提下尽可能减少临时用地的废弃地和死角，使临时设施占地面积有效利用率大于90%，并严格规范临时用地指标，即根据施工规模及现场条件等因素合理确定临时设施，如临时加工厂、现场作业棚及材料堆场、办公生活设施等的占地指标，临时设施的占地面积应按用地指标所需的最低面积设计。

1）生产性临时设施

①临时加工厂面积参考指标见表1-1。

表1-1 临时加工厂面积参考指标

名称	年产量/m^3	单位产量所需建筑面积/（m^3/m^2）	占地总面积/m^2	备注
混凝土搅拌站	3200	0.022	按砂石堆场考虑	400 L搅拌机2台
	4800	0.021		400 L搅拌机3台
	6400	0.020		400 L搅拌机4台
临时性混凝土预制厂	1000	0.25	2000	生产屋面板和中小型梁板柱，配有蒸养设施
	2000	0.20	3000	
	3000	0.15	4000	
	4000	0.125	小于6000	

②现场作业棚面积参考指标见表 1-2。

表 1-2 现场作业棚面积参考指标

名称	单位	面积/m^2	备注
木工作业棚	m^2/人	2	占地面为建筑面积的 2～3 倍
电锯房	m^2	80（40）	34～36 mm 园锯 1 台（小园锯 1 台）
钢筋作业棚	m^2/人	3	占地面为建筑面积的 3～4 倍
搅拌棚	m^2/台	10～18	—
卷扬机棚	m^2/台	6～12	—
烘炉房	m^2	30～40	—
焊工房	m^2	20～40	—
电工房	m^2	15	—
白铁工房	m^2	20	—
油漆工房	m^2	20	—
机、钳工修理房	m^2	20	—
立式锅炉房	m^3/台	5～10	—
发电机房	m^2/kV	0.2～0.3	—
水泵房	m^2/台	3～8	—
空压机房（移动式）	m^2/台	18～30	—
空压机房（固定式）	m^2/台	9～15	—

③现场机运站、机修间、停放场所面积参考指标见表 1-3。

表 1-3 现场机运站、机修间、停放场所面积参考指标

<table>
<tr><th rowspan="2">施工机械名称</th><th rowspan="2">所需场地/（m^2/台）</th><th rowspan="2">存放方式</th><th colspan="2">检修间所需建筑面积</th></tr>
<tr><th>内容</th><th>数量/m^2</th></tr>
<tr><td colspan="3">一、土方机械类</td><td rowspan="6">10～20 台设 1 个检修台位（每增加 20 台增设 1 个检修台位）</td><td rowspan="6">200（增 150）</td></tr>
<tr><td>塔式起重机</td><td>200～300</td><td>露天</td></tr>
<tr><td>履带式起重机</td><td>200～300</td><td>露天</td></tr>
<tr><td>履带式正铲或反铲、拖式铲运机、轮胎式起重机</td><td>200～300</td><td>露天</td></tr>
<tr><td>推土机、拖拉机、压路机</td><td>200～300</td><td>露天</td></tr>
<tr><td>汽车式起重机</td><td>200～300</td><td>露天或室内</td></tr>
<tr><td colspan="3">二、运输机械类</td><td rowspan="4">每 20 台设 1 个检修台位（每增加 20 台增设 1 个检修台位）</td><td rowspan="4">170（增 160）</td></tr>
<tr><td>汽车（室内）</td><td>20～30</td><td rowspan="3">一般情况下室内不少于 10%</td></tr>
<tr><td>汽车（室外）</td><td>40～60</td></tr>
<tr><td>平板拖车</td><td>100～150</td></tr>
</table>

续表 1-3

施工机械名称	所需场地/(m^2/台)	存放方式	检修间所需建筑面积	
			内容	数量/m^2
三、其他机械类			每50台设1个检修台位（每增加50台增设1个检修台位）	50（增50）
搅拌机、卷扬机、电焊机、电动机、水泵、空压机、油泵等	4～6	一般情况下室内占30%，露天占70%		

说明：①露天或室内视气候条件而定，寒冷地区适当增加室内存放。

②所需场地包括道路、通道和回转场地。

2）仓库面积参考指标

仓库面积参考指标见表1-4。

表1-4　仓库面积参考指标

材料名称	单位	储备天数/d	每平方米储存量	堆置高度/m	仓库类型
钢材	t	40～50	1.5	1.0	露天
工字钢、槽钢	t	40～50	0.8～0.9	0.5	露天
角钢	t	40～50	1.2～1.8	1.2	露天
钢筋（直筋）	t	40～50	1.8～2.4	1.2	露天
钢筋（盘筋）	t	40～50	0.8～1.2	1.0	棚或库约占20%
钢板	t	40～50	2.4～2.7	1.0	露天
钢管 ϕ200以上	t	40～50	0.5～0.5	1.2	露天
钢管 ϕ200以下	t	40～50	0.7～1.0	2.0	露天
钢轨	t	20～30	2.3	1.0	露天
铁皮	t	40～50	2.4	1.0	棚或库
生铁	t	40～50	5	1.4	露天
铸铁管	t	20～30	0.6～0.8	1.2	露天
暖气片	t	40～50	0.5	1.5	露天或棚
水暖零件	t	20～30	0.7	1.4	库或棚

在设计仓库时，除确定仓库面积外，还要正确地确定仓库的平面尺寸，即仓库的长度应满足装卸货物的需要或保证一定长度的装卸面，如钢筋仓库就应该是长条状的。

3）行政、生活福利临时建筑

行政、生活福利临时建筑为现场管理和施工人员所使用的临时性行政管理和生活福利建筑物，临时建筑物的面积参考指标见表1-5。

表 1-5　临时建筑物的面积参考指标

临时房屋名称		指标使用方法	参考指标/（m^2/人）	备注
办公室		按干部人数	3～4	①本表是根据全国收集到的具有代表性的企业、地区的资料综合； ②工作区以上设置的会议室已包括在办公室指标内； ③家属宿舍应以施工期长短和离基地情况而定，一般按高峰年职工平均人数的10%～30%考虑
宿舍	单层通铺	按高峰年职工平均人数	2.5～3.0	
	双层床		2.0～2.5	
	单层床		3.5～4.0	
家属宿舍			16～25 m^2/户	
食堂			0.5～0.8	
食堂兼礼堂			0.6～0.9	
医务室			0.05～0.07	
浴室			0.07～0.1	
理发室			0.01～0.03	
小卖部			0.03	
厕所			0.02～0.07	

说明：资料来源为中国建筑科学研究院调查报告、原华东工业建筑设计院资料及其他调查资料、建筑施工手册。

3. 施工总平面布置

1）施工总平面布置原则

①临时设施的位置和数量应既方便生产管理又方便生活，因陋就简、勤俭节约，在满足施工需要的前提下，本着节约用地和对施工用地的保护，现场布置应紧凑合理，尽量减少施工用地，既不占或少占农田，而且还便于施工管理。

②科学规划施工道路，在满足施工要求的情况下，场内尽量布置环形道路，使道路畅通，运输方便，各种材料仓库依道路布置，使材料能按计划分期、分批进场。

③为了尽量减少临时设施的使用，要充分利用原有的建筑物、构筑物、交通线路和管线等现有设施为施工服务；临时构筑物、道路和管线还应注意与拟建的永久性构筑物、道路和管线结合建造，并且临时设施应尽量采用装配式施工设施以提高其安拆速度。

④科学合理地确定并充分利用施工区域和场地面积，尽量减少专业工种之间的交叉作业，为便于工人生产和生活，施工区和生活区宜分开且距离要近，平面图布置应符合劳动保护、技术安全、消防和环境保护的要求。

2）施工总平面布置内容

①建设项目施工用地范围内的地形和等高线，全部地上、地下已有和拟建的建筑物、构筑物、铁路、道路，还有各种管线、测量的基准点及其他设施的位置和尺寸，全部拟建的永久性建筑物、构筑物、铁路、公路、地上地下管线和其他设施的坐标网。

②整个建设项目施工服务的施工临时设施，其包括生产性施工临时设施和生活性施工临时设施两类。

③所有物料堆放位置与绿化区域位置，围墙与入口位置等，施工运输道路，临时供水、

排水管线，防洪设施，临时供电线路及变配电设施位置；建设项目施工必备的安全、防火和环境保护设施布置。

3）临时设施的搭建与管理

（1）临时设施的施工

①临时设施建设，可利用施工现场原有的安全的固定建筑，也可以自建。自建的临时设施使用的材料可根据实际情况而定，但必须确保临时设施的结构安全和其他方面的安全。

②临时设施的宿舍不得设置在高压线下，不得设置在挡土墙下、围墙下、傍山沿河地区、雨季易发生滑坡泥石流地段等处，也不得设置在沟边、崖边、江河岸边、泄洪道旁、强风口处、高墙下、已建斜坡和高切坡附近等影响安全的地点，要充分考虑周边水文、地质情况，以确保安全可靠。

③临时宿舍不得设置在尚未竣工的建筑物内。

④临时设施的宿舍选址应在在建建筑物的坠落半径之外。如因场地所限局部位于坠落半径之内的，必须进行技术论证，提出可靠防护措施。如无法确保安全或场地不具备搭设条件的，应外借场地搭设或租房安置。现场生活区应实行封闭管理，与作业区、周边居民保持有效隔离。

⑤生活、办公设施应当与周边堆放的建筑材料、设备、建筑垃圾、施工围墙以及毗邻建筑保持足够的安全距离。

⑥施工现场的临时宿舍必须设置可开启式窗户。有条件的地方，厕所应为水冲式，化粪池应做抗渗处理。

⑦有条件的话宿舍区应设置排水暗沟，经排污批准后与市政管线连接。

⑧严禁在外电架空线路正下方搭设作业棚、建造生活设施。

⑨临时设施必须符合防火要求。

（2）组装式临时活动房屋施工要求

①施工单位使用组装式临时活动房屋的，必须有出厂合格证或检测合格证书。施工单位自建临时设施选用的，其材料应符合安全使用和环境卫生标准。

②出租或销售装配式活动房屋的单位在施工现场进行安装或拆除作业时，应与建筑施工单位签订合同，明确双方责任。建设或拆除前应编制建设或拆除方案，方案应经总监理工程师审查后方可实施，实施过程中应接受建筑施工单位的安全监督管理。监理单位应按照相应规范、标准要求对其进行监理，发现隐患时应及时要求安装或拆除单位进行整改。

③自建临时设施（含出租、购买装配式活动房屋）应在工程开工前建成。

④自建临时设施（含出租、购买装配式活动房屋）的建筑施工单位在建设完成后，应及时组织施工单位内部有关部门进行验收，未经验收或验收不合格的临时设施不得投入使用。

⑤建筑施工企业自行建设或拆除临时设施，应组织专业班组进行建设或拆除，施工过程中应安排专业技术人员监督指导。

（3）基本制度和职责

①施工总包单位对宿舍等生活设施管理负总责。对依法分包的，应在分包合同中载明宿舍等生活设施的管理条款，明确各自责任。

②施工现场应建立生活设施管理制度和日常检查、考核制度，并落实专（兼）职治安、防火和卫生管理责任人。

③建立健全临时设施的消防安全和防范制度。

④建立卫生值日、定期清扫、消毒和垃圾及时清运制度，根据工程实际设置一定数量的专职保洁员，负责卫生清扫和保洁。生活区应采取灭鼠、蚊、蝇、蟑螂等措施，并应定期投入和喷洒药物。

（4）临时设施的运行管理

①施工作业区内不得设置小卖部、小吃部等设施。严禁使用钢管、三合板、竹片、毛竹、彩条布等材料搭设简易工棚。

②为方便职工确需设置小卖部的，小卖部必须设在生活区，并纳入施工单位项目部的后勤管理。小卖部的设置应与施工现场临时设施共同设计、共同施工。

③宿舍内应统一配置清扫工具、电灯等必要的生活设施。

④宿舍用电应当设置独立的漏电、短路保护器和足够数量的安全插座，明线必须套管。宿舍内电器设备安装和电源线的配置，必须由专职电工操作，不允许私搭乱接。宿舍内（包括值班室）严禁用煤气灶、煤油炉、电饭煲、热得快、电炒锅、电炉等器具。

⑤宿舍区应置开水炉、电热水器或饮用水保温桶等。

⑥在有条件的情况下，宿舍区应设置文体活动室，配备电视机、书报、杂志等文体活动设施、用品。

⑦保持临时宿舍周围的卫生和环境整洁安全，配备必要的消防器材。

⑧生活区应设置密闭式垃圾站（或容器），不得有污水、散乱垃圾等蚊蝇滋生地。生活垃圾与施工垃圾应分类堆放。

（5）监督管理

①建设单位（业主）对建筑工程施工现场临时设施的设计、施工、质量安全等有监督管理的义务。

②建筑施工现场的监理单位和监理有义务和责任对建筑施工现场的临时设施的规划、设计、施工进行监督和管理。

③建设单位（业主）和建筑施工单位违规建造临时设施的，各级建设行政主管部门及受委托的质量监督机构有权下达对不符合要求的临时设施进行整改和强制拆除重建的通知。

④因建筑施工单位违规搭设临时设施，或不按有关技术规范要求和有关行政监督部门的要求进行整改的，由此而造成的事故由建筑施工单位、监理单位、建设单位共同负责。

⑤检验建筑施工单位在施工现场建造的临时设施的设计、施工与布置是否安全、规范、合理。

五、环境保护

1. 扬尘控制

建筑施工是产生空气扬尘的主要原因。施工中出现的扬尘主要来源于：渣土的挖掘和清运，回填土、裸露的料堆，拆迁施工中由上而下抛洒的垃圾、堆存的建筑垃圾，现场搅拌砂浆以及拆除爆破工程产生的扬尘等。扬尘的控制应该进行分类，根据其产生的原因采取适当的控制措施。

1）扬尘污染的治理技术

（1）挡风抑尘墙

挡风墙是利用空气动力学原理，按照实施现场环境风洞试验结果加工成一定几何形状、开孔率和不同孔形组合的挡风抑尘墙，使流通的空气（强风）从外通过墙体时，在墙体内侧形成上、下干扰的气流以达到外侧强风，内侧弱风，外侧小风，内侧无风的效果，从而防止粉尘的飞扬。该技术目前在国内处于领先地位。挡风抑尘墙由独立基础、钢结构支撑、挡风板三部分组成。

料堆起尘分为两大类：一类是料堆场表面的静态起尘；另一类是在堆取料等过程中的动态起尘。前者主要与物料表面含水率、环境风速等关系密切，后者主要与作业落差，装卸强度等相关联。

挡风墙是一种有效的扬尘污染治理技术，其工作原理是，当风通过挡风抑尘墙时，墙后出现分离和附着并形成上、下干扰气流来降低来流风的风速，极大地降低风的动能，减少风的湍流度，消除风的涡流，降低料堆表面的剪切应力和压力，从而减少料堆起尘量。一般认为，在挡风板顶部出现空气流的分离现象，分离点和附着点之间的区域称为分离区，这段长度称为尾流区的特征长度或有效遮蔽距离。挡风抑尘墙的抑尘效果主要取决于挡风板尾流区的特征长度和风速。风通过挡风抑尘墙时，不能采取堵截的办法把风引向上方，应该让一部分气流经挡风抑尘墙进入庇护区，这样风的动能损失最大。挡风抑尘墙在露天堆场使用时，一般要考虑三个主要问题，即设网方式、设网高度和与堆垛的距离。

①设网方式。通常有两种设网方式，主导风向设网和堆场四周设网。采用何种方式主要取决于堆场大小、堆场形状、堆场地区的风频分布等因素。

②设网高度。与堆垛的高度、堆场大小和对环境质量要求等因素有关。对于一个具体工程来说，要根据堆场地形、堆垛放置方式、挡风抑尘墙及其设置方式，计算出网高与堆垛高度、网高与庇护范围的关系，结合堆场附近的环境质量要求等综合因素确定堆场挡风抑尘墙的高度。

③与堆场堆垛的距离试验结果表明，如果在设网后的一定距离内有一个低风区，减速效果会增加，因此挡风抑尘墙应该距离堆场堆垛一段最佳距离。对于由多个堆垛组成的堆场而言，可以视堆场周围情况，因地制宜地设置。一般可以在堆场堆垛边上设置挡风抑尘墙。

（2）绿化防尘

树木能减少粉尘污染的原因，一是由于其有降低风速的作用，随着风速的减慢，气流中携带的大粒粉尘的数量会随之下降。二是由于树叶表面的作用，树叶表面通常不平，有些具有茸毛且能分泌油脂及汁液，因此，可吸附大量粉尘。此外树木枝干上的纹理缝隙也可吸纳粉尘。不同种类的植物滞尘能力有所不同。一般而言，叶片宽大、平展、硬挺、叶面粗糙、分泌物多的植物滞尘能力更强。植物吸滞粉尘的能力与叶量的多少成正比。控制道路施工场地的扬尘污染，还可采用先进的边坡绿化技术。

①湿式喷播技术。该技术是以水为载体的植被建植技术，将配置好的种子、肥料、覆盖料、土壤稳定剂等与水充分混合后，再用高压喷枪射到土壤表面，能有效地防止种子被冲刷。而且在短时间内，种子萌发长成植株迅速覆盖地面，以达到稳固公路边坡和美化路容的目的，其优点在于适用范围广，不仅可在土质好的地带使用，而且也适用于土地贫瘠地带，对土地的平整度无严格要求，特别适合不平整土地的植被建植，能够有效地防止雨水冲刷，

避免种子流失。

②客土喷播技术。该技术将含有植物生长所需营养的基质材料混合胶结材料喷附在岩基坡面上，在岩基坡面上创造出宜于植物生长硬度的、牢固且透气、与自然表土相近的土板块，种植出可粗放管理的植物群落，最大限度地恢复自然生态。广泛适用于岩石面和风化岩石面；传统喷播植草与简单的三维网喷播技术很难达到预期效果，而客土喷播可以改善边坡土质条件，水、土、肥均可以保持，绿化效果非常好。其缺点是成本高，进度慢。

③抑尘剂抑尘。采用化学抑尘剂抑尘是一种目前比较有效的防尘方法。该法具有抑尘效果好、抑尘周期长、设备投资少、综合效益高、对环境无污染的特点，是今后施工场地抑尘的发展方向。

粉尘的沉降速度随粉尘的粒径和密度的增加而增大，所以设法增加粉尘的粒径和密度是控制扬尘的有效途径。使用抑尘剂可以使扬尘小颗粒凝聚成大颗粒；增大扬尘颗粒的密度，加快扬尘颗粒的沉降速度，从而降低空气中的扬尘。抑尘机理通常是采用固结、润湿、凝并三种方式来实现。固结就是使需要抑尘的区域形成具有一定强度和硬度的表面以抵抗风力等外力因素的破坏。润湿是使需要抑尘的区域始终保持一定的湿度，这时扬尘颗粒密度必然增加，其沉降速度也会增大。凝并可使细小扬尘颗粒凝聚成大粒径颗粒达到快速沉降的目的。

目前有的化学抑尘剂产品大致可分为湿润型、粘结型、吸湿保水型和多功能复合型，其中功能单一的居多。随着化工产品的迅速发展，各种表面活性剂、超强吸水剂等高分子材料广泛的应用，抑尘剂的抑尘效率将不断提高，新型抑尘剂也会层出不穷。

经过多年努力，我国许多城市空气质量已有所改善，但颗粒物污染指数仍然非常严重。

2）扬尘的治理措施及相关规定

根据《中华人民共和国大气污染防治法》及《绿色施工导则》的相关内容，针对扬尘污染的治理，一些省、市已出台了地方法规，其主要内容包括：

（1）确定合理的施工方案

在施工方案确定前，建设单位应会同设计、施工单位和有关部门对可能造成周围扬尘污染的施工现场进行检查，制定相应的技术措施，纳入施工组织设计。

（2）控制过程中的粉尘污染

工程开挖施工中，表层土和砂卵石覆盖层可以用一般常用的挖掘机械直接挖装，对岩石层的开挖尽量采用凿裂法施工，或者采用凿裂法适当辅以钻爆法施工，降低产尘率；湿法作业。凿裂和钻孔施工尽量采用湿法作业，减少粉尘。

（3）建筑工地周围设置硬质遮挡围墙

①要保证场界四周隔挡高度位置测得的大气总悬浮颗粒物每月平均浓度与城市背景值的差值不大于0.08 mg/m³。因此，工地周边必须设置一定高度的围蔽设施，且保证围墙封闭严密，保持整洁完整。工程脚手架外侧采用合格的密目式安全立网进行全封闭，封闭高度要高出作业面，并定期对立网进行清洗，发现破损立即更换。为了防止施工中产生飞扬的尘土、废弃物及杂物飘散，应当在其周围设置不低于堆放物高度的封闭性围栏，或使用密目式网覆盖；对粉末状材料应封闭存放。土方作业阶段，采取洒水、覆盖等措施，达到作业区目测扬尘高度小于1.5 m，不扩散到场区外。

②另外，为保证在结构施工、安装装饰装修阶段，作业区目测扬尘高度小于0.5 m。场

区内可能引起扬尘的材料及建筑垃圾搬运应有降尘措施，如覆盖、洒水等；浇筑混凝土前清理灰尘和垃圾时尽量使用吸尘器，避免使用吹风器等易产生扬尘的设备；机械剔凿作业时可用局部遮挡、掩盖、水淋等防护措施；高层或多层建筑清理垃圾应搭设封闭性临时专用道或采用容器吊运及外挂密目网。

（4）施工车辆控制

送土方、垃圾、设备及建筑材料等的施工车辆通常会污损场外道路。因此，必须采取措施封闭严密，保证车辆清洁。运输容易散落、飞扬、流漏的物料的车辆，例如，散装建筑材料、建筑垃圾、渣土等，不应装载过满，且车厢应确保牢固、严密，以避免物料散落造成扬尘。运输液体材料的车辆应当严密遮盖和有围护措施，防止在装运过程中沿途抛、洒、滴、漏。施工运输车辆不准带泥驶出工地，施工现场出口应设置洗车槽，以便车辆驶出工地前进行轮胎冲洗。

（5）场地处理

施工场地也是扬尘产生的重要因素，需要对施工工地的道路和材料加工区按规定进行硬化，保证现场地面平整、坚实无浮土。对于长时间闲置的施工工地，施工单位应当对其裸露工地进行临时绿化或者铺装。对现场易飞扬物质采取有效措施，如洒水、地面硬化、围挡、密网覆盖、封闭等，最大限度地防止和减少扬尘产生。

（6）清拆建筑控制

①清拆建筑物、构筑物时容易产生扬尘，需要在建筑物、构筑物拆除前，做好扬尘控制准备。例如，当清拆建筑物时，应当对清拆建筑物进行喷淋除尘并设置立体式遮挡尘土的防护设施；当进行爆破拆除时，可采用清理积尘、淋湿地面、预湿墙体、屋面敷水袋、楼面蓄水、建筑外设高压喷雾状水系统、搭设防尘排栅和直升机投水弹等综合降尘措施。另外，还要选择风力小的天气进行爆破作业。当气象预报风速达到 4 级以上时，应当停止房屋爆破或者拆除房屋。

②清拆建筑时，还可以采用静性拆除技术降低噪声和粉尘，静性拆除通常采用液压设备、无振动拆除设备等无声拆除设备拆除既有建筑。

（7）其他措施

灰土和无机料拌合时，应采用预拌进场，碾压过程要洒水降尘。在场址选择时，对于临时的、零星的水泥搅拌场地应尽量远离居民住宅区。装卸渣土、沙等物料严禁凌空抛撒，严禁从高处直接向地面清扫废料或者粉尘。建筑工程完工后，施工单位应及时拆除工地围墙、安全防护设施和其他临时设施，并将工地及四周环境清理干净、整洁。对于市政道路、管线敷设工程施工工地，应对淤泥渣土采取围蔽、遮盖、洒水等防尘措施，当工程完工后，淤泥渣土和建筑材料须及时清理。

2. 噪声与振动控制

1）相关原理

绿色施工符合可持续发展的要求，在实施中需要体现对人类本身的关怀，人类环保需求的提高要求对施工噪声进行主动性管理。施工噪声对周边影响是从噪声源制造噪声开始，经过一定的传播路径，最后到达接受者处并对其产生影响。能量发生后，在传播中有所损耗，再作用于接受者。绿色施工需要符合生态原则，首先就要从来源上减小甚至消除噪声的发生，从治理的角度来看，应该在噪声传播过程中尽量增大其损耗，而考虑到绿色施工中重视人的因素，在必要的时候需对接受者处理即构建噪声伤害的最后屏障，吸收或反射噪声能量。

施工中的噪声来自于所使用的施工机械设备、爆破工作、人员嘈杂和材料转移中的噪声，而其中最主要的为机械设备产生的噪声，本文以施工中各阶段使用的施工设备为主线进行施工噪声的管理。

施工噪声管理从来源、传播途径和接受者三个环节来进行控制，如图 1-2 所示。工程项目施工过程中具体针对哪一环节，采取何种方式，需要综合考虑成本效果、噪声影响范围、施工过程要求等，采用较满意的噪声控制措施，从根本上消除或程度上减小噪声的危害，都符合绿色施工的目的。

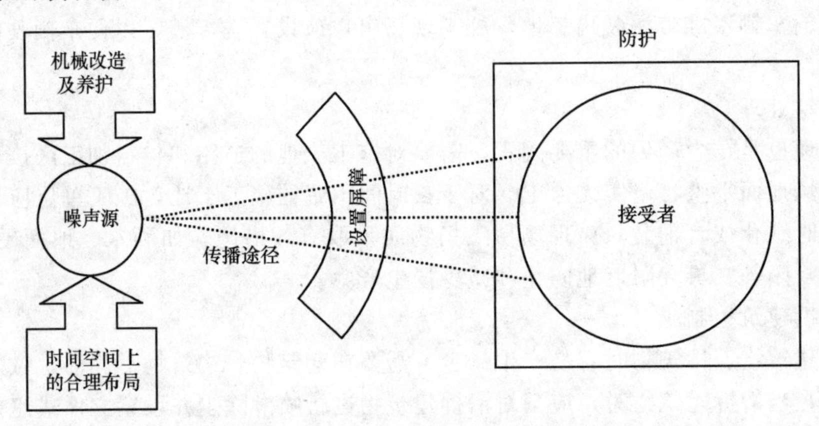

图 1-2 噪声控制措施

2）噪声控制方法

施工噪声控制从噪声源、传播途径和接受者三个方面开展，主要围绕施工机械开展，绿色施工的实施不是某些局部性的尝试，而是一个全过程的整体概念，以下归纳了一般性的控制方法，并辅以了一定的管理制度。

（1）控制噪声源

控制了噪声源，就从源头上消灭或降低了噪声。在施工环境下噪声源主要指的是现场的施工机械，对噪声的控制在于对这些施工机械的管理。主要为两个途径，一种是对机械的改造及养护，一种是机械在时间和空间上的合理布局。

机械改造和养护方面，是从噪声源本身入手。将机械改造成低声强的设备并进行妥善的后期养护，从根源上减少噪声的产生。

①技术升级。这是一种从源头入手进行治本的措施，一些机械设备是施工过程中所必不可少的，对施工中必须使用的机械设备进行技术升级，降低噪声源的发声功率和辐射功率，从而在原施工的基础上大大减轻噪声的危害。

②设备振动处理。设备振动是噪声产生的主要表现形式，在施工机械的选择过程中选择弱振动的机器能减少噪声的干扰，或者配置与设备配套的防振垫也能达到同样的效果。

③机器的妥善保养及零件维护。在长期使用过程中，摩擦噪声愈来愈严重，妥善保养不

仅能延长机械设备的使用寿命，也能降低噪声污染的程度。施工过程中机械设备的磨损造成整个系统的衔接不畅也会产生噪声，及时更换损坏的常用零件，是保证系统运行顺畅、噪声防治的良方。

④对设备加装防音罩。采用防音板材的包裹达到隔音降噪的目的，是对噪声源外层的防护。例如对于施工中常用的另一主要动力设备——电机（包括电动机和发电机），普遍是利用加装防音罩而进行降噪。

机械在时间和空间上的合理布局，一方面指的是施工机械的合理选择，另一方面指的是施工中使用施工机械的地点和时间。

①改良施工方法。在满足项目的质量、工期、成本约束的情况下，对同一分部分项工程采用不同的施工方案相应也会配套不同的施工机械设备，综合其他方面的绿色要求，选择其中噪声影响最小的。

②施工机械的时间地点布置指的是根据声波衰减的原理将某些固定的噪声源如钢筋、木材加工场布置在远离噪声敏感点处，甚至进行现场外作业，在工厂、车间中加工；运输车辆的噪声污染具有活动性、影响范围大的特点，合理规划建筑施工场地的运输车辆运行路径和时间的管理制度；选择合适的施工时间，以《建筑施工场界环境噪声排放标准》(GB 12525—2011)为底线，并尽量安排施工机械进行白昼（6：00～22：00）施工。

（2）传播途径上的控制

在噪声源与接受者之间的传播途径上采取阻隔作用，利用吸声、隔声和消声的原理设置隔离措施，减少噪声污染。吸声是利用材料（软木板、矿渣棉、毛毡等）或者结构（穿孔共振、微穿孔板、薄板共振结构）吸收声音的反射来降低噪声；在传播途径的正中设置隔声结构，分为单层和双层两种，由于隔声性能遵循“质量定律”，越为密实厚重的材料隔声效果越好，常采用的包括砖、钢筋混凝土、钢板、厚木板、矿棉被等，目前常应用于强噪声设备的隔噪；隔振就是阻碍振动的能量向外传播，装置主要包括弹簧、隔振器和隔振垫等，用于装置的材料为软木、矿渣棉和玻璃纤维等；阻尼就是用利用摩擦原理使得金属板的振动能量转化为热能散失掉，达到抑制振动的目的，从噪声的辐射方面大幅削减其能量。

全封闭技术以及各种阻尼、隔音材料在施工机械上的使用，是降低施工中噪声对周边影响的利器。

（3）接受者的防护管理

接受者的防护管理主要指的是对施工机械操作人员的保护，例如，给在高噪声声源附近工作的施工人员发放防声耳塞、头盔等，对其进行防护。

除此以外，就是通过加强管理消除不必要的噪声，有些施工过程噪声的产生多数为人为因素，如模板、脚手架运输、搭设、紧固、拆除等转运拼搭性工作，应要求施工人员做到轻拿轻放；塔吊指挥、夜间施工等现场语音传递为施工人员配备对讲机设备并禁止人员无故大声喧哗；关于施工机械管理等要求在闲置时关机，运输车辆禁止无故鸣笛等。

有了措施还要有措施效果的检测监督，建立噪声的监测纠偏机制，派专人长期监测，及时了解施工现场噪声值的波动，在施工场地噪声记录表上记录测量结果，见表 1-6。

表 1-6 建筑施工场地噪声测量记录表

工地名称		地点		时分至时分	
测量仪器型号		气象条件		测量人	
测点		等效连续 A 声级			
建筑施工场地示意图、建筑施工场地及其他边界，测量地点					
备注					

3. 光污染控制

1）城市光污染的来源

光污染是人们新近意识到的一种环境污染，这种污染通过过量的或不适当的光辐射对人类生活和生产境造成不良影响，它一般包括白亮污染、人工白昼污染和彩光污染。有时人们按光的波长分为红外光污染、紫外光污染、激光污染及可见光污染等。

“光污染”已成为一种新的城市环境污染源，正严重威胁着人类的健康。城市建设中光污染主要来源于建筑物表面釉面砖、磨光大理石、涂料，特别是玻璃幕墙等装饰材料形成的反光。随着夜景照明的迅速发展，特别是大功率高强度气体放电（HID）光源的广泛采用，使夜景照明亮度过高，形成了“人工白昼”；施工过程中，夜间施工的照明灯光及施工中电弧焊、闪光对接焊工作时发出的弧光等也是光污染的重要来源。

2）光污染的危害

光污染虽未被列入环境防治范畴，但人们对它的危害认识越来越清晰，这种危害在日益加重和蔓延。在城市中玻璃幕墙不分场合的滥用，对人员、环境及天文观察均造成了一定的危害，成为建筑光学急需研究解决的问题。

首先，光的辐射及反射污染严重影响交通，街上和交通路口一幢幢大厦幕墙，就像一面面巨大的镜子在阳光下对车辆和红绿灯进行反射，光进入快速行驶的车内造成人突发性暂时失明和视力错觉，瞬间遮挡司机视野，令人感到头晕目眩，危害行人和司机的视觉功能而造成交通事故；建在居住小区的玻璃幕墙给周围居民生活也带来不少麻烦，通常幕墙玻璃的反射光比太阳光更强烈，刺目的强烈光线破坏了室内原有的气氛，使室温增高，影响到居民正常的生活，在长时间白色光亮污染环境下生活和工作，容易使人产生头昏目眩、失眠、心悸、食欲下降、心绪不宁、神经衰弱及视力下降等病症，造成人的正常生理及心理发生变化，长期照射会诱使某些疾病加重。玻璃幕墙容易污染，尤其是大气含尘量多、空气污染严重、干燥少雨的北方广大地区玻璃蒙尘纳垢难看，有碍市容。此外，由于一些玻璃幕墙材质低劣、施工质量差、色泽不均匀、波纹各异，光反射形成杂乱漫射，这样的建筑物外形只能使人感到光怪离奇，形成更严重的视觉污染。

其次，土木工程中钢筋焊接工作量较大，焊接过程中产生的强光会对人造成极大的伤害。电焊弧光主要包括红外线、可见光和紫外线，这些都属于热线谱。当这些光辐射作用在人体上时，机体组织便会吸收，引起机体组织热作用、光化学作用或电离作用，导致人体组织内发生急性或慢性的损伤。红外线对人体的危害主要是引起组织的热作用。在焊接过程中，如果眼部受到强烈的红外线辐射，便会立即感到强烈的灼伤感和灼痛感，发生闪光幻觉。长期接触可能造成红外线白内障、视力减退，严重时可导致失明。电焊弧光的可见光线的强度大约是肉眼正常承受光度的一万倍，当可见光线辐射人的眼睛时，会产生疼痛感，看不清东西，在短时间内失去劳动能力。电焊弧光中的紫外线对人体的危害主要是光化学作用，对人体皮肤和眼睛造成损害。皮肤受到强烈的紫外线辐射后，可引起皮炎、弥漫性红斑，有时出现小水泡、渗出液，有烧灼感、发痒症状。如果这种作用强烈时还伴有全身症状：头痛、头晕、易疲劳、神经兴奋、发烧、失眠等。紫外线过度照射人的眼睛，可引起眼睛急性角膜炎和结膜炎，即电光眼炎。这种现象通常不会立刻表现出来，多数在被照射后4～12天发病，其症状是出现两眼高度畏光、流泪、异物感、刺痛、眼睑红肿、痉挛并伴有头痛和视物模糊。

另外，由于我国基础建设迅速开展，为了赶工期，夜间施工非常常见。施工机具的灯光及照明设施在晚上会造成强烈的光污染。

3）光污染的预防与治理

城市的光污染问题在欧美和日本等发达国家早已引起人们的关注，在多年前就开始着手治理光污染。随着光污染的加剧，我国在现阶段应该大力宣传光污染的危害，以便引起有关领导和人民群众的重视，在实际工作中减少或避免光污染。

防治光污染是一项社会系统工程，由于我国长期缺少相应的污染标准与立法，因而不能形成较完整的环境质量要求与防范措施，需要有关部门制定必要的法律和规定，并采取相应的防护措施，而且应组织技术力量对有代表性的光污染进行调查和测量，摸清光污染的状况，并通过制定具体的技术标准来判断是否造成了光污染。在施工图审查时就需要考虑光污染的问题，总结出防治光污染的措施、办法、经验和教训，尽快地制定我国防治光污染的标准和规范是当前的一项迫切任务。

尽量避免或减少施工过程中的光污染，在施工中灯具的选择应以日光型为主，尽量减少射灯及石英灯的使用，夜间室外照明灯加设灯罩，透光方向集中在施工范围内。

在施工组织计划时，应将钢筋加工场地设置在距居民和工地生活区较远的地方。若没有条件，应设置采取遮挡措施，如遮光围墙等，以避免电焊作业时，消除和减少电焊弧光外泄及电气焊等发出的亮光，还可选择在白天阳光下工作等施工措施来解决这些问题。此外，在规范允许的情况下尽量采用套筒连接。

4. 水污染控制

1）施工现场的污水处理办法

我国相关建设部门针对施工现场的污水也采取了一定的处理办法，主要有如下几点：

①污水排放单位应委托有资质的单位进行废水水质检测，提供相应的污水检测报告。

②保护地下水环境，采用隔水性能好的边坡支护技术，在缺水地区或地下水位持续下降的地区，基坑降水尽可能少地抽取地下水；当基坑开挖抽水量大于50万m^3时，应进行地下水回灌并避免地下水被污染。

③工地厕所的污水应配置三级无害化粪池，并接市政管网的污水处理设施，或使用移动厕所，由相关公司集中处理。

④工地厨房的污水有大量的动、植物油，动、植物油必须先除去才可排放，否则将使水体中的生化需氧量增加，从而使水体发生富营养化作用，这对水生物将产生极大的负面影响，而动、植物油凝固并混合其他固体污物更会对公共排水系统造成阻塞及破坏。一般工地

厨房污水应使用三级隔油池隔除油脂，常见的隔油池有两个隔间并设多块隔板，当污水注入隔油池时，水流速度减慢，使污水里较轻的固体及液体油脂和其他较轻的废物浮在污水上层，并被阻隔停留在隔油池里，而污水则由隔板底部排出。

⑤凡在现场进行搅拌作业的必须在搅拌机前台设置沉淀池，污水流经沉淀池沉淀后可进行二次使用，对于不能二次使用的施工污水，经沉淀池沉淀后方可排入市政污水管道。建筑工程污水包括地下水、钻探水等，含有大量的泥沙和悬浮物，一般可采用三级沉降池进行自然沉降，污水自然排放，大量淤泥由人工清除可以取得一定的效果。

⑥对于化学品等有毒材料、油料的储存地，应有严格的隔水层设计，同时做好渗漏液收集和处理。对于机修含油废水一律不直接排入水体，集中后通过油水分离器处理，出水中的矿物油浓度需要达到 5 mg/L 以下，对处理后的废水进行综合利用。

2）防治措施

以《绿色施工导则》建质〔2007〕223 号为中心，以《中华人民共和国水污染防治法》为依据，针对施工中水污染的现状特提出以下具体防治措施：

施工现场污水排放应达到国家标准《污水综合排放标准》（GB 8978—1996）的要求，污染物的排放标准见表 1-7 和表 1-8。

表 1-7 第一类污染物最高允许排放浓度 （单位：mg/L）

序号	污染物	最高允许排放浓度
1	总汞	0.05
2	烷基汞	不得检出
3	总镉	0.1
4	总铬	1.5
5	六价铬	0.5
6	总砷	0.5
7	总铅	1.0
8	总镍	1.0
9	苯并（a）芘	0.000 03
10	总铍	0.005
11	总银	0.5
12	总放 α 射性	1 B_q/L
13	总放 β 射性	10 B_q/L

表 1-8 第二类污染物最高允许排放浓度 （单位：mg/L）

序号	污染物	适用范围	一级标准	二级标准	三级标准
1	pH	一切排污单位	6～9	6～9	6～9
2	色度（稀释倍数）	染料工业	50	180	—
		其他排污单位	50	80	—

续表 1-8

序号	污染物	适用范围	一级标准	二级标准	三级标准
3	悬浮物（SS）	采矿、选矿、选煤工业	100	300	—
		脉金选矿	100	500	—
		边远地区砂金选矿	100	800	—
		城镇二级污水处理厂	20	30	—
		其他排污单位	70	200	400
4	五日生化需氧量（BOD_5）	甘蔗制糖、苎麻脱胶、湿法纤维板工业	30	100	600
		甜菜制糖、酒精、味精、皮革、化纤浆粕工业	30	150	600
		城镇二级污水处理厂	20	30	—
		其他排污单位	30	60	300
5	化学需氧量（COD）	甜菜制糖、焦化、合成脂肪酸、湿法纤维板、染料、洗毛、有磷农药工业	100	200	1000
		味精、酒精、医药原料药、生物制药、苎麻脱胶、皮革、化纤浆粕工业	100	300	1000
		石油化工工业（包括石油炼制）	100	150	500
		城镇二级污水处理厂	60	120	—
		其他排污单位	100	150	500
6	石油类	一切排污单位	10	10	30
7	动植物油	一切排污单位	20	20	100
8	挥发酚	一切排污单位	0.5	0.5	2.0
9	总氰化合物	其他排污单位	0.5	0.5	1.0
10	硫化物	一切排污单位	1.0	1.0	2.0
11	氨氮	医药原料药、染料、石油化工工业	15	50	—
		其他排污单位	15	25	—
12	氟化物	黄磷工业	10	20	20
		低氟地区（水体含氟量＜0.5 mg/L）	10	20	30
		其他排污单位	10	10	20

续表 1-8

序号	污染物	适用范围	一级标准	二级标准	三级标准
13	磷酸盐（以 P 计）	一切排污单位	0.5	1.0	—
14	甲醛	一切排污单位	1.0	2.0	5.0
15	苯胺类	一切排污单位	1.0	2.0	5.0
16	硝基苯类	一切排污单位	2.0	3.0	5.0
17	阴离子表面活性剂（LAS）	其他排污单位	5.0	10	20
18	总铜	一切排污单位	0.5	1.0	2.0
19	总锌	一切排污单位	2.0	5.0	5.0
20	总锰	合成脂肪酸工业	2.0	5.0	5.0
		其他排污单位	2.0	2.0	5.0

施工期间做好地下水监测工作，监控地下水变化趋势，在施工现场应针对不同的污水设置相应的处理设施，如沉淀池、隔油池、化粪池等，并与市政管网连接，且不能二次使用的施工污水，经沉淀池沉淀后方可排入市政污水管道。

保护地下水环境，可以采用隔水性能好的边坡支护技术，在缺水地区或地下水位持续下降的地区，基坑降水尽可能少地抽取地下水。当基坑开挖抽水量大于 50 万 m^3时，应进行地下水回灌，同时避免地下水被污染，对于化学品等有毒材料、油料的储存地，应有严格的隔水层设计，并做好渗漏液收集和处理。施工前做好水文地质、工程地质勘察工作，并进行必要的抽水试验或计算，以正确估计可能的涌水量、漏斗降深及影响范围。

施工过程中，观测周围地表沉降以免引起不均匀沉降，影响周围建筑物、构筑物以及地下管线的正常使用和危害人民生命财产安全，施工现场产生的污水不能随意排放，不能任其流出施工区域污染环境。

5. 土壤保护

制约土壤保护的关键因素是我国的人口膨胀，而且不可能在短期内减少人口压力，故针对目前我国土地资源的现状，为及时防止土壤环境的恶化，我国一些地区积极响应《绿色施工导则》的节地计划，并明确规定在节地方面，建设工程施工总平面规划布置应优化土地利用，减少土地资源的占用。施工现场的临时设施建设禁止使用黏土砖，土方开挖施工应采取先进的技术措施，减少土方开挖量，最大限度地减少对土地的扰动并保护周边的自然生态环境。

另外，在节地与施工用地保护中，《绿色施工导则》在临时用地指标、施工总平面布置规划及临时用地节地等方面还明确制定了如下措施：

①保护地表环境，必须防止土壤侵蚀、流失，因施工造成的裸土，及时覆盖砂石或种植速生草种，以减少土壤侵蚀；因施工造成容易发生地表径流土壤流失的情况，应采取设置地表排水系统、稳定斜坡、植被覆盖等措施，减少土壤流失。

②保证沉淀池、隔油池、化粪池等不发生堵塞、渗漏、溢出等现象，及时清掏各类池内沉淀物，并委托有资质的单位清运。

③对于有毒有害废弃物，如电池、墨盒、油漆、涂料等应回收后交有资质的单位处理，不能作为建筑垃圾外运，避免污染土壤和地下水。

④施工后应恢复被施工活动破坏的植被。与当地园林、环保部门或当地植物研究机构进行合作，在先前开发地区种植当地或其他合适的植物，以恢复剩余空地地貌或科学绿化，补救施工活动中人为破坏植被和对地貌造成的土壤侵蚀。

在城市施工时如有泥土场地易污染现场外道路时，可设立冲水区，用冲水机冲洗轮胎，防止污染施工外部环境。修理机械时产生的液压油、机油、清洗油料等废油不得随地泼倒，应收集到废油桶中统一处理。禁止将有毒有害废弃物用作土方回填。

限制或禁止黏土砖的使用，降低路基并充分利用粉煤灰，毁田烧砖是利益的驱动，也是市场有需求的后果。节约土地要从源头上做起，即推进墙体材料改革，建筑业以新型节能的墙体材料代替实心黏土砖，让新型墙体材料占领市场。

推广降低路基技术，节约公路用地，修建公路取土毁田会对农田造成极大的毁坏，有必要采用新技术来降低公路建设对土地资源的耗费。我国火力发电仍占很大比例，加上供暖所产生的工业剩余粉煤灰总量极大，这些粉煤灰需要占地堆放，如果将这些粉煤灰用于公路建设将是一个便于操作、立竿见影的节约和集约化利用土地的好方法。

6. 建筑垃圾控制

1）建筑垃圾现状

建筑垃圾是指建设单位、施工单位或个人对各类建筑物、构筑物、管网等进行建设、铺设或拆除过程中产生的渣土、弃土、弃料及其他废弃物的总称。在建筑施工中的建筑垃圾主要有砌砖块、砂浆、混凝土、钢材、木材、包装纸等。

近几年，我国每年建筑的排放总量约 15.5 亿 t～24 亿 t，占城市垃圾的比例为 40%。《我国建筑垃圾资源化产业发展报告——2014 年度》（以下简称产业发展报告）日前在北京发布。产业发展报告指出，2014 年，我国建筑垃圾产生量超过 15 亿 t，当前约有 20 多家相对专业的企业进行建筑垃圾的再利用。

2）建筑垃圾的分类及组成

（1）分类

按照来源分类，建筑垃圾可分为土地开挖、道路开挖、旧建筑物拆除、建筑施工和建材生产垃圾五类。建筑垃圾的组织成分很复杂，不同结构类型的建筑物所产生的建筑垃圾的成分不一样，但其基本组成主要是渣土、碎石块、废砂浆、砖瓦碎块、混凝土块、沥青块、废塑料、废金属料、废竹木等，其具体成分如图 1-3 所示。

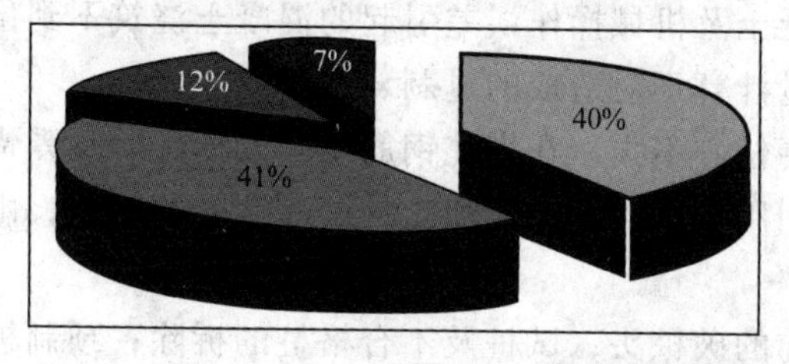

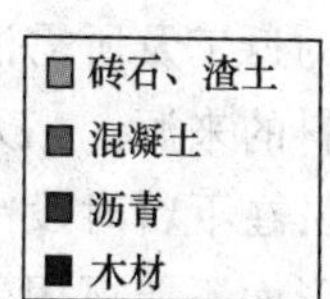

图 1-3　建筑垃圾的分类

(2) 组成

调查表明，建筑施工垃圾主要由碎砖、混凝土、砂浆、桩头、包装材料等组成，约占建筑垃圾总量的80%。表1-9列出了不同结构形式的建筑工地中建筑施工垃圾的组成比例和单位建筑面积产生垃圾量。

表1-9 不同结构形式的建筑工地中建筑施工垃圾的组成比例和单位建筑面积产生垃圾量

垃圾组成	所占比例/%		
	砖混结构	框架结构	框架—剪力墙结构
碎砖（碎砖块）	30～50	15～30	10～20
砂浆	8～15	10～20	10～20
混凝土	8～15	15～30	15～35
桩头	—	8～15	8～20
包装材料	5～15	5～20	10～15
屋面材料	2～5	2～5	2～5
钢材	1～5	2～8	2～5
木材	1～5	1～5	1～5
其他	10～20	10～20	10～20
合计	100	100	100
单位建筑面积产生垃圾量/（kg/m^3）	50～200	45～150	45～150

数据来源：建筑垃圾综合利用及管理的现状和发展。

3）**建筑垃圾的产生原因和控制方法**

(1) 各类建筑垃圾的产生原因

①碎砖块的来源。施工技术人员在砌砖前没有对施工人员进行详细的交底，造成施工人员随心所欲地施工，从而产生错误的砌筑方法或造成返工；工人技术达不到要求，在施工过程中出现错误或砌筑不当；采购的砌块质量有问题。

②砂浆废料的来源。砌筑时产生的脚底料或没用完的剩料；装饰装修时产生的脚底料或没用完的剩料；返工时产生的不能用的废料；工人不注意节约造成的砂浆浪费。

③混凝土废料的来源。现场加工混凝土时，混凝土在搅拌、制作过程中产生的垃圾；模板安装不合适造成的跑浆、涨模等情况；工人浇捣操作不当引起的混凝土浪费；采用混凝土泵输送混凝土时，泵管里剩余的混凝土及机械操作误差引起的混凝土浇筑不到位；混凝土浇筑不合格造成的返工及所需混凝土量计算不对造成的过剩。

④钢材废料的来源。工人由于责任心不强，在绑扎钢筋或安装模板时不爱惜材料造成的浪费；技术人员在下料时没能充分利用钢筋的长度；加工钢筋时剩余的钢筋；由于返工造成的钢筋弯曲变形而不能再用的钢材。

⑤桩头废料的来源。浇筑承台前的破桩头；试桩及不合格桩的拆除；预制桩由于操作不当造成的桩头破坏产生的废料。

⑥木材废料的来源。因支设模板所产生的木料垃圾；制作木模板时产生的废料；木材的保护不周引起的腐烂；工人操作不当产生的废料。

⑦包装材料废料的来源。购买建筑材料时所附带的包装材料没有得到回收处理引起的材料浪费。

⑧屋面材料废料的来源。施工人员没有预算好所用的量而造成进货过多；施工过程中工人由于自身技术或者环保意识不足引起的浪费。

（2）施工中建筑垃圾的控制方法

①从施工人员角度减少建筑垃圾的方法。

从技术人员角度看：熟悉好图纸、做好对工人的技术交底；实施现场监管、做好各道工序的验收；做好建筑材料的预算，减少由于过剩的建筑材料转化为建筑垃圾的概率。

从具体操作人员角度看：尊重建筑工人；建立健全制度，通过详细的制度管理建筑工人；加强对施工工人的教育，让他们认识到浪费建筑材料对个人、企业及整个社会的危害。

从材料员的角度看：严把质量关；材料员应与施工管理人员多进行沟通交流，对管理人员提出的进料单进行认真审批，避免材料进料过多而造成的浪费；加强对施工工人的监管。

②管理方式方面影响建筑垃圾的产生。

采用商品砂浆，将钢筋制作外包给专门的钢筋加工中心，就能大大减少混凝土这种建筑垃圾和废钢筋的产生。

采用分包的方式将单项工程承包给个人，为了保证经济效益，承包者就会想办法降低建筑垃圾的产生。

③施工工艺方面减少建筑垃圾。

用可以循环使用的钢模板代替木模板，就能减少废木料的产生。

采用装配式代替现场制作，也是减少建筑垃圾的好办法。采用产业化的生产方式，房屋的构件可以在工厂批量生产，减少了传统施工现场的各种不稳定因素，可以节约建筑材料，减少建筑垃圾。

④采用绿色建材。采用GHB机质轻骨料硅隔墙板、粉煤灰小型空心砌块、钢丝网架水泥聚苯乙烯夹芯板、石膏空心砌块等，可以减少建筑材料的产生。

⑤加大对建筑垃圾的再利用。建筑垃圾的形成是不可避免的，但在形成建筑垃圾的同时我们也要加大对建筑垃圾的综合利用，这样可以有效地节约资源，保护生态环境。在建筑垃圾中大多数可以用作可再生利用资源，这就要求在建筑垃圾形成的过程中进行分类存放、管理，以便于日后的充分使用。在国外成熟技术的情况下，有15%的建筑垃圾可以在综合处理后生成再生建筑原材料，可再一次地用于城市的建设中；有80%挖出的土方可用作工程项目的回填、铺设道路等；仅有5%左右的有害有毒弃料和装修垃圾暂时没有再生利用价值。而在国内，建筑垃圾再利用体系还不太完善。在此情况下，首先应优先考虑建筑垃圾的就地利用和回收，做到定时定点收集，还可以通过以下途径实现对建筑垃圾的控制。

经分拣、集中、重新处理过后的废钢筋、废铁丝、废电线和各废钢配件等金属，都可以分类处理，回收利用。

用废竹木制造人造木材。

在砖、石、混凝土破碎后，可以作为桩基工程中的夯填材料，也可以用于铺设道路基础。碎大理石还可以做马赛克风格拼图、DIY室内不规则墙等。

7. 地下设施、文物和资源保护

地下设施主要包括人防地下空间、民用建筑地下空间、地下通道和其他交通设施、地下市政管网等设施，这类设施通常处于隐蔽状态，在施工中如果不采取必要的措施极其容易受到损害，一旦对这些设施进行损害往往会造成很大的损失。保护好这类设施的安全运行对于确保国民经济的生产和居民正常生活具有十分重要的意义。文物作为我国古代文明的象征，采取积极措施千方百计地保护地下文物是每一个人的责任。当今世界矿产资源短缺的现状，使各国的危机感大大提高，并竞相加速新型资源的研发。因此，现阶段做好矿产资源的保护工作也是搞好文明施工、安全生产的重要环节。

地下设施、文物和资源通常具有不规律及不可见性，对其保护时需要我们遵循仔细勘探、精密布局、谨慎施工等多项要求。

1）施工前的要求

开始施工前应调查清楚地下各种设施，做好保护计划，保证施工场地周边的各类管道、管线、建筑物、构筑物的安全运行。

施工单位必须严格执行上级部门对市政工程建设在文明施工方面所颁发的条例、制度和规定。在开始土方基础工程开挖作业前，必须对作业点的地下土层、岩层进行勘察，以探明施工部位是否存在地下设施、文物或矿产资源，勘察结果应报相应工程师批准。如果根据勘察结果认为施工场地存在地下设施、文物或资源，应向有关单位和部门进行咨询和查询。

对于已探明的地下设施、文物及资源，应采取适当的措施进行保护，其保护方案应事先取得相应部门的同意并得到监理工程师的批准。比如，对于已探明的地下管线，施工单位需要进一步收集管线资料，并请管线单位监护人员到场，核对每根管线确切的标高、走向、规格、容量、完好程度等，做好记录并填写《管线施工配合业务联系单》，交于相关单位签认，并与业主及相关部门积极联系，进一步确认本工程范围中的管线走向及具体位置。然后根据管线走向及具体位置，在相应地面上做出标志，宜用白灰标志，当管线挖出后应及时给予保护。回填时，回填土应符合相关要求，必须注意土中不应含有粒径较大的石块，雨期施工时则应采取必需的降、排水措施，及时把积水排除。对于道路下的给水管线和污水管线，除采取以上措施外，在车辆穿越时，应设置土基箱，确保管线受力后不变形、不断裂，对于工程中有管线的位置应设置警示牌。

对于施工场区及周边的古树、名木采取避让方法进行保护，并制订最佳的施工方案，在施工过程中统计并分析施工项目的CO_2排放量，以及各种不同植被和树种的CO_2固定量。

2）施工过程中的保护措施

开工前和实施过程中，施工负责人应认真向班组长和每一位操作工人进行管线、文物及资源方面的技术交底，明确各自的责任。应设置专人负责地下相关设施、文物及资源的保护工作，并需要经常检查保护措施的可靠性。当发现现场条件变化，保护措施失效时应立即采取补救措施，要督促检查操作人员（包括民工）遵守操作规程，制止违章操作、违章指挥和违章施工。

开挖沟槽和基坑时，无论人工开挖还是机械挖掘均需分层施工，每层挖掘深度宜控制在20～30 cm。一旦遇到异常情况，必须仔细而缓慢地挖掘，把情况弄清楚或采取措施后方可按照正常方式继续开挖。

施工过程中如遇到露出的管线，必须采取相应的有效措施，如进行吊托、拉攀、砌筑等固定措施，并与有关单位取得联系，配合施工，以求施工安全可靠。施工过程中一旦发现文物，应立即停止施工，保护现场并尽快通报文物部门，并协助文物部门做好相应的挖掘工作。施工过程中发现现状与交底或图纸内容、勘探资料不相符，或出现直接危及地下设施、文物或资源安全的异常情况时，应及时通知相关单位到场研究，商议制定补救措施，在未做出统一结论前，施工人员和操作人员不得擅自处理。施工过程中一旦发现地下设施、文物或资源出现损坏事故，必须在 24 h 内报告主管部门和业主，且不得隐瞒。

第二章 绿色施工基础技术

第一节 基坑施工封闭技术

在地下工程开挖施工中，基坑降水是决定深基坑工程施工成败的一个重要因素。基坑降水的方法很多，传统基坑降水是用水泵连续抽排，地下水的浪费很大，而且地下水的大量抽排会造成附近地表下陷、沉降。为减少水资源浪费、减轻地下水位降低产生的不利影响，保证基坑周边建（构）筑物的安全，可以考虑采用基坑封闭降水技术。基坑封闭降水是指在基坑周边增加渗透系数较小的封闭结构，从而有效地阻止地下水向基坑内部渗流，再抽取开挖范围内的少量地下水，从而减少地下水的浪费。基坑封闭降水技术由于抽水量少、对周边环境影响小、止水系统配合支护体系一起设计可以降低造价等优点被纳为新的绿色施工技术之一。

一、基础概述

1. 主要技术内容

基坑施工封闭降水技术是指采用基坑侧壁帷幕或基坑侧壁帷幕对基坑底封底的截水措施，阻截基坑侧壁及基坑底面的地下水流入基坑，同时采用降水措施抽取或引渗基坑开挖范围内的现存地下水的降水方法。

2. 技术指标

①封闭深度：宜采用悬挂式竖向截水和水平封底相结合，在没有水平封底措施的情况下要求侧壁帷幕（连续墙、搅拌桩、旋喷桩等）插入基坑下至不透水土层一定深度，深度情况应满足下式计算：

$$L=0.2h_w-0.5b$$

式中 L——帷幕插入不透水层的深度；

h_w——作用水头；

b——帷幕厚度。

②截水帷幕厚度：应满足抗渗要求，渗透系数宜小于 1.0×10^{-6} cm/s。

③基坑内井深度：可采用疏干井和降水井，若采用降水井，井深度不宜超过截水帷幕深度；若采用疏干井，井深应插入下层强透水层。

④结构安全性：截水帷幕必须在有安全的基坑支护措施下配合使用（如注浆法），或者帷幕本身经计算能同时满足基坑支护的要求（如地下连续墙）。

二、全封闭深基坑降水技术

基坑封闭降水分为两种模式，一是止水桩插入隔水层，称为全封闭降水，如图 2-1 所示。二是止水桩未插入隔水层，称为非全封闭降水，如图 2-2 所示。当隔水层埋置不深时，为阻止地下水渗入基坑内，常将止水桩插入隔水层中，形成全封闭降水的深基坑。基坑外的地下水受到止水桩的阻隔不能渗透到基坑内，基坑内的地下水就变成了静态水。此时只要根据施工需要抽取坑底以下一定深度以上的地下水即可。

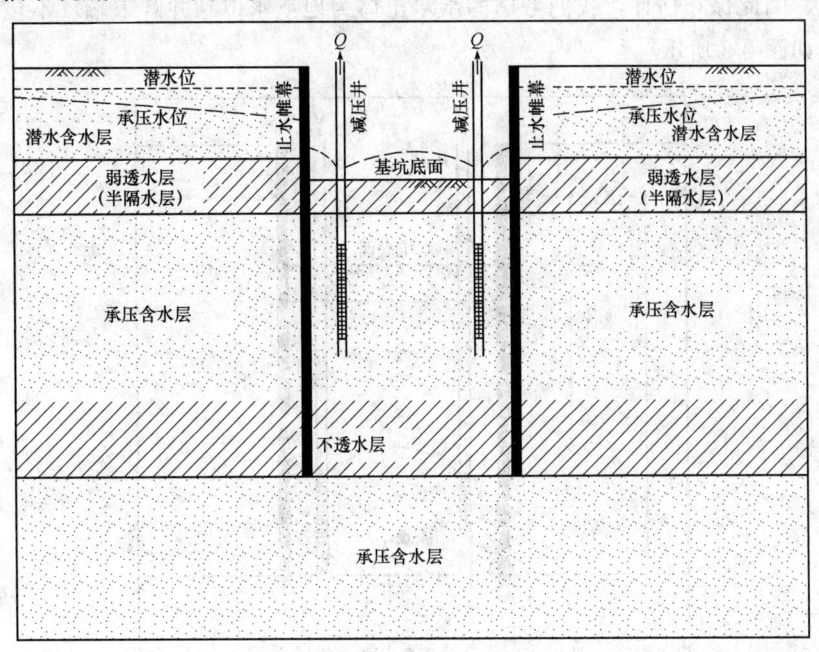

图 2-1　全封闭降水

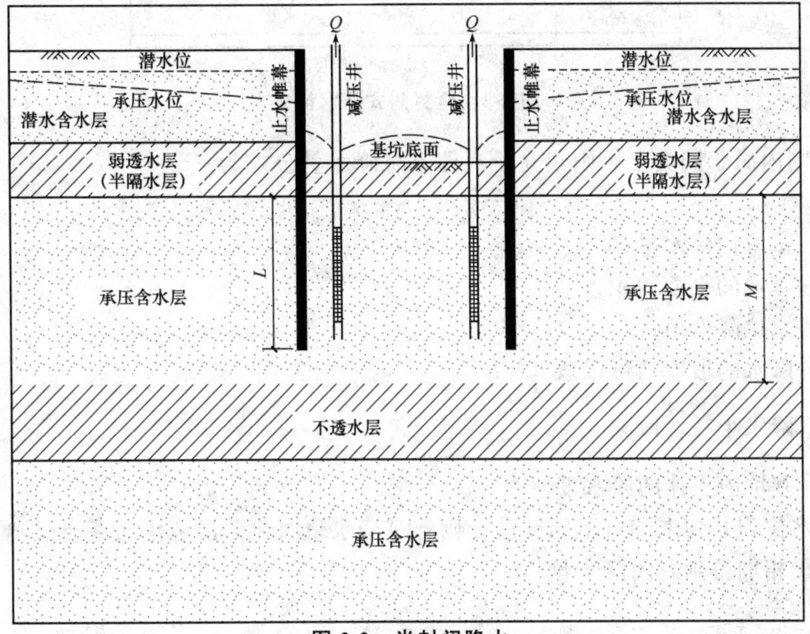

图 2-2　半封闭降水

1. 全封闭降水深基坑降水量计算

使用全封闭深基坑降水模式时，要根据图层的性质和特点、地下水层的性质、基坑深度、封闭深度和基坑内井深度进行综合考虑。全封闭深基坑降水的计算，只需疏干基坑内规定深度的静态水，结合止水桩内土体的给水度计算。但采用止水桩内整个土体的给水量计算又无此必要，因为全封闭降水并不需要把止水帷幕内的水全部疏干，只需疏干基坑内一定深度以上的静态水。一般降水将水位降低到基坑坑底以下 0.5～1 m，因为水位降低后形成水位坡度曲线，因此保守估计，我们考虑的给水土体为地下水位到井管末端（不包括滤管）范围内土体，如图 2-3 所示。

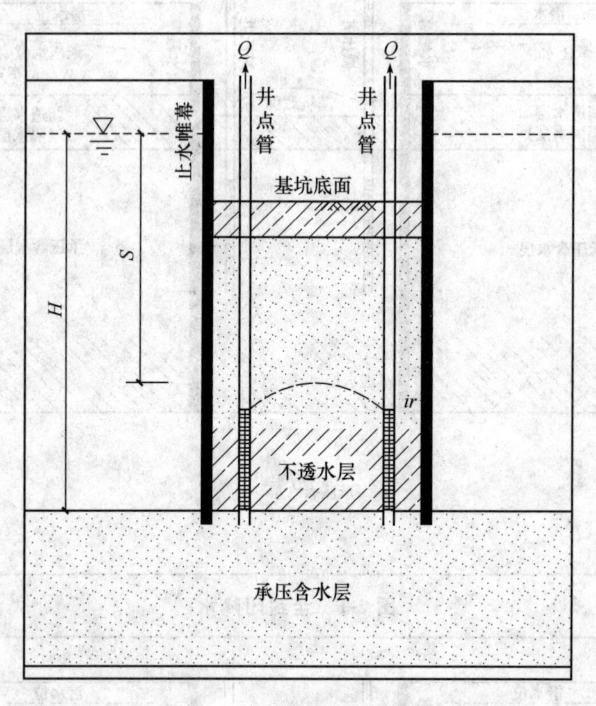

图 2-3 全封闭式降水模式

若该范围内属于同类土，则建立全封闭基坑降水量公式为

$$Q=A\times(S+ir)\times\mu$$

式中 Q——基坑内降水量；

A——基坑的平面面积；

S——水位降低值；

i——降水的坡度，可以取 0.1；

r——降水半径，取 $r=\frac{x_0}{2}$；

μ——基坑内土体的给水度。

如地下水位到井管末端有不同图层，则计算降水量时要分层考虑每一土层给水量。将每一土层给水量相加得到封闭降水量。

2. 工程案例

工程案例：某工程平面为矩形，尺寸为 80 m×60 m，采用深层搅拌桩作为止水帷幕。该地基土层为细砂，已知渗透系数 K 为 5 m/d，基坑深 8 m，潜水水位离地面 1 m，含水层厚 11 m，施工要求降水深度在基坑底以下 1 m，基坑内土层给水度为 0.08。

解：按全封闭降水（图 2-3）

$S=8-1+1=8$

$X_0=\sqrt{\frac{A}{\pi}}=\sqrt{\frac{80\times60}{3.14}}=39\ \text{m}$

$r=\frac{1}{2}X_0=\frac{1}{2}\times39=19.5\ \text{m}$

$Q=A\times(S+ir)\times\mu=80\times60\times(8+0.1\times19.5)\times0.08=3821\ \text{m}^2$

过滤半径 $r=0.2$m，过滤器进水部分长度 $L=2$ m

单井的出水量：$q=120\pi rl\sqrt[3]{K}=120\times3.14\times0.2\times2\times\sqrt[3]{5}=257\ \text{m}^3/\text{d}$

由此可得：若提前 3 天降水

$N=1.1\frac{Q}{q}=1.1\frac{3821}{257\times3}=5.4$，取 $n=6$ 口。

从技术经济上考虑，本工程给水拟采用 6 口井提前 3 天降水，即可输干坑内静态水。

运用全封闭降水方案时，如若基坑下有承压水存在，基坑开挖减少了含水层上覆盖不透水层的厚度时，当它减少到一定程度，承压水的水头压力可能顶裂或冲毁基坑底板，造成突涌现象。故当基坑下部存在承压水层时，应评价基坑开挖引起的承压水头压力冲毁基坑底板后造成突涌的可能性。

小提示

基坑降水要充分掌握场地水文地质条件，考察临近工点的降水经验，从而制订有效、合理的降水方案，以确保工程安全顺利地进行。

①此处的全封闭深基坑降水量公式，是根据止水桩内一定深度土的给水量建立的。公式运用的前提：非雨季施工，同时止水帷幕封闭效果好。除此之外，实际的基坑内降水量还要考虑雨季时的降雨量和全封闭止水帷幕造成漏水现象。

②运用公式确定管井数量后要结合基坑的实际尺寸定好管距，调整降水半径，重新计算降水量。经过反复调整，获得合理管井数量与布置。

③全封闭降水施工时，可以根据土层的渗透系数确定降水的提前量，并根据挖土的进程调节降水量。

④降水井数与降水天数之间存在着反比关系，合理反复调整两者关系，可以达到更好的经济技术效果。

三、技术应用范围

本技术适用于有地下水存在的所有非岩石底层的基坑工程。

第二节　施工过程水回收利用技术

施工过程水的回收利用技术包括基坑施工降水回收利用技术与雨水回收利用技术。该技术特点是减少人工、节约抽水的用电量、降低工程成本、减少地下水的使用、节约水资源等，符合绿色施工的要求。

一、基坑施工降水回收利用技术

节约用水不单单是指避免水资源浪费，对各种水资源的回收利用也是节水的重要措施。目前国内对建筑施工工地的地下水未能合理有效地利用，大部分直接排入了市政污水管道，有的直接引入市政生活，用来解决生产、消防、环卫、防尘、生活等用水，不仅浪费了现有的资源，还大大增加了项目成本。如果能采取有效措施将这些地下水回收利用到施工过程中，不仅能够降低施工成本，增加水资源的合理利用，还会对水资源的可持续发展起到一定的推动作用。基坑降水和施工过程中抽取的地下水，可以满足施工现场的部分用水需求，抽取的地下水，用于整个施工期间除饮用水外的消防、降尘、车辆冲洗、厂区绿化、厕所冲洗、结构施工中的混凝土养护、装饰装修施工用水，不仅节约水资源，同时能降低施工单位的施工成本。

基坑施工降水回收技术流程图见图 2-4。

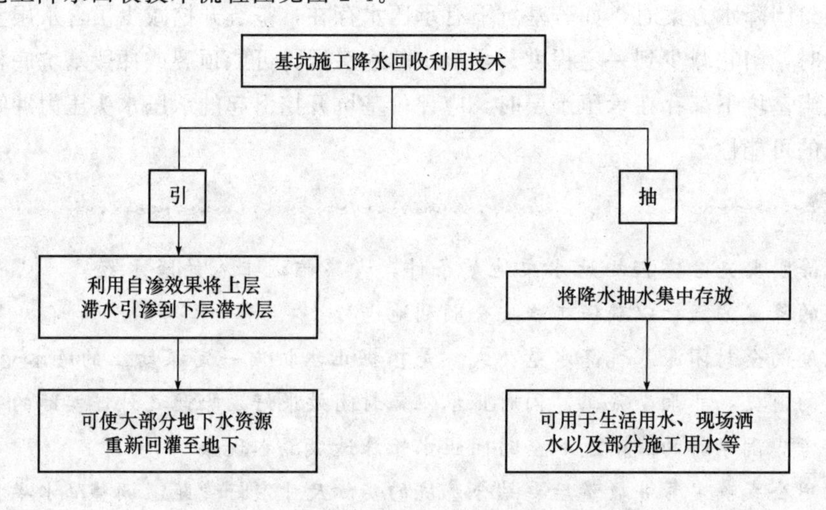

图 2-4　基坑施工降水回收利用技术流程

1. 技术特点

①建筑施工周期长，施工降水的回收利用在节约水资源、水资源循环利用方面起到了一定的推动作用。

②地下水回收再利用技术，使施工用水管线的铺设长度减少，节约了大量的铺管材料和人力投入，缩短了临时设施建设的时间，同时大大减少了施工成本。

③地下水回收再利用技术为工程的生产、卫生和环保工作提供了水源，使工地保持了充足的养护等施工用水，同时现场始终保持着清洁、卫生、无扬尘状态，赢得了周围居民的信赖，取得了良好的社会效益。

2. 关键技术

利用自渗效果将上层滞水引渗至下层潜水层中，使大部分水资源重新回灌至地下的回收利用技术。

1）基坑降水回收利用率

$$R=K_6\frac{Q_1+q_1+q_2+q_3}{Q_0}\times 100\%$$

式中　Q_1——回灌至地下的水量（根据地质情况及试验确定）；

Q_0——基坑涌水量（m^3/d）；

K_6——损失系数，取 0.85～0.95；

q_1——现场生活用水量（m^3/d）；

q_2——现场洒水控制扬尘用水量（m^3/d）；

q_3——施工砌筑抹灰用水量（m^3/d）。

在基坑工程施工中，常采用降水方法将坑内或坑外地下水位降低至开挖面以下。但随着地下水位的降低，地基中原水位以下土体的有效自重应力增加，导致地基土体固结，产生不均匀沉降、倾斜、开裂等现象。为了防止这种情况发生，本工程采用回灌技术，通过对降水井设计、基坑涌水量 Q 计算、单个管井出水量计算、群井抽水影响系数 η 计算、回灌井设计等将抽出的地下水重新回灌利用。

2）降、灌井点布置和施工

降水井布井时，基坑中间少布，基坑周边多布；其他方向少布，地下补给多布。根据地质报告，使井的滤水器部分能处在较厚的砂层及砂卵层中，以免影响井的出水能力。

真空井点间距可取 0.8～2.0 m；

喷射井点间距可取 1.5～3.0 m；

管井井间距应根据水文地质参数确定，对三级基坑且有经验时井间距可取 6.0～25 m；

渗井井间距根据现场试验确定，有经验时井距可取 2.0～10.0 m。

辐射井的布置，使其辐射管最大限度地控制基坑降水范围；可根据含水层的厚度和层数设置单层或多层辐射管，辐射管的长度宜为 20～70 m，最下层辐射管距井底大于 1.0 m。

钻探施工达到设计深度后，根据注水井的洗井搁置时间的长短，宜多钻进 2～3 m，避免因洗井不及时导致泥浆沉淀过厚，增加洗井的难度。洗井搁置时间不应少于停注的 24 h 或完成钻探后集中洗井。

降水深井在成孔后井管沉放前，应用压缩空气和潜水泵联合洗井，反复 2～3 次，然后迅速下放滤水井管，并在周围填上级配碎石。

回灌井点的滤管部分宜从设计回灌水丘顶部开始一直到井管底部。

回灌井点在使用前应进行冲洗工作，冲洗方法是：通过滤管往回灌井内大量的注水至满后，迅速用深井泵抽出，反复 2～3 次。

为使注水形成一个有效的补给水幕，避免注水直接回到降水井点管，造成“两井”相通，两者间应保持不小于 6.0 m 的距离。

3）抽水、回灌

①水泵应与井的出水能力相匹配，水泵小，达不到降深要求；水泵大，抽水不能连续。一般根据现场实际，大中小几种水泵调配使用。

②为使抽水设备始终保持在正常的运行状态，在降水、回灌期间应对抽水设备和运行状况进行检查，且每天检查的次数不应少于3次，同时应有一定量的备用设备。

③为满足注水压力的要求，现场一般应设置高位水箱，利用水位差重力自流灌入土中，且回灌注水压力应大于0.5个大气压以上。

④回灌水尽量采用抽出的原水，但必须经常检查灌入水的污浊度及水质情况，防止机油、有毒有害物质、化学药剂、垃圾等进入回灌水中。

⑤回灌井点必须与降水井点同时使用，当其中有一方因故停止工作时，另一方应停止工作，恢复工作亦应同时进行。

4）降水存放

将降水所抽出的水体集中存放，用于生活用水中洗漱、冲刷厕所及现场洒水控制扬尘，经过处理或水质达到要求的水体还可用于结构养护用水、基坑支护用水，如土钉墙支护用水、土钉孔灌注水泥浆液用水，以及混凝土试块养护用水、现场砌筑抹灰施工用水等的回收利用技术。

①将降水井所抽出的水通过基坑周边的排水管汇集进蓄水池，经水泵冲洗运土车辆。冲洗完的污水经预置的回路流进沉淀池进行沉淀，沉淀后的水可再流进蓄水池，循环使用。

②根据技术指标测算现场回收水量，制作蓄水箱，箱顶制作收集水管入口，与现场降水水管连接，并将蓄水箱置于固定高度（根据所需水压计算），回收水体通过水泵抽到蓄水箱，同时水箱顶部设有溢流口，溢流口连接到马桶冲洗水箱入水管，溢水自然排到马桶的冲洗水箱，水箱的底部设有水闸口，水闸口可以连接各种用水管，用于现场部分施工用水。

3. 基坑及周围建筑物监测

①委托具有相应岩土工程监测资质的单位，进行基坑及周围建筑物稳定性监测，并且在基坑工程开工之前根据设计及有关规范，编写出基坑监测专项方案。

②监测主要内容为：原有建构筑物沉降；坑顶水平位移和垂直沉降；降、灌水前后水位差过大应加密监测。

③基坑边坡土的位移变形、沉降监测；避免在基坑外2.0 m内行驶车辆和堆放物体，以防边坡被挤垮。

4. 技术指标

1）基坑涌水量

$$Q_0=\frac{1.336K\ (2H-S)}{\lg R_0/r_0}$$

式中 Q_0——基坑涌水量（m^3/d），按照最不利条件下的计算最大流量；

K——含水层渗透系数（m/d）；

H——含水层厚度（m）；

S——降深（m）；

R_0——影响半径（m），$R_0=2S\sqrt{HK_1}$；

r_0——基坑换算半径（m）。

2）降水出水能力

$$q_0=\frac{l_1 d}{\alpha'}\times 24$$

式中 q_0——单井渗水量（m^3/d）；

l_1——进水管高度（m）；

d——进水管直径（m）；

α'——与含水层渗透系数有关经验系数（经验系数取值范围 30～130）。

3）现场生活用水量

$$q_1 = P_1 N_1 K_2$$

式中　q_1——现场生活用水量（m^3/d）；

P_1——生活区居民人数；

N_1——生活区昼夜生活用水定额［m^3/（人·d）］；

K_2——生活区用水不均衡系数；取 2.5。

4）现场洒水控制扬尘用水量

$$q_2 = K_3 St$$

式中　q_2——现场洒水控制扬尘用水量（m^3/d）；

K_3——用水定量，取 0.15 m^3/km^2；

S——施工现场洒水控制扬尘面积（km^2）；

t——每天洒水次数。

5）基坑降水回收利用率

$$R = K_6 \frac{Q_1 + q_1 + q_2 + q_3}{Q_0} \times 100\%$$

式中　Q_1——回灌至地下的水量（根据地质情况及试验确定）；

K_6——损失系数，取 0.85～0.95。

二、雨水回收利用技术

1. 主要技术

①雨水回收利用技术是指在施工过程中将雨水收集后，经过雨水渗蓄、沉淀等处理，集中存放，用于施工现场降尘、绿化和洗车，经过处理的水体可用作结构养护用水、基坑支护用水，如土钉墙支护用水、土钉孔灌注水泥浆液用水，以及混凝土试块养护用水、现场砌筑抹灰施工用水等的回收利用技术，如图 2-5 所示。

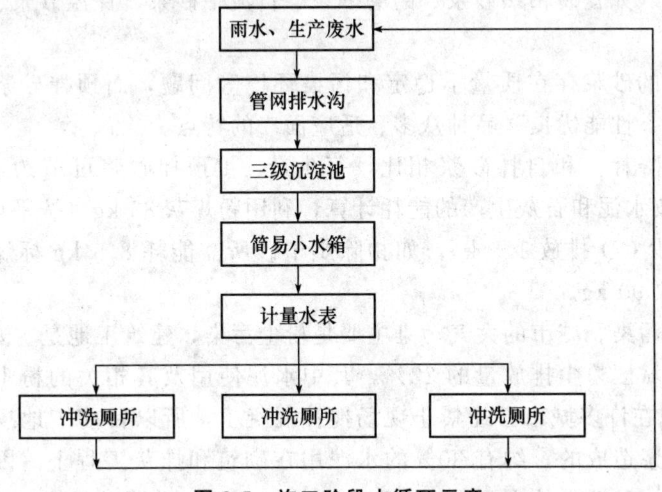

图 2-5　施工阶段水循环示意

②现场生产废水利用技术是指将施工生产、生活废水经过过滤、沉淀等处理后循环利用的技术。

2. 技术指标

施工现场用水应有20%来源于雨水和生产废水等的回收。

三、技术应用范围

适用于工业与民用建筑的施工工程。

第三节 预拌砂浆技术

一、预拌砂浆与节能环保

1. 预拌砂浆

预拌砂浆是指由专业化厂家生产的，用于建设工程中的各种砂浆拌合物，是我国近年发展起来的一种新型建筑材料，按性能可分为普通预拌砂浆和特种预拌砂浆。同时，许多城市也在逐步禁止现场搅拌砂浆，推广使用预拌砂浆。预拌砂浆具有健康环保、质量稳定、节能舒适等特点。

预拌砂浆也称商品砂浆，按生产方式分为预拌湿砂浆和干拌砂浆两大类。

预拌湿砂浆是指由水泥、砂、保水增稠材料、水、粉煤灰和其他矿物掺合外加剂等成分，按一定比例，在搅拌站（厂）经计量集中拌制后，用搅拌运输车送至使用地点，放入容器或存放池储存，并在规定的时间内使用完毕的砂浆拌合物。

干拌砂浆又称为干混砂浆、干粉砂浆，是由专业生产厂家在专用生产线上将经过烘干筛分处理的细骨料与水泥等无机胶凝材料、保水增稠材料、矿物掺合料和添加剂等原材料按一定比例在干燥状态下混合而成的一种颗粒或粉状混合物，分为散装和袋装两种，运至使用地后按规定比例加水拌合使用。

预拌砂浆按用途分为五类：预拌砌筑砂浆、预拌抹灰砂浆、预拌地面砂浆、预拌防水砂浆和特种预拌砂浆（如瓷砖粘贴砂浆、耐磨砂浆、自流平砂浆、保温砂浆、耐酸碱砂浆等）。

2. 节能环保

施工现场配制的砂浆存在质量不稳定和污染环境等问题，而预拌砂浆作为一种工业产品，具有质量稳定、性能优良、品种众多、适应面广的特点。

预拌砂浆节能降耗。和自拌砂浆相比，每生产1 t预拌砂浆可节约水泥43 kg、石灰34 kg、砂50 kg。按水泥和石灰生产的能耗计算，利用粉煤灰85 kg（按平均值计算）可节约标煤17.5 kg，减少CO_2排放115 kg，如扣除烘干砂所需能耗8.5 kg标煤，还可节约标煤9 kg，减少CO_2排放90 kg。

预拌砂浆减少污染。城市的大气污染主要是粉尘污染，建筑工地是主要粉尘污染源。据统计，施工扬尘占城区粉尘排放量的22%，其中水泥使用及其相关的粉尘排放量占施工扬尘总量的35%。现在许多城市已经禁止现场搅拌混凝土，所以目前工地扬尘主要是砂石料堆放和现场搅拌砂浆造成的，约有30%的水泥用在砌筑和抹灰工程上。因此，水泥使用过程的粉尘排放量是施工扬尘的主要污染来源。预拌（干粉）砂浆的推广，基本消除了石灰膏

（每年总量超过 200 万 t）在生产、运输、施工现场储存过程中对环境的严重污染，同时推广预拌砂浆后，施工现场将不再有包装水泥、砂的需求，并从根本上消除了在建材运输中，因跑、冒、滴、漏形成的污染带。

二、预拌砂浆技术性能与优点

1. 预拌砂浆技术性能

预拌砂浆主要技术性能包括：预拌砂浆强度等级，砂浆拌合物的流动性、保水性、凝结时间等，硬化砂浆的抗压强度、抗冻性、抗渗性、收缩性能、黏结性能等。根据工程的不同要求，选择确定预拌砂浆应具备的技术性能内容。

1）干混砂浆材料性能

①普通干混砂浆按用途分类及性能见表 2-1。

表 2-1　普通干混砂浆用途分类及性能

项目符号	干混砌筑砂浆（WM）	干混抹灰砂浆（WP）	干混地面砂浆（WS）	干混普通防水砂浆（WW）
强度等级	M5、M7.5、M10、M15、M20、M25、M30	M5、M10、M15、M20	M15、M20、M25	M10、M15、M20
抗渗等级	—	—	—	P5、P8、P10
适用范围	用于砌筑工程的干混砂浆	用于抹灰工程的干混砂浆	用于建筑地面及屋面找平层的干混砂浆	用于抗渗防水部位的干混砂浆

②特种干混砂浆。

干混瓷砖粘结砂浆（DTA）：用于陶瓷墙地砖粘贴的干混砂浆。

干混耐磨地坪砂浆（DFH）：用于混凝土地面、具有一定耐磨性的干混砂浆。

干混界面处理砂浆（DIT）：用于改善砂浆层与基面粘结性能的干混砂浆。

干混特种防水砂浆（DWS）：用于特殊抗渗防水要求部位的干混砂浆。

干混自流平砂浆（DSL）：用于地面、能流动找平的干混砂浆。

干混灌浆砂浆（DGR）：用于设备基础二次灌浆、地脚螺栓锚固等的干混砂浆。

干混外保温粘结砂浆（DEA）：用于膨胀聚苯板外墙外保温系统的粘结砂浆。

干混外保温抹面砂浆（DBI）：用于膨胀聚苯板外墙外保温系统的抹面砂浆。

干混聚苯颗粒保温砂浆（DPG）：用于建筑物墙体保温隔热层、以聚苯颗粒为集料的干混砂浆。

干混无机集料保温砂浆（DTI）：用于建筑物墙体保温隔热层、以膨胀珍珠岩或膨胀蛭石等为集料的干混砂浆。

2）湿拌砂浆

湿拌砂浆按用途分类及性能见表 2-2。

表 2-2 湿拌砂浆用途分类及性能

项目符号	湿拌砌筑砂浆（WM）	湿拌抹灰砂浆（WP）	湿拌地面砂浆（WS）	湿拌防水砂浆（WW）
强度等级	M5、M7.5、M10、M15、M20、M25、M30	M5、M10、M15、M20	M15、M20、M25	M10、M15、M20
稠度/mm	50、70、90	70、90、110	50	50、70、90
凝结时间/h	8、12、24	8、12、24	4、8	8、12、24
抗渗等级	—	—	—	P5、P8、P10
适用范围	用于砌筑工程的湿拌砂浆	用于抹灰工程的湿拌砂浆	用于建筑地面及屋面找平层的湿拌砂浆	用于抗渗防水部位的湿拌砂浆

2. 技术优点

相比传统的现场配制搅拌砂浆，预拌砂浆具有如下技术性能优点：

①品种丰富，可满足不同工程及施工需求。如砌筑砂浆、抹灰砂浆、地面砂浆、防水砂浆、保温砂浆、装饰砂浆、自流平砂浆等。

②产品性能优异，性价比高，产品品质稳定。预拌砂浆采用优质原材料，并掺入高性能的添加剂，砂浆性能得以显著改善；且由于实现工厂化生产，配合比得以严格控制，计量准确，可以精确达到预期设计性能。

③属于绿色环保型产品。原材料损耗低、浪费少，可利用大量工业废渣，避免了传统砂浆现场配制搅拌的粉尘、噪声等环境污染。

④节省劳力，减轻工人劳动强度，施工效率大大提高。

⑤节省施工场地占用面积，便于实现文明施工管理。

三、预拌砂浆主要技术指标

1. 湿拌砂浆

①湿拌砌筑砂浆的砌体力学性能应符合《砌体结构设计规范》（GB 50003—2011）的规定，湿拌砌筑砂浆拌合物的密度不应<1800 kg/m³。

②湿拌砂浆性能见表 2-3。

表 2-3 湿拌砂浆性能指标

项目	湿拌砌筑砂浆	湿拌抹灰砂浆	湿拌地面砂浆	湿拌防水砂浆
强度等级	M5、M7.5、M10、M15、M20、M25、M30	M5、M10、M15、M20	M15、M20、M25	M10、M15、M20
稠度	50、70、90	70、90、110	50	50、70、90
凝结时间/h	≥8、≥12、≥24	≥8、≥12、≥24	≥4、≥8	≥8、≥12、≥24
保水性/%	≥88	≥88	≥88	≥88

续表 2-3

项目	湿拌砌筑砂浆	湿拌抹灰砂浆	湿拌地面砂浆	湿拌防水砂浆
14 d拉伸粘结强度/MPa	—	≥0.15、≥0.20	—	≥0.20
抗渗等级	—	—	—	P5、P8、P10

③湿拌砂浆稠度实测值与合同规定的稠度值之差应符合表 2-4 的规定。

表 2-4 湿拌砂浆稠度允许偏差值

规定稠度/mm	允许偏差/mm
50、70、90	±10
110	−10～+15

2. 普通干混砂浆

①干混砌筑砂浆的砌体力学性能应符合《砌体结构设计规范》(GB 50003—2011)的规定，干混砌筑砂浆拌合物的密度不应<1800 kg/m³。

②普通干混砂浆性能应符合表 2-3 的要求。

3. 特种干混砂浆

①外观。粉状产品应均匀、无结块；双组分产品液料组分经搅拌后应呈均匀状态、无沉淀；粉料组分应均匀、无结块。

②干混瓷砖粘结砂浆的性能见表 2-5。

表 2-5 干混瓷砖粘结砂浆性能指标

<table>
<tr><th colspan="4">项目</th><th>性能指标</th></tr>
<tr><td rowspan="8">基本性能</td><td rowspan="5">普通型</td><td rowspan="5">拉伸粘结强度/MPa</td><td>未处理</td><td rowspan="5">≥0.5</td></tr>
<tr><td>浸水处理</td></tr>
<tr><td>热处理</td></tr>
<tr><td>冻融循环处理</td></tr>
<tr><td>晾置 20 min</td></tr>
<tr><td rowspan="3">快硬性</td><td rowspan="3">拉伸粘结强度/MPa</td><td>24 h</td><td rowspan="2">≥0.5</td></tr>
<tr><td>晾置 10 min</td></tr>
<tr><td colspan="2">其他要求同普通型</td></tr>
<tr><td rowspan="7">可选性能</td><td colspan="3">滑移/mm</td><td>≤0.5</td></tr>
<tr><td colspan="2">拉伸粘结强度/MPa</td><td>未处理</td><td>≥1.0</td></tr>
<tr><td colspan="2" rowspan="4">拉伸粘结强度/MPa</td><td>浸水处理</td><td rowspan="3">≥1.0</td></tr>
<tr><td>热处理</td></tr>
<tr><td>冻融循环处理</td></tr>
<tr><td>晾置 30 min</td><td>≥0.5</td></tr>
</table>

③干混耐磨地坪砂浆的性能见表 2-6。

表 2-6 干混耐磨地坪砂浆性能指标

项目	性能指标	
	Ⅰ型	Ⅱ型
基料含量偏差	生产上控制指标的±5%	
28 d 抗压强度/MPa	≥80.0	≥90.0
28 d 抗折强度/MPa	≥10.5	≥13.5
耐磨度比/%	≥300	≥350
表面强度（压痕直径）/mm	≤3.30	≥3.10
颜色（与标准样比）	近似～微	

注：1.“近似”表示用肉眼基本看不出色差，“微”表示用肉眼看似乎有点色差；

2. Ⅰ型为非金属氧化物集料干混耐磨地坪砂浆，Ⅱ型为金属氧化物集料或金属集料干混耐磨地坪砂浆。

④干混界面处理砂浆的性能见表 2-7。

表 2-7 干混界面处理砂浆性能指标

项目			性能指标	
			Ⅰ型	Ⅱ型
剪切粘结强度/MPa	7 d		≥1.0	≥0.7
	14 d		≥1.5	≥1.0
拉伸粘结强度/MPa	未处理	7 d	≥0.4	≥0.3
		14 d	≥0.6	≥0.5
	浸水处理		≥0.5	≥0.3
	热处理			
	冻融循环处理			
	碱处理			
晾置时间/min			—	≥10

注：Ⅰ型适用于水泥混凝土的界面处理；Ⅱ型适用于加气混凝土的界面处理。

⑤干混特种防水砂浆的性能见表 2-8。

表 2-8 干混特种防水砂浆性能指标

项目		性能指标	
		Ⅰ型（干粉类）	Ⅱ型（乳液类）
凝结时间	初凝时间/min	≥45	≥45
	终凝时间/h	≤12	≤24

续表 2-8

项目		性能指标	
		Ⅰ型（干粉类）	Ⅱ型（乳液类）
抗渗压力/MPa	7 d	≥1.0	
	28 d	≥1.5	
28 d 抗压强度/MPa		≥24.0	—
28 d 抗折强度/MPa		≥8.0	—
压折比		≤3.0	—
拉伸粘结强度/MPa	7 d	≥1.0	
拉伸粘结强度/MPa	28 d	≥1.2	
耐碱性：饱和 Ca（OH）$_2$溶液，168 h		无开裂、剥落	
耐热性：100℃水，5 h		无开裂、剥落	
抗冻性：−15℃～+20℃，25 次		无开裂、剥落	
28d 收缩率（%）		≤0.15	

⑥干混自流平砂浆的性能见表 2-9。

表 2-9　干混自流平砂浆性能指标

项目		性能指标
流动度/mm	初始流动度	≥130
	20 min 流动度	≥130
拉伸粘结强度/MPa		≥1.0
耐磨性/g		≤0.50
尺寸变化率/%		−0.15～+0.15
24 h 抗折强度/MPa		≥6.0
24 h 抗折强度/MPa		≥2.0

抗压强度等级

强度等级	C16	C20	C25	C30	C35	C40
28 d 抗压强度/MPa	≥16	≥20	≥25	≥30	≥35	≥40

抗折强度等级

强度等级	F4	F6	F7	F10
28 d 抗折强度/MPa	≥4	≥6	≥7	≥10

⑦干混灌浆砂浆的性能见表 2-10。

表 2-10 干混灌浆砂浆性能指标

项目		性能指标
粒径	4.75 mm 方孔筛筛余/%	≤2.0
凝结时间	初凝/min	≥120
泌水率/%		≤1.0
流动值/mm	初始流动度	≥2620
	30 min 流动度保留值	≥230
抗压强度/MPa	1 d	≥22.0
	3 d	≥40.0
	28 d	≥70.0
竖向膨胀率/%	1 d	≥0.020
钢筋握裹强度（圆钢）/MPa	28 d	≥4.0
对钢筋锈蚀作用		应说明对钢筋有无锈蚀作用

⑧干混外保温粘结砂浆的性能见表 2-11。

表 2-11 干混外保温粘结砂浆性能指标

项目		性能指标
拉伸粘结强度/MPa（与水泥砂浆）	未处理	≥0.60
	浸水处理	≥0.40
拉伸粘结强度/MPa（与膨胀聚苯板）	未处理	≥0.10，破坏界面在膨胀聚苯板上
	浸水处理	≥0.10，破坏界面在膨胀聚苯板上
可操作时间/h		1.5～4.0

⑨干混外保温抹面砂浆的性能见表 2-12。

表 2-12 干混外保温抹面砂浆的性能指标

项目		性能指标
拉伸粘结强度/MPa（与膨胀聚苯板）	未处理	≥0.10，破坏界面在膨胀聚苯板上
	浸水处理	≥0.10，破坏界面在膨胀聚苯板上
	冻融循环处理	≥0.10，破坏界面在膨胀聚苯板上
抗压强度/抗折强度		≤3.0
可操作时间/h		1.5～4.0

⑩干混聚苯颗粒保温砂浆的性能见表 2-13。

表 2-13　干混聚苯颗粒保温砂浆性能指标

项目	性能指标
湿表观密度/（kg/m³）	≤420
干表观密度/（kg/m³）	180～250
导热系数/［W/（m·k)］	≤0.60
蓄热系数/［W/（m²·k)］	≥0.95
抗压强度/KPa	≥200
压减粘结强度/KPa	≥50
线型收缩率/%	≤0.3
软化系数	≥0.5
难燃性	B_1级

四、技术要点

1. 湿拌砂浆技术

1）材料贮存

①各种材料必须分仓贮存，并应有明显的标识。

②水泥应按生产厂家、水泥品种及强度等级分别贮存，同时应具有防潮、防污染措施。

③细集料的贮存应保证其均匀性，不同品种、规格的细集料应分别贮存。细集料的贮存地面应为能排水的硬质地面。

④保水增稠材料、外加剂应按生产厂家、品种分别贮存，并应具有防止质量发生变化的措施。

⑤矿物掺合料应按品种、级别分别贮存，严禁与水泥等其他粉状料混杂。

2）搅拌机

①搅拌机应采用符合《混凝土搅拌机》(GB/T 9142－2000）规定的固定式搅拌机。

②计量设备应按有关规定由法定计量部门进行检定，使用期间应定期进行校准。

③计量设备应能连续计量不同配合比砂浆的各种材料，并应具有实际计量结果逐盘记录和贮存功能。

3）运输车

①应采用搅拌运输车运送。

②运输车在运送时应能保证砂浆拌合物的均匀性，不应产生分层离析现象。

4）计量

①各种固体原材料的计量均应按质量计，水和液体外加剂的计量可按体积计。

②原材料的计量允许偏差不应大于表 2-14 规定的范围。

表 2-14　湿拌砂浆原材料计量允许偏差

序号	原材料品种	水泥	细集料	水	保水增稠材料	外加剂	掺合料
1	每盘计量允许偏差/%	±2	±3	±2	±4	±3	±4
2	累计计量允许偏差/%	±1	±2	±1	±2	±2	±2

注：累计计量允许偏差是指每一运输车中各盘砂浆的每种材料计量和的偏差。

5）生产

①湿拌砂浆应采用符合本条第 2）项中规定的搅拌机进行搅拌。

②湿拌砂浆最短搅拌时间（从全部材料投完算起）不应小于 90 s。

③生产中应测定细集料的含水率，每一工作班不宜少于 1 次。

④湿拌砂浆在生产过程中应避免对周围环境的污染，搅拌站机房应为封闭式建筑，所有粉料的输送及计量工序均应在密封状态下进行，并应有收尘装置。砂料场应有防扬尘措施。

⑤搅拌站（厂）应严格控制生产用水的排放。

6）运送

①湿拌砂浆应采用本条第 3）项中规定的运输车运送。

②运输车在装料前，装料口应保持清洁，筒体内不应有积水、积浆及杂物。

③在装料及运送过程中，应保持运输车筒体按一定速度旋转。

④严禁向运输车内的砂浆加水。

⑤运输车在运送过程中应避免遗洒。

⑥湿拌砂浆供货量以 m^3 为计算单位。

2. 干混砂浆应用技术

1）一般要求

①干混砂浆的性能指标除应符合《预拌砂浆应用技术规程》（JGJ/T 223－2010）外，其品种、规格等还应符合设计要求，并具有在有效期内的检测报告以及产品合格证。材料进场后，应按《预拌砂浆应用技术规程》（JGJ/T 223－2010）附录 B 的要求进行复验。

②产品外观应均匀无结块、无杂物。

③干混砂浆在运输、贮存过程中应防止受潮。普通砌筑砂浆、普通抹灰砂浆、普通地面砂浆、自流平地面砂浆、无收缩灌浆砂浆保存不应超过 3 个月，其他干混砂浆保存不应超过 6 个月。

④露天施工时环境温度与基层温度均不得低于 5℃，所使用的材料温度也应在 5℃以上，施工现场风力不应大于 5 级，雨天室外不得施工。

⑤干混砂浆所附着的基层应平整、坚固、洁净，前面工序留下的沟槽、孔洞应整修完毕；应根据产品使用说明决定是否对基层进行洇湿处理。如基层平整度超出允许偏差，可用适宜砂浆找平，找平砂浆与基层的粘结强度应符合相关标准要求。

⑥拌合用水量应符合《混凝土用水标准》（JGJ 63－2006）的有关规定。施工时，应参照产品使用说明中规定的用水量拌合，不得随意增减用水量。

⑦干混砂浆宜采用机械搅拌。若使用手持式搅拌器，应先按产品使用说明规定将拌合水倒入适当容器中，然后在搅拌状态下将干混砂浆缓缓倒入，将物料搅拌至均匀、无结块状态，静置约 5 min，让砂浆熟化后再次搅拌即可使用。一次搅拌量应适中，应在可操作时间内将拌合好的砂浆用完。如采用连续式混浆机，应调整用水量使砂浆符合适宜稠度。

⑧施工完成后应按产品使用说明要求进行必要养护。

⑨施工中相关物流和应用设备的选用可参照《预拌砂浆应用技术规程》（JGJ/T 223—2010）中的相关规定。

⑩应用设备操作人员必须经过专业培训，考核合格发放操作证后持证上岗，严格按照操作规程操作，注意操作安全，防止污染环境。

⑪干混砂浆应符合《建筑材料放射性核素限量》的环保要求。

2）普通砌筑砂浆、普通抹灰砂浆和普通地面砂浆

①普通砌筑砂浆适用于砌筑灰缝≤8 mm，且符合《砌体结构工程施工质量验收规范》（GB 50203—2011）规定的砌筑工程；普通抹灰砂浆适用于一次性抹灰厚度在10 mm内的混凝土和砌体的抹灰工程；普通地面砂浆适用于地面工程及屋面找平工程。

②普通砌筑砂浆、普通抹灰砂浆和普通地面砂浆施工技术要点如下。

应根据基面材料的吸水率不同选择相应保水率的砌筑、抹灰砂浆。加气混凝土制品应使用高保水砌筑、抹灰砂浆；烧结砖、轻集料空心砌块、普通混凝土空心砌块应使用中保水砌筑、抹灰砂浆；灰砂砖和混凝土应使用低保水砌筑、抹灰砂浆。

普通砌筑砂浆施工时，加气混凝土砌块、轻集料砌块、普通混凝土空心砌块的产品龄期均应超过28 d；加气混凝土砌块施工时的含水率宜＜15％，粉煤灰加气混凝土砌块施工时的含水率宜＜200％；砌筑时，砌块表面不得有明水；砌筑灰缝应根据砌体的尺寸偏差确定，可用原浆对墙面进行勾缝，但必须随砌随勾；常温下的日砌筑高度宜控制在1.5 m或一部脚手架高度内。

普通抹灰砂浆抹灰工程应在砌体工程施工完毕至少7 d并经验收合格后进行。加气混凝土砌块含水率宜控制在15％～20％；在混凝土基层上抹灰时应提前做好界面处理；抹灰应分层进行，每遍抹灰厚度不宜超过10 mm，后道抹灰应在前道抹灰施工完毕约24 h后进行；如果抹灰层总厚度大于35 mm，或者在不同材质的基层交接处，应采用增强网做加强处理；顶棚宜采用薄层抹灰找平，不应反复赶压。

普通地面砂浆对光滑基面应划（凿）毛或采用其他界面处理措施；面层的抹平和压光应在砂浆凝结前完成；在硬化初期不得上人。

③普通砌筑砂浆、普通抹灰砂浆和普通地面砂浆质量控制要点如下。

进行砌筑施工时，确保砌块已达到规定的陈化时间；灰缝不得出现明缝、瞎缝和假缝，水平灰缝的砂浆饱满度不得低于90％，竖向灰缝砂浆饱满度不得低于80％，竖缝凹槽部位应用砌筑砂浆填实；砌筑过程中需校直时，必须在砂浆初凝前完成。

普通抹灰砂浆平均总厚度应符合设计规定，如设计无规定，在参照执行《建筑装饰装修工程质量验收规范》（GB 50210—2001）的规定时，可适当减小厚度。

普通地面砂浆面层应密实，无空鼓、起砂、裂纹、麻面、脱皮等现象。

3）保温板粘结砂浆、保温板抹面砂浆

①保温板粘结砂浆适用于保温工程中EPS、XPS、PU等保温板与基层的粘结；保温板抹面砂浆适用于保温工程中EPS、XPS、PU等保温板的抹面防护。

②保温板粘结砂浆、保温板抹面砂浆施工技术要点：施工工艺和操作方法依据国家现行规定的相关要求执行。

③保温板粘结砂浆、保温板抹面砂浆质量控制要点如下。

保温板粘结砂浆与墙体基层现场检测拉伸粘结强度不低于0.3 MPa。

采用“点框法”粘结时，应根据待粘结基面的平整度和垂直度调整保温板粘结砂浆的用量，粘结面积率不得低于国家现行规定中的要求。粘贴保温板应均匀揉压，不得上抬。

挤到保温板侧的粘结砂浆应随时清理干净，保证保温板间靠紧挤严。

当保温板采用XPS板或PU板时，应用配套的界面剂或界面处理砂浆对保温板进行预

处理。

保温板抹面砂浆宜分底层和面层两次连续施工，层间只铺增强网，不应留时间间隔。当采用玻纤网增强做法时，底层抹面砂浆和面层抹面砂浆总厚度宜控制在 3～5 mm，增强网在保温板抹面砂浆中宜居中间偏外约三分之一的位置。当使用双层玻纤网增强时，网间距应有 1～2 mm，不得出现“干搭接”现象，面网外抹面砂浆厚度宜为 1 mm 左右，当采用钢丝网增强做法时，底层抹面砂浆和面层抹面砂浆总厚度宜控制在 7～11 mm，钢丝网不得外露。

保温板抹面砂浆严禁反复抹压。

4）建筑保温砂浆

①建筑保温砂浆适用于墙面、楼梯间、顶板等局部保温工程，也可与其他保温材料复合使用。

②建筑保温砂浆施工技术要点如下。

基层处理：剔除基层大于 10 mm 的凸起物后，涂刷界面处理砂浆，用滚刷等工具蘸取界面处理砂浆均匀涂刷于墙面上，不得漏刷，拉毛不宜太厚，控制在 2 mm 左右。

浆料拌制：根据产品说明推荐的加水量拌制浆料，搅拌时间约为 3～5 min，搅拌时可根据浆料稠度适当调整加水量，拌制的浆料应在 2 h 内用完，余料和落地灰不得重新拌制后使用。

施工工艺：建筑保温砂浆每次抹灰厚度宜控制在 20 mm 以内；每遍抹灰施工间隔时间应在 24 h 以上；后一遍施工厚度要比前一遍施工厚度小，最后一遍厚度宜控制在 10 mm 左右；首遍抹灰应均匀压实，最后一遍抹灰应先用大杠搓平，再用铁抹子用力抹平压实。保温层同化干燥后（一般约 5 d）方可进行下道工序施工。

③建筑保温砂浆质量控制要点如下。

施工厚度与外观质量应符合相应标准和设计要求。

在浆料制备过程中应通过控制搅拌时间等环节减小轻骨料的破碎。

保温砂浆施工完毕后 24 h 内严禁水冲、撞击和振动。

保温砂浆施工完毕后应垂直、平整，阴阳角应方正、垂直，否则应进行修补。

5）界面处理砂浆

①界面处理砂浆适用于混凝土、加气混凝土、EPS 板和 XPS 板的界面处理，以改善砂浆层与基底的粘结性能。

②界面处理砂浆施工技术要点如下。

基底表面不得有明水。

界面处理砂浆的配制、搅拌和使用应参照产品使用说明书进行。

混凝土界面处理砂浆宜采用滚刷法，厚度不宜小于 1 mm，滚刷完成后宜在 2 h 内完成后续施工。

加气混凝土界面处理砂浆应分两次滚刷，总厚度宜控制在 2 mm 左右，后续施工宜在界面处理后 0.5～2 h 内完成。

EPS、XPS 界面处理砂浆宜采用滚刷法或喷涂法施工，厚度约为 1 mm，后续施工宜在界面处理完成 24 h 后进行。

③界面处理砂浆质量控制要点如下。

现场施工时应按产品说明书控制加水量。

应按规定进行拉伸粘结强度见证试验。

6）墙体饰面砂浆

①墙体饰面砂浆适用于建筑墙体内外表面和顶棚的装饰装修工程。

②墙体饰面砂浆施工技术要点如下。

基层含水率不应大于10%，平整度不应大于3 mm；施工前应修补裂缝，修补后至少48 h方可进行下一步的施工。

夏季施工时，施工面应避免强烈阳光直射，必要时应搭设防晒布遮挡墙面，环境、材料和基层温度均不应高于35℃。

施工顺序应由上往下、水平分段、竖向分层。

打磨应在浆料潮湿的情况下连续进行，可根据不同的花纹选用相应的工具成形。

③墙体饰面砂浆质量控制要点如下。

单位工程所需材料宜一次性购入。

浆料拌制时应严格固定加水量，避免浆料色差。

施工完后48 h内，应避免受到雨淋或水淋，如遇到雨水天气或可能溅到水的情况，应采取必要的遮挡措施。

不得出现漏涂、透底、掉粉、起皮、流坠、疙瘩，不得出现明显泛碱等现象。

7）陶瓷砖粘结砂浆

①陶瓷砖粘结砂浆适用于陶瓷墙地砖的粘贴工程。

②陶瓷砖粘结砂浆施工技术要点如下。

粘贴陶瓷砖宜使用镘涂法。用齿形抹刀在基面上先按压批刮一层较薄的浆料，再涂抹上较厚的浆料，使用齿形抹刀锯齿一侧，与基面约成60°的角度，将浆料梳理成条状。应在结皮前将陶瓷砖轻轻扭压在浆料上，扭压后的浆料层厚度应不小于原条状浆料厚度的一半。

镘涂法施工工序：基层处理→弹线定位→拌制浆料→用一定规格的齿形抹刀将浆料刮涂在基层上→铺贴陶瓷砖→压实按平→调整平整度、垂直度→清理砖面。

粘贴其他陶瓷砖宜使用组合法。按镘涂法处理在基面上形成条状浆料，然后用抹灰工具将拌合好的浆料均匀满批在陶瓷砖的背面，在基层已梳理好的浆料表面结皮之前，将陶瓷砖扭压在条状浆料上，然后用橡皮锤将陶瓷砖敲击密实、平整。

组合法施工工序：基层处理→弹线定位→拌制浆料→用一定规格的齿形抹刀将浆料刮涂在基层上→用抹灰刀将浆料均匀涂抹在陶瓷砖背面→铺贴陶瓷砖→压实按平→调整平整度、垂直度→清理砖面。

③陶瓷砖粘结砂浆质量控制要点如下。

在陶瓷砖粘结砂浆初凝后严禁振动或移动陶瓷砖，砖缝中多余的陶瓷砖粘结砂浆应及时清除。

陶瓷砖必须粘贴牢固，无空鼓、无裂缝、砖面平整。

8）陶瓷砖填缝砂浆

①陶瓷砖填缝砂浆适用于填充陶瓷墙地砖间的接缝。

②陶瓷砖填缝砂浆施工技术要点如下。

当陶瓷砖吸水率较小、表面较光滑时，宜使用满批法施工。用橡胶抹刀沿陶瓷砖对角线方向或以环形转动方式将填缝砂浆填满缝隙，清理陶瓷砖表面的填缝砂浆；在填缝砂浆表面干后，用拧干的湿布或海绵沿陶瓷砖对角线方向擦拭陶瓷砖表面，并应用专用工具使陶瓷砖填缝砂浆密实、无砂眼；待 24 h 后，用拧干的湿布或海绵彻底清理陶瓷砖上多余的填缝砂浆。

当陶瓷砖吸水率较大、表面较粗糙时，宜使用干勾法施工。拌制产品时必须保证加水量至少达到推荐用水量的 70%，拌合好的浆料为手攥成团、松开即散的干硬性状态。用填缝抹刀将搅拌好的填缝砂浆均匀地压入缝隙中；先水平后垂直方向地进行填缝，并应用专用工具压实陶瓷砖填缝砂浆，使填缝连续、平直、光滑；填缝完成后应及时清理陶瓷砖表面，24 h 后彻底洁净表面。

③陶瓷砖填缝砂浆质量控制要点如下。

应在陶瓷砖粘贴 3～5 d 后进行填缝施工。将需要填缝的部位清理干净，缝道内无疏松物。

宜采用机械搅拌. 搅拌时间宜为 2～3 min。人工搅拌时，应先加入三分之二的拌合用水搅拌 2 min，再加入剩余拌合水搅拌至均匀。

填缝施工完成后的 48 h 内，如遇雨水天气，应采取必要的遮挡措施。

9）聚合物水泥防水砂浆

①聚合物水泥防水砂浆适用于建筑物室内防水、屋面防水、建筑物外墙防水、桥梁防水和地下防水施工。

②聚合物水泥防水砂浆施工技术要点如下。

聚合物水泥防水砂浆防水层的基层强度：混凝土不应低于 C20，水泥砂浆不应低于 M10。

聚合物水泥防水砂浆宜用于迎水面防水。

施工前，应清除基层的疏松层、油污、灰尘等杂物，光滑表面宜打毛。基面应用水冲洗干净，充分湿润，无明水。

聚合物水泥防水砂浆施工温度为 5～35℃。

涂抹聚合物水泥防水砂浆前，应按产品使用说明的要求对基层进行界面处理。界面处理剂涂刷后，应及时涂抹聚合物水泥防水砂浆。

聚合物水泥防水砂浆应分层施工，每层厚度不宜超过 8 mm；后一层应待前一层初凝后进行，各层应粘结牢固。

每层宜连续施工，当必须留槎时，应采用阶梯坡形槎，接槎部位离阴阳角不得小于 200 mm,上下层接槎应错开 300 mm 以上。接槎应依层次顺序操作，层层搭接紧密。

抹平、压实应在初凝前完成。聚合物水泥防水砂浆终凝后宜覆盖塑料薄膜进行 7 d 覆膜保湿养护，养护期间不得洒水、受冻。

③聚合物水泥防水砂浆质量控制要点如下。

涂抹时应压实、抹平。如遇气泡应挑破压实，保证铺抹密实。

聚合物水泥防水砂浆防水层应平整、坚固，无裂缝、起皮、起砂等缺陷，与基层粘结应牢固，无空鼓。

聚合物水泥防水砂浆防水层的排水坡度应符合设计要求，不得有积水。

聚合物水泥防水砂浆防水层的平均厚度不得小于设计规定的厚度，最小厚度不得小于设计厚度的80%。

防水工程竣工验收后，严禁在防水层上凿孔打洞。

10）地面用自流平砂浆

①地面用自流平砂浆适用于各种水泥基地面的水泥砂浆地面工程以及地面、平屋面翻新、修补和找平。

②地面用自流平砂浆施工技术要点如下。

施工工序：封闭现场→基层检查→基层处理→涂刷自流平界面剂→制备浆料→摊铺自流平浆料→放气→养护→成品保护。

自流平地面工程施工前，应按《建筑地面工程施工质量验收规范》（GB 50209—2010）的规定进行基层检查，验收合格后方可施工。

基层表面应无起砂、空鼓、起壳、脱皮、疏松、麻面、油脂、灰尘、裂纹等现象。

基层平整度不应>3 mm，含水率不宜>8%。

基层必须坚固、密实。混凝土抗压强度不应<20 MPa，水泥砂浆抗压强度不应<15 MPa，且拉拔强度不应低于1.0 MPa。当抗压强度达不到上述要求时应采取补强处理或重新施工。

有防水防潮要求的地面，应预先在基层以下完成防水防潮层的施工。

楼（地）面与墙面交接部位，穿楼（地）面的套管等细部构造处应进行防护处理后再进行地面施工。

基层裂缝宜先用机械切约20 mm深、20 mm宽的槽，然后用专用材料加强、灌注、找平、密封。

大面积空鼓应彻底剔除，重新施工；局部空鼓宜采取灌浆或其他方法处理。

施工环境温度应在5～35℃之间，相对湿度不宜大于70%。

施工之前应做界面处理。

③地面用自流平砂浆质量控制要点如下。

地面用自流平砂浆的质量控制应符合《自流平地面施工技术规程》（DB11/T 511—2007）中第5章的要求。

11）无收缩灌浆砂浆

①无收缩灌浆砂浆适用于地脚螺栓锚固、设备基础和钢结构柱脚地板的灌浆、混凝土结构加固改造、装配式结构连接、后张预应力混凝土结构锚固及孔道灌浆等工程。

②无收缩灌浆砂浆施工技术要点如下。

锚固地脚螺栓时，应将拌合好的无收缩灌浆砂浆灌入螺栓孔内，孔内灌浆层上表面宜低于基础混凝土表面50 mm左右。灌浆过程中严禁振捣，灌浆结束后不得再次调整螺栓。

二次灌浆应从基础板一侧或相邻两侧进行灌浆，直至从另一侧溢出为止，不得从相对两侧同时进行灌浆。灌浆开始后，应连续进行，并应尽可能缩短灌浆时间。

混凝土结构加固改造时，应将拌合好的无收缩灌浆砂浆灌入模板中，并适当敲击模板。灌浆层厚度大于150 mm时，应采取适当措施，防止产生裂纹。

灌浆结束后，应根据气候条件，尽快采取养护措施，保湿养护时间应不少于7 d。

③无收缩灌浆砂浆质量控制要点：质量控制应按《水泥基灌浆材料应用技术规范》

(GB/T 50448—2015）的有关规定执行。

12）加气混凝土专用粘结砂浆和抹面砂浆

①加气混凝土专用粘结砂浆适用于加气混凝土的薄层砌筑，灰缝宜控制在 3～5 mm；加气混凝土专用抹面砂浆适用于加气混凝土表面薄层抹灰，抹灰总厚度可根据墙面平整度控制在 5～30 mm 之间。

②加气混凝土专用粘结砂浆和抹面砂浆施工技术要点如下。

加气混凝土砌块的缺陷、凹凸部分和非预留孔洞应处理平整、填平密实；进行加气混凝土抹灰时，墙面上的灰尘、油渍、污垢和残留物应清理干净，基底上的凹凸部分和洞口应处理平整、牢固。

使用加气混凝土专用粘结砂浆和抹面砂浆进行施工时，加气混凝土事先可不做淋水处理。

用粘结砂浆进行加气混凝土薄层砌筑时，应用灰刀将浆料均匀地涂抹于砌块表面。砌筑时灰缝应控制在 3～5 mm 之间。

加气混凝土专用抹面砂浆施工厚度可以根据墙体平整度在 5～30 mm 之间调节。抹灰前应先按要求挂线、粘灰饼、冲筋，灰饼间距不宜超过 2 m；每次抹灰厚度在 8 mm 左右，如果抹灰层总厚度>10 mm 则应分次抹灰，每次抹灰间隔时间不得少于 24 h。

③加气混凝土专用粘结砂浆和抹面砂浆质量控制要点如下。

砌筑施工前，加气混凝土陈化时间不得少于 28 d。

施工时，加气混凝土表面不得有明水。

13）粘结石膏和粉刷石膏

①粘结石膏适用于墙体内保温系统中保温板的粘贴施工和各种石膏基轻质砌块的砌筑施工；粉刷石膏适用于建筑物室内各种墙面和顶棚的底层、面层及保温层抹灰工程。

②粘结石膏和粉刷石膏施工技术要点如下。

使用粘结石膏在外墙内保温工程中粘贴各种保温板材时，宜采用“点框法”施工，粘贴面积应≥30％。

使用粘结石膏砂浆砌筑各种轻质砌块时，砂浆应饱满，砂浆虚铺厚度宜为 3 mm 左右，最终灰缝厚度≥1.5 mm。

粉刷石膏施工前墙面应先打点冲筋，根据冲筋高度用杠尺刮平，使抹灰厚度稍高于标筋，再用木抹子搓压密实平整。

粉刷石膏砂浆施工厚度超过 15 mm 时，宜分层施工，以头遍灰有 6～7 成干时抹二遍灰为宜；头遍灰表面应为糙面。

采用粉刷石膏进行顶棚抹灰时，顶棚表面应顺平，不应有抹纹和气泡、接槎不平等现象，顶棚与墙面相交的阴角应成一条直线。

③粘结石膏和粉刷石膏质量控制要点如下。

粉刷石膏施工时，基面凡遇不同材料交接缝或轻质隔墙板板缝，需沿接缝或板缝方向做 2 mm 厚粘结石膏抹灰，并将玻纤布带埋入粉刷石膏中，玻纤布带与两侧搭接均不少于 50 mm。

粉刷石膏抹灰墙面允许偏差应符合《建筑装饰装修工程质量验收规范》(GB 50210—2001) 中第 4、2、11 条的规定。

五、技术应用范围

适用于需要应用砂浆的工业与民用建筑。

第四节　外墙自保温体系施工技术

外墙自保温体系是墙体自身的材料具有节能阻热的功能，其优点是将维护结构和保温隔热功能合二为一，无须另外附加其他保温隔热材料，在满足建筑维护要求的同时又能满足隔热节能要求。在夏热冬暖气候区内使用外墙自保温尤为适合，因此，近年来外墙自保温越来越受青睐，关键只要窗墙面积比和窗地面积比适当，建筑朝向为南北向，采用外墙自保温隔热的设计，一般都能满足本地区的节能标准和构造简单、技术成熟、省工省料的设计，与外墙其他保温系统相比，无论从价格上还是技术复杂程度上都有明显的优势，值得大力提倡。

一、外墙自保温体系的优点

一般的保温工程的施工顺序为：施工准备→材料储运→基层处理→保温层施工→面层施工。具体工序以挤塑聚苯板外保温体系为例，如图 2-6 所示。

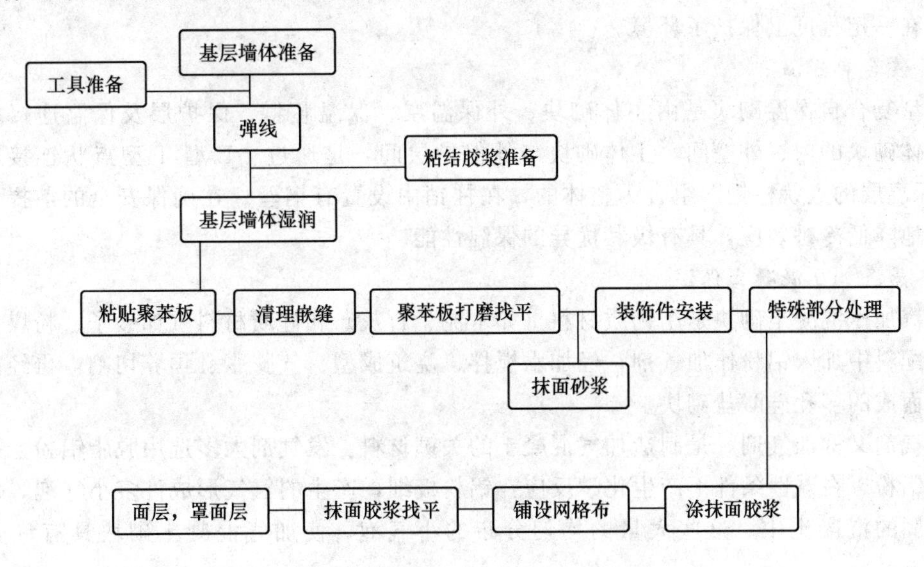

图 2-6　挤塑聚苯板外保温体系施工工序

由于外保温技术的施工工序多、技术复杂，施工质量对保温效果影响很大，而这一关键因素却取决于施工者的技能，过分地依赖施工队伍的素质，导致了目前外保温市场的垄断和混乱，这也限制了外保温市场的发展和完善。

而对于自保温体系，由于围护结构本身兼具节能的功能，省却了额外的保温构造的施工，本文所介绍的两种新型自保温墙体材料其施工工艺、施工方法及施工的现场管理与传统的墙体施工方式区别不大，尤其是对于硅藻土（多孔）保温砖而言，由于其外观形式与普通的 KP1 型烧结砖完全相同，所以施工方面也是大同小异。新型自保温墙体材料施工方面的优点如下。

①一次性完成的包括结构、节能、防水的墙体，简化了施工工序，缩短了工时，节省了费用，保证了工期，提高了效益。

②由于避免了复杂的高空作业（外保温外装饰工序），提高了施工人员的施工效率，保证了施工的安全性。

③采用传统的施工方式更贴近于市场，更利于推广，便于普及；传统施工工艺的成熟也给施工质量提供了技术保证。

二、外墙自保温体系的分类与材料

1. 外墙自保温体系分类

1）砌体自保温

砌体自保温技术是利用当地江河湖泊内的淤泥及粉煤灰等资源烧结成为节能砖和轻质砂浆后进行砌筑的施工技术。淤泥是一种分布较广、资源丰富的原料，且其烧制的砌体与良田好土一样，最新研制的烧结轻质节能砖不仅具有良好的力学性能和耐久、耐火及耐冲击性，并具有良好的热工性能。同时由于烧结轻质节能砖具有一定数量的有形孔和丰富的微型孔，其特点恰好可改善和提高居住环境内的热环境，并能提高和改善声环境、湿环境，即具有良好的“呼吸功能”，并且其在烧制过程中利用了淤泥中的有机质，因此降低了制砖过程中的能耗，在一定程度上保护了环境。

2）复合自保温

新型复合自保温砌块是由主体砌块、外保温层、保温芯料、保护层及保温连接柱销组成。主体砌块的内、外壁间，主体砌块与外保护层间，是通过“L 型 T 型点状连接肋”和“贯穿保温层的点状柱销”组合为整体的，在柱销中设置有钢丝。在确保安全的前提下，最大限度地降低冷桥效应，具有极其优异的保温性能。

3）蒸汽加压混凝土保温

蒸汽加压混凝土砌块是用钙质材料（如水泥、石灰）和硅质材料（如砂子、粉煤灰、矿渣）的配料中加入铝粉作加气剂，经加水搅拌、浇筑成型、气膨胀、预养切割，再经高压蒸汽养护而成的多孔硅酸盐砌块。

发气剂又称加气剂，是制造加气混凝土的关键材料。发气剂大多选用脱脂铝粉，掺入浆料中的铝粉，在碱性条件下产生化学反应：铝粉极细，产生的氢气形成许多小气泡，保留在很快凝固的混凝土中。这些大量的均匀分布的小气泡，使加气混凝土砌块具有许多优良特性。

蒸压加气混凝土砌块作为一种性能优越的节能环保材料具有保温隔热功能佳、强度可靠、施工效率高、生产能耗低、墙体管线埋设牢固可靠、原材料来源广泛等优点，尤其是作为自保温外墙能够满足寒冷地区 65%的节能要求，使其发展成为新型墙体材料的重要品种之一，在各种建筑工程中得到广泛的应用。

2. 外墙自保温材料

1）砌块类材料

目前自保温砌块类产品包括各种加气混凝土砌块、烧结多孔砖、混凝土多孔砖、蒸压（养）砖等。其中以加气混凝土砌块使用最为广泛，加气混凝土是含硅材料（如砂、粉煤灰、尾矿粉等）和钙质材料（如水泥、石灰等）加水并加入适量的发气剂和其他外加剂，经混合搅拌、浇注发泡、坯体静停与切割后，再经蒸压或常压蒸气养护制成，根据添加的材料不同又分为砂加气混凝土和粉煤灰加气混凝土等。加气混凝土在我国已有近10年的发展历史，加气混凝土砌块具有优良的产品性能。其物理力学性能使建筑物具有极佳的节能效果，同时，准确的外观尺寸为科学地应用提供了良好施工条件，从而更加突显了加气混凝土砌块的优越性。

(1) 陶粒自保温砌块

陶粒自保温砌块是一种新型轻质自保温节能砌块，规格品种多样，具有优良的技术性能和热工性能，可以满足各种建筑节能设计要求。陶粒自保温夹芯砌块主砌块规格与陶粒自保温空心砌块相同，只是为了进一步降低其传热系数，在陶粒自保温空心砌块中填上轻质保温材料。根据设计墙体对传热系数的不同要求，可以采取填充其中一排或二排孔，也可以把所有的孔都填满。陶粒自保温墙体坚固耐用，施工方法简单，而且造价比各种外墙外保温体系低很多。

(2) 泡沫混凝土砌块

泡沫混凝土是使用专用发泡剂与水按一定比例混合，经机械搅拌或与空气强制混合产生大量气泡后，再与水泥浆等物料进行混合，形成一种保温性能好、强度高的低密度材料。泡沫混凝土在制作中可掺入大量的固体材料，如粉煤灰、炉渣、聚苯颗粒等材料，从而改善其自身的物理性能。在容重为500 kg/m³的情况下，发泡水泥的导热系数一般不大于0.09 W/（m·K)。实际生产中，容重一般控制在400 kg/m³左右，导热系数约为0.085 W/（m·K)。在容重一定的情况下，其强度随水泥标号及掺和料数量的变化而变化。在不掺任何混合料的情况下，选用标号为52.5的水泥，在容重不足300 kg/m³的情况下，其立方抗压强度可达3 MPa以上，其优良的性能可见一斑了。与加气混凝土相比，发泡水泥之所以有如此优良的性能，取决于它与加气混凝土发泡机理的不同。仔细观察就不难发现，加气混凝土的气泡不规则，大小不均、离散。而发泡水泥的气泡周围均挂满了水泥浆，形成了一层光滑的水泥浆壁，从而使光滑、独立、均匀、密集的气泡群结合在一起，构成了具有一定特性的发泡水泥。若用发泡水泥砌块作为外墙砌体材料，其导热系数按0.1 W/（m·K）计，在厚度不足300 mm的情况下，用于寒冷地区，作为墙体自保温体系，是完全可以达到节能65%标准的。

(3) 硅藻土（多孔）保温砖

硅藻土自保温墙体材料生产工艺的关键在于强度指标和保温指标之间的平衡，因强度越高，则表观密度越大，材料导热系数也相应增大，从而降低保温性能。本项目通过多孔成坯、高温烧结的工艺使得产品在保持轻质、高强、保温隔热、隔音、防火、抗震等优良性能的基础上，在形状和孔洞不变的情况下，吸水率下降，干缩值变小，蜂窝、麻面消失，表面光滑，提高产品的抗压强度；在充分提高强度的基础上，尽量降低制品的表观密度，以提高制品的保温性能，并通过大量的室内试验研究，对耐水性和抗裂性等技术参数进行优化。

2) 墙板类材料

我国对墙板保温材料的研究早在20世纪60年代就开始了，并在北方地区建成了中间试验线，利用这些试验线，生产了大批的墙板，并建成了一些试验建筑。这种工厂预制、现场装配的墙板建筑，施工速度快、施工周期短，但由于受当时保温材料的限制，该类墙板在使用的工程中出现了不少问题，最主要的就是在北方寒冷的冬季条件下，外墙的内表面结露严重，尤其是节点处，其内表面长霉、发黑，严重的甚至出现结露成流水，严重影响了建筑的使用和美观。针对这种情况，只能采取在板的内、外表面抹各种保温砂浆，但这样的做法实际就丧失了墙板作为自保温体系的意义，成为了普通的外保温或内保温体系，在这种意义上来讲，墙板不能归类到自保温材料了。但随着适用环境的变化、新材料的发展、节能技术的进步，以及其他学科的发展和技术进步在建筑上应用的新的机遇，墙板作为自保温体系在夏热冬冷地区还是有很大的应用前景的。墙板由三部分组成，面板、龙骨和保温层。面板材料一般为具有良好的耐火、耐水性能，而且轻质的薄板材（厚度一般在 10～20 mm），如各种纸面石膏板、各种纤维增强水泥板、AP 板、纤维增强硅酸钙板等；保温材料一般多用具有优良的保温、吸声性能的无机纤维类材料，如矿棉、岩棉、玻璃棉、EPS 塑料等；龙骨材料一般是墙体轻钢龙骨和石膏龙骨等。

轻型钢丝网架聚苯板是以阻燃型膨胀聚苯板为芯材，在其两侧覆以钢丝网片并辅以斜插钢丝穿透点焊连接的墙体制品，在砌筑完成后应经过对两侧喷射细石混凝土后构成为墙体，在施工过程中应注意对芯材的保护，若外墙需要开洞则必须先确定位置，将洞口位置的钢丝剪掉，锯开保温板后方可进行开洞施工。由于施工后板面的界面剂在长期日晒雨淋下会失效，故应及时在其表面进行分层抹灰保护；如外墙面有抹灰层及贴面面层的应保证抹灰层施工后有 3 d 的湿润时间，待抹灰层具有一定的强度且其收缩变形基本形成后方可进行外贴面施工，饰面层为涂料时则应保证墙面干燥后方可进行刮腻子及涂料粉刷施工。

三、技术要求

由于砌块具有多孔结构，其收缩受湿度影响变化很大，干缩湿胀的现象比较明显，如果反应到墙体上，将不可避免地产生各种裂缝，严重的还会造成砌体本身开裂。

要解决上述质量问题，必须从材料、设计、施工等多方面共同控制，针对不同的季节和不同的情况，进行处理控制。

①砌块在存放和运输过程中要做好防雨措施。使用中要选择强度等级相同的产品，应尽量避免在同一工程中选用不同强度等级的产品。

②砌筑砂浆宜选用粘结性能良好的专用砂浆，其强度等级应不小于 M5，砂浆应具有良好的保水性，可在砂浆中掺入无机或有机塑化剂。有条件的应使用专用的加气混凝土砌筑砂浆或干粉砂浆。

③为消除主体结构和围护墙体之间由于温度变化产生的收缩裂缝，砌块与墙柱相接处，须留拉结筋，竖向间距为 500～600 mm，压埋 2Φ6 钢筋，两端伸入墙内不小于 800 mm，另每砌筑 1.5 m 高时应采用 2Φ6 通长钢筋拉结，以防止收缩拉裂墙体。

④在跨度或高度较大的墙中设置构造梁柱。一般当墙体长度超过 5 m 时，可在中间设置钢筋混凝土构造柱；当墙体高度超过 3 m（≥120 mm 厚墙）或 4 m（≥180 mm 厚墙）时，可在墙高中腰处增设钢筋混凝土腰梁。构造梁柱可有效地分割墙体，减少砌体因干缩变形产生的叠加值。

⑤在窗台与窗间墙交接处是应力集中的部位，容易受砌体收缩影响产生裂缝，因此，宜在窗台处设置钢筋混凝土现浇带以抵抗变形。此外，在未设置圈梁的门窗洞口上部的边角处也容易发生裂缝和空鼓，此处宜用圈梁取代过梁，墙体砌至门窗过梁处，应停一周后再砌以上部分，以防应力不同造成八字缝。

⑥外墙墙面水平方向的凹凸部位（如线脚、雨罩、出檐、窗台等）应做泛水和滴水处理，以避免积水。

四、技术要点

1. 加气混凝土砌块热工性能指标

①加气混凝土用作围护结构时，其材料的导热系数和蓄热系数设计计算值见表 2-15。

表 2-15　加气混凝土材料导热系数和蓄热系数设计计算值

围护结构类别		干密度 ρ_0 /(kg/m³)	理论计算值（体积含水量3%条件下）		灰缝影响系数	潮湿影响系数	设计计算值	
			导热系数 λ /[W/(m·K)]	蓄热系数 S_{24} /[W/(m²·K)]			导热系数 λ /[W/(m·K)]	蓄热系数 S_{24} /[W/(m²·K)]
单一结构		400	0.13	2.06	1.25	—	0.16	2.58
		500	0.16	2.61	1.25	—	0.20	3.26
		600	0.19	3.01	1.25	—	0.24	3.76
		700	0.22	3.49	1.25	—	0.28	4.36
复合结构	铺设在密闭屋面内	300	0.11	1.64	—	1.5	0.17	2.46
		400	0.13	2.06	—	1.5	0.20	3.09
		500	0.16	2.61	—	1.5	0.24	3.92
		600	0.19	3.01	—	1.5	0.29	4.52
	浇注在混凝土构件中	300	0.11	1.64	—	1.6	0.18	2.62
		400	0.13	2.06	—	1.6	0.21	3.30
		500	0.16	2.61	—	1.6	0.26	4.18
		600	0.19	3.01	—	1.63	0.30	4.82

注：当加气混凝土砌块和条板之间采用粘结砂浆，且灰缝≤3 mm 时，灰缝影响系数取 1.00。

②不同厚度加气混凝土外墙的传热系数 K 值和热惰性指标 D 值可按表 2-16 采用。

表 2-16　不同厚度加气混凝土外墙热工性能指标（B06 级）

外墙厚度 δ /mm	传热阻 R_0 /[（m²·K）/W]	传热系数 K /[W/（m²·K）]	热惰性指标 D
150	0.82（0.98）	1.23（1.02）	2.77（2.80）
175	0.92（1.11）	1.09（0.90）	3.16（3.19）
200	1.02（1.24）	0.98（0.81）	3.55（3.59）
225	1.13（1.37）	0.88（0.73）	3.95（3.98）
250	1.23（1.51）	0.81（0.66）	4.34（4.38）
275	1.34（1.64）	0.75（0.61）	4.73（4.78）

续表 2-16

外墙厚度 δ /mm	传热阻 R_0 /[(m²·K)/W]	传热系数 K /[W/(m²·K)]	热惰性指标 D
300	1.44 (1.77)	0.69 (0.56)	5.12 (5.18)
325	1.54 (1.90)	0.65 (0.53)	5.51 (5.57)
350	1.65 (2.03)	0.61 (0.49)	5.90 (5.96)
375	1.75 (2.16)	0.57 (0.46)	6.30 (6.36)
400	1.86 (2.30)	0.54 (0.43)	6.69 (6.76)

注：1. 表中热工性能指标为干密度 600 kg/m³ 加气混凝土，考虑灰缝影响导热系数 $\lambda=0.24$ W/(m·K)，蓄热系数 $S_{24}=3.76$ W/(m²·K)；

2. 括号内数据为加气混凝土砌块之间采用粘结砂浆，导热系数 $\lambda=0.19$ W/(m·K)，蓄热系数 $S_{24}=3.01$ W/(m²·K)；

3. 其他干密度的加气混凝土热工性能指标可根据表 2-15 的数据计算；

4. 表内数据不包括钢筋混凝土圈梁、过梁、构造柱等热桥部位的影响。

2. 加气混凝土砌块墙体构造要求

1）砌块

①加气混凝土砌块作为单一材料用作外墙，当其与其他材料处于同一表面时，应在其他材料的外表设保温材料，并在其表面和接缝处做聚合物砂浆耐碱玻纤布加强面层或其他防裂措施。

在严寒地区，外墙砌块应采用具有保温性能的专用砌筑砂浆砌筑，或采用灰缝≤3 mm 的密缝精确砌块。

②对后砌筑的非承重墙，在与承重墙或柱交接处应沿墙高 11 m 左右用 2Φ4 钢筋与承重墙或柱拉结，每边伸入墙内长度不得<700 mm。地震区应采用通长钢筋。当墙长≥5.0 m 或墙高≥4.0 m 时，应根据结构计算采取其他可靠的构造措施。

③对后砌筑的非承重墙，其顶部在梁或楼板下的缝隙宜作柔性连接，在地震区应有卡固措施。

④墙体洞口过梁，伸过洞口两边搁置长度每边不得<300 mm。

⑤当砌块作为外墙的保温材料与其他墙体复合使用时，应采用专用砂浆砌筑。沿墙高每 500～600 mm 左右，在两墙体之间应采用钢筋网片拉结。

2）饰面处理

①加气混凝土墙面应做饰面。外饰面应对冻融交替、干湿循环、自然碳化和磕碰磨损等起有效的保护作用。饰面材料与基层应粘结良好，不得空鼓开裂。

②加气混凝土墙面抹灰前，应在其表面用专用砂浆或其他有效的专用界面处理剂进行基底处理后方可抹底灰。

③加气混凝土外墙的底层，应采用与加气混凝土强度等级接近的砂浆抹灰，如室内表面宜采用粉刷石膏抹灰。

④在墙体易于磕碰磨损部位，应做塑料或钢板网护角，提高装修面层材料的强度等级。

⑤当加气混凝土制品与其他材料处在同一表面时，两种不同材料的交界缝隙处应采用粘贴耐碱玻纤网格布聚合物水泥加强层加强后方可做装修。

⑥抹灰层宜设分格缝，面积宜为 30 m^2，长度不宜超过 6 m。

⑦加气混凝土制品用于卫生间墙体，应在墙面上做防水层（至顶板底部），并粘贴饰面砖。

⑧当加气混凝土制品的精确度高，砌筑或安装质量好，其表面平整度达到质量要求时，可直接刮腻子喷涂料做装饰两层。

3. 加气混凝土砌块墙体施工

1）砌块施工

①砌块砌筑时，应上下错缝，搭接长度不宜小于砌块长度的 1/3。

②砌块内外墙墙体应同时咬槎砌筑，临时间断时可留成斜槎，不得留“马牙槎”。灰缝应横平竖直，水平缝砂浆饱满度不应小于 90%。垂直缝砂浆饱满度不应小于 80%。如砌块表面太干，砌筑前可适量浇水。

③地震区砌块应采用专用砂浆砌筑，其水平缝和垂直缝的厚度均不宜>15 mm。非地震区如采用普通砂浆砌筑，应采取有效措施，使砌块之间粘结良好，灰缝饱满。当采用精确砌块和专用砂浆薄层砌筑方法时，其灰缝不宜>3 mm。

④后砌填充砌块墙，当砌筑到梁（板）底面位置时，应留出缝隙，并应等待 7 d 后，方可对该缝隙做柔性处理。

⑤切锯砌块应采用专用工具，不得用斧子或瓦刀任意砍劈。洞口两侧，应选用规格整齐的砌块砌筑。

⑥砌筑外墙时，不得在墙上留脚手眼，可采用里脚手或双排外脚手。

2）墙体抹灰

①加气混凝土墙面抹灰宜采用干粉料专用砂浆。内外墙饰面应严格按设计要求的工序进行，待制品砌筑、安装完毕后不应立即抹灰，应待墙面含水率达 15%～20%后再做装修抹灰层。抹灰工序应先做界面处理、后抹底灰，厚度应予控制。当抹灰层超过 15 mm 时应分层抹，一次抹灰厚度不宜超过 15 mm，其总厚度宜控制在 20 mm 以内。

②两种不同材料之间的缝隙（包括埋设管线的槽），应采用聚合物水泥砂浆耐碱玻纤网格布加强，然后再抹灰。

③抹灰层宜用中砂，砂子含泥量不得>3%。

④抹灰砂浆应严格按设计要求级配计量。掺有外加剂的砂浆，应按有关操作说明搅拌混合。

⑤当采用水硬性抹灰砂浆时，应加强养护，直至达到设计强度。

五、技术应用范围

1. 适用部位

①作为多层住宅的外墙。

②作为框架结构的填充墙。

③各种体系的非承重内隔墙。

④作为保温材料，用于屋面、地面、楼面以及易于“热桥”部位的构件，也可做墙体保温材料。

2. 无有效措施，不宜在以下部位使用

①长期浸水或经常干湿循环交换的部位。

②受化学环境侵蚀的环境。

③表面经常高于80℃的高温环境。

④易受局部冻融部位。

3. 适用地区

适用范围为夏热冬冷地区和夏热冬暖地区外墙、内隔墙和分户墙。适用于高层建筑的填充墙和低层建筑的承重墙。

注：此处技术应用只指加气混凝土砌块材料。

第五节 现浇混凝土外墙外保温施工技术

一、TCC建筑保温板施工技术

1. 技术原理及主要内容

1）基本概念

TCC建筑保温模板体系，是以传统的剪力墙施工技术为基础，结合当今国内外各种保温施工体系的优势技术而研发出的一种保温与模板一体化保温模板体系。该体系将保温板辅以特制支架形成保温模板，在需要保温的一侧代替传统模板，并同另一侧的传统模板配合使用，共同组成模板体系。混凝土浇筑并达到拆模强度后，拆除保温模板支架和传统模板，结构层和保温层即成型。其基本构造如图2-7所示。

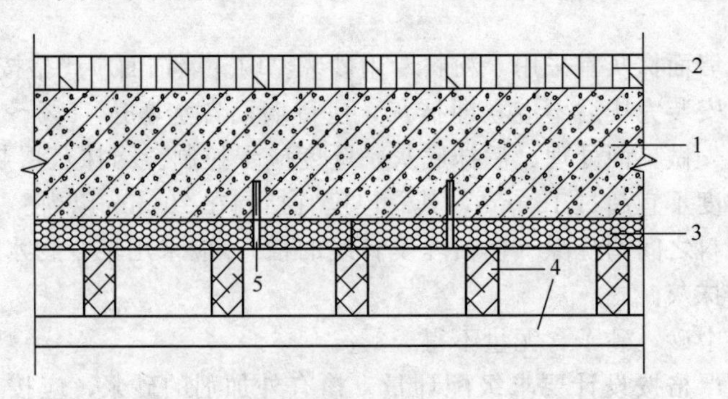

图2-7 TCC建筑保温模板系统基本构造

1—混凝土墙体；2—无需保温一侧普通模板及支撑；3—保温板；

4—TCC保温模板支架；5—锚栓

2）技术特点

TCC建筑保温模板系统的优点在于保温板可代替一侧模板，可节省部分模板制作费用，且由于保温板安装与结构同步进行可节省外檐装修工期；缺点在于保温板作为模板的一部分对于保温板的强度要求较高且由于混凝土侧压力的影响，不易保证保温板的平整度，同时除现浇混凝土结构外不适用于其他结构类型的建筑施工。

①保温模板代替传统模板，省去了部分模板的使用。

②保温层与结构层同时成型，节省了工期和费用，保证了质量。

③保温层只设置在需要保温的一侧，不需要双侧保温就实现了保温与模板一体化的施工工艺。

④操作简便，在对传统的剪力墙结构性能和施工工艺没有改变的前提下，实现了保温与模板一体化施工，易于推广使用。

2. 主要技术指标

保温材料为XPS挤塑聚苯乙烯板，保温性能和厚度符合设计要求，燃烧性能等技术性能符合《绝热用挤塑聚苯乙烯泡沫塑料》(GB/T 10801.2—2002) 要求。

①挤塑板外保温系统性能见表2-17。

表2-17　挤塑板外保温系统性能指标

项目		性能指标
耐候性	外观	无可见裂缝，无粉化、空鼓、剥落现象
	抹面层与挤塑板拉伸粘结强度/MPa	≥0.20
吸水性/(g/m^2)		≤500
抗冲击性	二层及以上	3J级
	首层	10J级
水蒸气湿流密度/[g/(m^2·h)]		≥0.85
耐冻融	外观	无可见裂缝，无粉化、空鼓、剥落现象
	抹面层与挤塑板拉伸粘结强度/MPa	≥0.20

②挤塑板应为阻燃型的外墙专用柔性板，且应为不掺加非本厂挤塑板产品回收料的不带表皮的毛面板或有表皮的开槽板。其性能和外观尺寸偏差见表2-18和表2-19。

表2-18　挤塑板性能要求

项目		性能指标
表观密度/(kg/m^3)		22～35
导热系数/[W/(m·K)]		≤0.032
垂直与板面方向的抗拉强度/MPa		≥0.20
压缩强度/MPa		≥0.20
弯曲变形/mm	板厚20 mm	≥20
	板厚30 mm	≥30
尺寸稳定性(70℃±2℃，48 h)/%		≤1.2
吸水率(Vol)/%		≤1.5
水蒸气透湿系数/[ng/(Pa·m·s)]		1.2～1.5
燃烧性能级别		不低于B_2级

表 2-19 挤塑板外观尺寸允许偏差

项目	允许偏差/mm
厚度	±1.5
长度	±2
宽度	±1
对角线差	3
板边平直	2
板面平整度	2

注：本表的允许偏差值以 1200 mm（或 1250 mm）长×600 mm 宽的挤塑板为基准。

二、现浇混凝土外墙外保温施工技术

1. 技术原理及主要内容

1）基本概念

现浇混凝土外墙外保温施工技术是指在墙体钢筋绑扎完毕后，浇灌混凝土墙体前，将保温板置于外模内侧，浇灌混凝土完毕后，保温层与墙体有机地结合在一起。聚苯板可以是 EPS，也可以是 XPS。当采用 XPS 时，表面应做拉毛、开槽等加强粘结性能的处理，并涂刷配套的界面剂。

2）技术特点

按聚苯板与混凝土的连接方式不同可分为有网体系和无网体系。

（1）有网体系

外表面有梯形凹槽和带斜插丝的单面钢丝网架聚苯板（EPS 或 XPS），在聚苯板内外表面及钢丝网架上喷涂界面剂，将带网架的聚苯板安装于墙体钢筋之外，用塑料锚栓穿过无网聚苯板与墙体钢筋绑扎，安装内外大模板，浇灌混凝土墙体，拆模后有网聚苯板与混凝土墙体连接成一体，如图 2-8 所示。

（2）无网体系

采用内表面带槽的阻燃型聚苯板（EPS 或 XPS），聚苯板内外表面喷涂界面剂，安装于墙体钢筋之外，用塑料锚栓穿过无网聚苯板与墙体钢筋绑扎，安装内外大模板，浇灌混凝土墙体，拆模后无网聚苯板与混凝土墙体连接成一体，如图 2-9 所示。

现浇混凝土外墙外保温系统的特点为，由于混凝土侧压力的影响，不易保证保温板的平整度，同时除现浇混凝土结构外不适用于其他结构类型的建筑施工，有网体系适用于面砖饰面，而无网体系适用于涂料饰面。

2. 主要技术指标

①该系统应符合《外墙外保温工程技术规程》（JGJ 144—2004）的要求。系统技术指标见表 2-20。

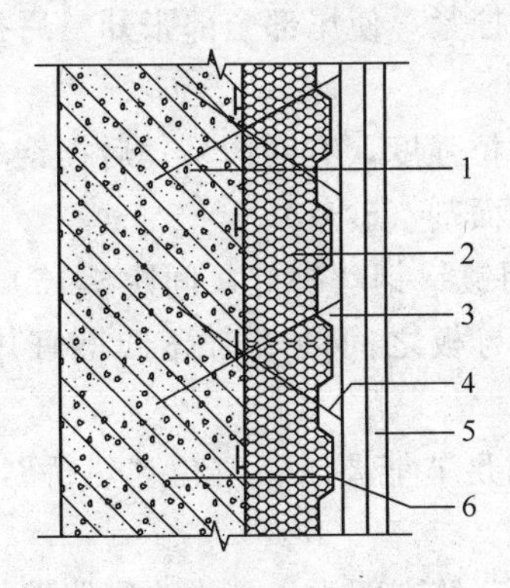

图 2-8　有网体系基本构造

1—现浇混凝土墙体；2—EPS单面钢丝网架；
3—聚合物砂浆厚抹灰层；4—钢丝网架；
5—饰面砖；6—钢筋

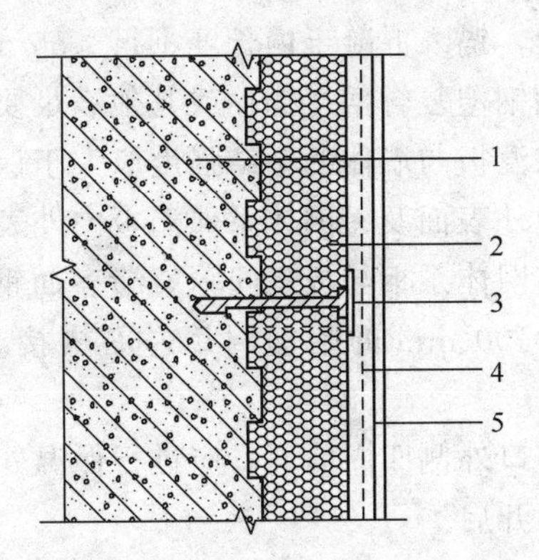

图 2-9　无网体系基本构造

1——现浇混凝土墙体；2—EPS或XPS；
3—锚栓；4—抗裂砂浆薄抹面层；
5—涂料

表 2-20　现浇混凝土外墙外保温系统技术指标

<table>
<tr><th colspan="3">项目</th><th>指标</th></tr>
<tr><td colspan="3">抗风压值</td><td>≥1.5倍风荷载设计值</td></tr>
<tr><td colspan="3">热阻系数/（m²·K/W）</td><td>复合墙体热阻符合设计要求</td></tr>
<tr><td rowspan="3">耐候性</td><td colspan="2">外观质量</td><td>无宽度>0.1 mm的裂缝，无粉化、空鼓、剥落现象</td></tr>
<tr><td rowspan="2">系统拉伸粘结强度/MPa</td><td>EPS板</td><td>切割至聚苯板表面≥0.10</td></tr>
<tr><td>XPS板</td><td>切割至聚苯板表面≥0.20</td></tr>
<tr><td rowspan="2">抗冲击强度/J</td><td colspan="2">标准做法</td><td>≥3.0且无宽度>0.1 mm的裂缝</td></tr>
<tr><td colspan="2">首层加强做法</td><td>≥10.0且无宽度>0.1 mm的裂缝</td></tr>
<tr><td colspan="3">不透水性</td><td>试样防护层内侧污水渗透</td></tr>
<tr><td colspan="3">耐冻融/kPa</td><td>表面无裂纹、空鼓、气泡、剥离现象</td></tr>
<tr><td colspan="3">水蒸气湿流密度（包括外饰面）/［g/（m²·h）］</td><td>≥0.85</td></tr>
<tr><td colspan="3">24 h吸水量/（g/m²）</td><td>≤1000</td></tr>
<tr><td colspan="3">耐冻融（10次）</td><td>裂纹宽度≤0.1 mm，无空鼓、剥落现象</td></tr>
</table>

②保温板与墙体必须连接牢固，安全可靠，有网体系、无网体系板面附加锚固件可用塑料锚栓，锚入墙内长度不得<50 mm。

③保温板与墙体的自然粘结强度，EPS板≥0.10 MPa，XPS板≥0.20 MPa。

④有网体系板与板之间垂直缝表面钢丝网之间应用火烧丝绑扎，间距≤150 mm，或用附加网片左右搭接。钢丝网和火烧丝应注意防锈。

⑤无网体系板与板之间的竖向高低槽应用保温板胶粘剂粘结。

三、技术要点

①保温板与墙体必须连接牢固，安全可靠，有网体系板、无网体系板面附加锚固件可用

塑料锚栓，锚入混凝土内长度不得<50 mm，并将螺丝拧紧，使尾部全部张开。后挂钢丝网体系采用钢塑复合插接锚栓或其他满足要求的锚栓。

②保温板与墙体的粘结强度应大于保温板本身的抗拉强度。有网体系、后挂钢丝网体系保温板内外表面及无网体系保温板内外表面，应涂刷界面剂（砂浆）。

③有网体系板与板之间垂直缝表面钢丝网之间应用镀锌钢丝绑扎，间距≤150 mm，或用宽度≥100 mm 的附加网片左右搭接。无网体系板与板之间的竖向高低槽宜用苯板胶粘结。

④窗口外侧四周墙面，应进行保温处理，做到既满足节能要求，避免"热桥"，但又不影响窗户开启。

⑤有网体系膨胀缝和装饰分格缝处理。保温板上的分缝有两类：一类为膨胀缝，保温板和钢丝网均断开中间放入泡沫塑料棒，外表嵌缝膏嵌；另一类为装饰分格缝，即在抹灰层上做分格缝。在每层层间水平分层处宜留膨胀缝，层间保温板和钢丝网均应断开，其间嵌入泡沫塑料棒，外表用嵌缝油膏嵌缝。垂直缝一般设装饰分格缝，其位置宜按墙面面积留缝，在板式建筑中宜≤30 m^2，在塔式建筑中应视具体情况而定，一般宜留在阴角部位。

⑥无网体系膨胀缝和装饰分格缝处理。在每层层间宜留水平分层膨胀缝，其间嵌入泡沫塑料棒，外表用嵌缝油膏嵌缝。垂直缝一般设装饰分格缝，其位置宜按墙面面积留缝；在板式建筑中宜≤30 m^2，在塔式建筑中应视具体情况而定，一般宜留在阴角部位。装饰分格缝保温板不断开，在板上开槽镶嵌入塑料分格条。

四、技术应用范围

1. TCC 建筑保温板施工技术

适用于抗震设防烈度≤8 度的多层及中高层新建民用建筑和工业建筑，也适用于既有建筑的节能改造工程。

2. 现浇混凝土外墙外保温施工技术

该保温系统适用于低层、多层和高层建筑的现浇混凝土外墙，适宜在严寒、寒冷地区和夏热冬冷地区使用。

第六节　硬泡聚氨酯喷涂保温施工技术

一、技术原理及主要内容

1. 基本概念

聚氨酯泡沫塑料是以异氰酸酯、多元醇（组合聚醚或聚酯）为主要原料，加入添加剂并按一定比例混合发泡成型的硬质泡沫塑料，通常称为 PU。外墙硬泡聚氨酯喷涂施工技术是指将硬质发泡聚氨酯喷涂到外墙外表面，并达到设计要求的厚度，然后做界面处理、抹胶粉聚苯颗粒保温浆料找平，再薄抹抗裂砂浆，铺高增强网，最后做饰面层的外墙保温系统。

2. 技术特点

聚氨酯泡沫塑料的施工特点是喷涂发泡成型。喷涂发泡成型是指把硬泡聚氨酯原料直接喷射到物件表面，并在此面上发泡成型，可在数秒钟内反应固化。施工时应有自动计量混合分配的喷涂设备，此设备有使用压缩空气和无压缩空气设备。从喷枪到喷涂被饰物的距离为400 mm以上，由于喷涂物反应极快，少量空气与雾状喷涂料一起附在基层上，包裹在弹性体之中，构成细小的独立气泡，不必硫化。

1）优点

①无需模具，在任意复杂表面都可以喷涂，包括立面、平面、顶面。

②喷涂硬泡聚氨酯泡沫塑料无接缝，绝热效果好。

2）施工对原料和环境的要求

①毒性小，严格控低沸点成分，特别是粗MDI的低分子量的异氰酸酯。

②黏度小，便于施工。

③催化剂活性大，喷在物件表面上立刻反应生成泡沫塑料。

④环境温度与待喷物件表面温度要在合适的温度范围内（15～35℃），最佳温度15～25℃，温度过低易脱壳；密度大，温度过高发泡剂损耗大。

⑤一次喷涂厚度要适宜，厚度太薄密度增大。

⑥水分：待喷物体表面若有露水和霜，会影响硬泡聚氨酯泡沫塑料与物体的粘结性能。

⑦风速：当在室外喷涂，风速超过5 m/s时（有树叶摆动不止），热量损失大，不易得到优质硬脂聚氨酯泡沫塑料，同时也会损失原料、污染环境。

⑧待喷物体表面无粉尘、潮气。

⑨注意安全和劳动保护，避免吸入有害气体。

二、主要技术指标

①硬泡聚氨酯现场喷涂外墙外保温系统性能见表2-21。

表2-21 硬泡聚氨酯现场喷涂外墙外保温系统性能指标

<table>
<tr><th colspan="2">试验项目</th><th colspan="2">性能指标</th></tr>
<tr><td colspan="2">耐候性</td><td colspan="2">经“80次高温（70℃）→淋水（15℃）循环”和“20次加热（50℃）→冷冻（－20℃）循环”后不得出现开裂、空鼓或脱落现象。抗裂防护与保温层的拉伸粘结强度不应＜0.1 MPa，破坏界面应位于保温层</td></tr>
<tr><td colspan="2">吸水量/（g/m²），浸水1 h</td><td colspan="2">≤1000</td></tr>
<tr><td rowspan="3">抗冲击强度</td><td rowspan="2">涂料饰面</td><td>普通型（单网）</td><td>3 J冲击合格</td></tr>
<tr><td>加强型（双网）</td><td>10 J冲击合格</td></tr>
<tr><td>面砖饰面</td><td colspan="2">3 J冲击合格</td></tr>
<tr><td colspan="2">抗风压值</td><td colspan="2">不小于工程项目的风荷载设计值</td></tr>
<tr><td colspan="2">水蒸气湿流密度（包括外饰面）/［g/（m²·h）］</td><td colspan="2">≥0.85</td></tr>
<tr><td colspan="2">不透水性</td><td colspan="2">试样抗裂砂浆层内侧无水渗透</td></tr>
<tr><td colspan="2">耐磨损，500 L砂</td><td colspan="2">无开裂、龟裂或表面剥落、损伤</td></tr>
<tr><td colspan="2">系统卡拉强度（涂料饰面）/MPa</td><td colspan="2">≥0.1并且破坏部位不得位于各层界面</td></tr>
<tr><td colspan="2">饰面砖粘结强度/MPa（现场抽测）</td><td colspan="2">≥0.4</td></tr>
</table>

②聚氨酯泡沫塑料的主要性能指标见表 2-22。

表 2-22 聚氨酯泡沫塑料的主要性能指标

项目	指标
喷涂效果	无流挂、塌泡、破泡、烧芯等不良现象，泡孔均匀、细腻，24 h后无明显收缩
干密度（kg/m^3）	35～50
压缩强度（屈服点时或变形 10%时的强度）/MPa	≥0.15
抗拉强度/MPa	≥0.15
导热系数/［W/（m·k)］	≤0.025
尺寸稳定性（70℃，48 h）/%	≤5
水蒸气透湿系数［温度（23±2)℃、相对湿度（0～85%)］/［ng/（Pa·m·s)］	≤6.5
吸水率（体积分数%）	≤3
燃烧性（垂直法） 平均燃烧时间/s 平均燃烧高度/mm	 ≤30 ≤250

三、技术要点

1. 硬泡聚氨酯现场喷涂外墙外保温系统构造

现场喷涂硬泡聚氨酯外墙外保温系统根据饰面层做法的不同，可分为涂料饰面系统及面砖饰面系统两种。基本构造为：聚氨酯防潮底漆层、聚氨酯保温层、聚氨酯界面砂浆层、胶粉聚苯颗粒保温浆料找平层；抗裂砂浆复合涂塑耐碱玻纤网格布（涂料饰面）或抗裂砂浆复合热镀锌电焊网尼龙胀栓锚固（面砖饰面）抗裂防护层，表面刮涂抗裂柔性耐水腻子、涂刷饰面涂料或面砖粘结砂浆粘贴面砖构成饰面层，其系统构造如图 2-10 所示。

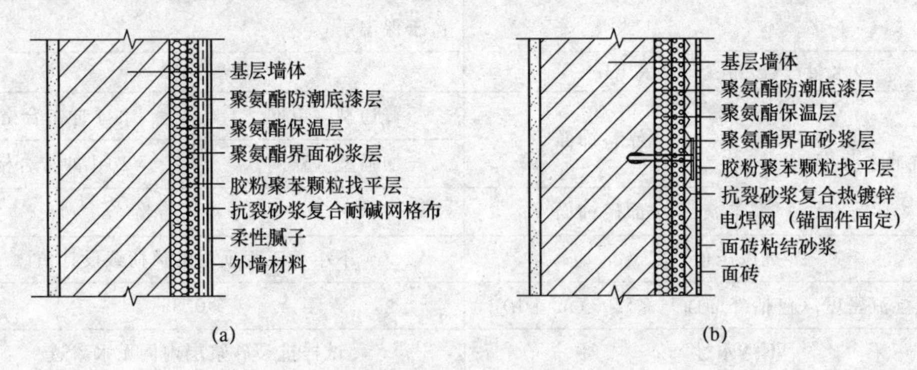

图 2-10 现场喷涂硬泡聚氨酯外墙外保温系统构造

(a) 涂料饰面；(b) 面砖饰面

2. 施工工艺流程

现场喷涂硬泡聚氨酯外墙外保温系统施工工艺流程如图 2-11 所示。

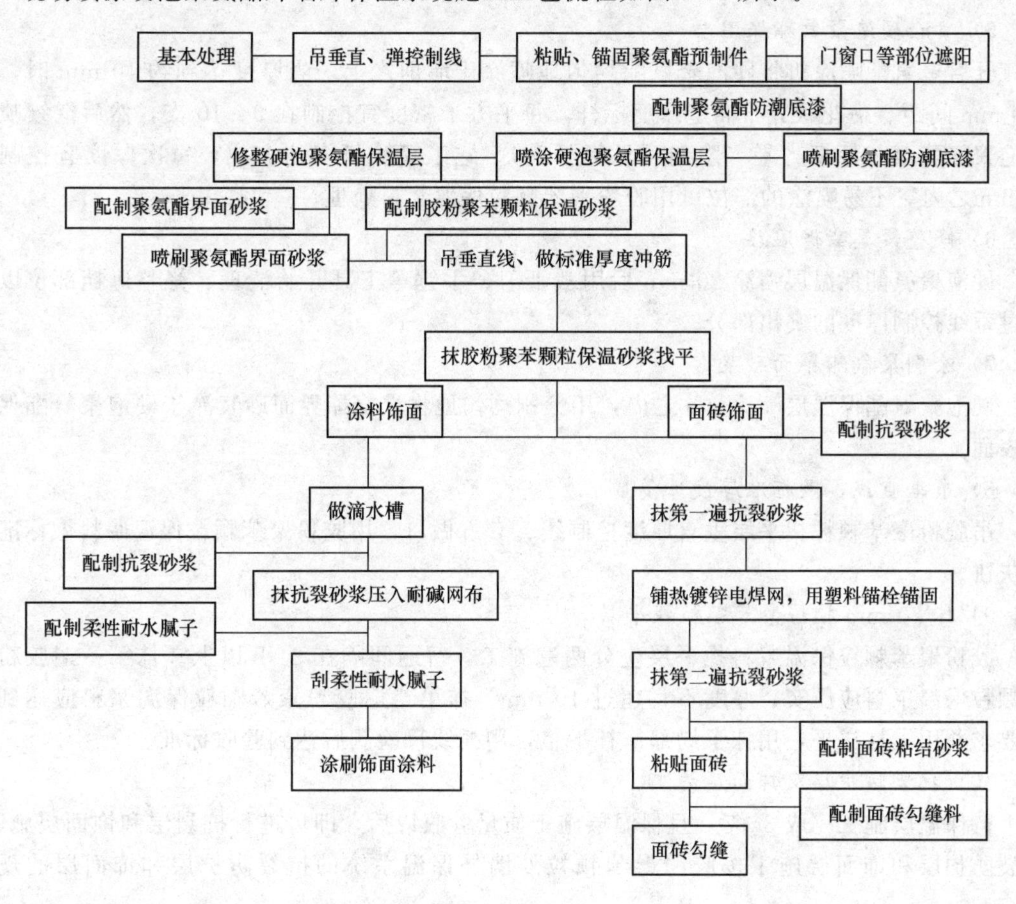

图 2-11　现场喷涂硬泡聚氨酯外墙外保温系统施工工艺流程

3. 施工要点

1）基层处理

墙面应清理干净，清洗油渍、清扫浮灰等。墙面松动、风化部分应剔除干净。墙表面凸起物≥10 mm 时应剔除。

2）吊垂直、套方、弹控制线

根据建筑要求，在墙面弹出外门窗水平、垂直控制线及伸缩线、装饰线等。在建筑外墙大角及其他必要处挂垂直基准钢线和水平线。对于墙面宽度＞2 m 处，需增加水平控制线，做标准厚度冲筋。

3）粘贴聚氨酯预制块

在大阳角、大阴角或窗口处，安装聚氨酯预制块，并达到标准厚度。窗口、阳台角、小阳角、小阴角等也可用靠尺遮挡做出直角。以预制块标尺为依据，再次检验墙面平整度，对于不达标的墙体部位应补抹水泥砂浆或用其他找平材料进行修补。基层平整度修补后要求允许偏差达到±3 mm。

4）涂刷聚氨酯防潮底漆

用滚刷将聚氨酯防潮底漆均匀涂刷，无漏刷透底现象。

5）喷涂硬泡聚氨酯保温层

开启聚氨酯喷涂机将硬泡聚氨酯均匀地喷涂于墙面之上，当厚度达到约 10 mm 时，按 300 mm 间距、梅花状分布插定厚度标杆，每平方米密度宜控制在 9～10 支，然后继续喷涂硬泡聚氨酯至与标杆齐平（隐约可见标杆头）。施工喷涂可多遍完成，每次厚度宜控制在 10 mm之内。不易喷涂的部位可用胶粉聚苯颗粒保温浆料处理。

6）修整聚氨酯保温层

硬泡聚氨酯保温层喷涂 20 min 后用裁纸刀、手锯等工具开始清理、修整遮挡部位以及超过垂线控制厚度的突出部分。

7）涂刷聚氨酯界面砂浆

硬泡聚氨酯保温层喷涂 4 h 之内，用滚刷均匀地将聚氨酯界面砂浆涂于硬泡聚氨酯保温层表面。

8）吊垂直线，做标准厚度冲筋

吊胶粉聚苯颗粒找平层垂直厚度控制线、套方做口，用胶粉聚苯颗粒保温浆料做标准厚度灰饼。

9）抹 20 mm 胶粉聚苯颗粒找平层

胶粉聚苯颗粒保温浆料找平层应分两遍施工，每遍间隔在 24 h 以上。抹第一遍胶粉聚苯颗粒保温浆料应压实，厚度不宜超过 10 mm。抹第二遍胶粉聚苯颗粒保温浆料应达到厚度要求并用大杠搓平，用抹子局部修补平整，用托线尺检测后达到验收标准。

10）抗裂防护层及饰面层施工

待保温层施工完成 3～7 d 且保温层施工质量验收以后，即可进行抗裂层和饰面层施工。抗裂防护层和饰面层施工按胶粉聚苯颗粒外墙外保温系统的抗裂防护层和饰面层的规定进行。

四、技术应用范围

①本系统适用于需冬季保温、夏季隔热的多层及中高层新建民用建筑、工业建筑及既有建筑外墙外保温工程；基层墙体可为混凝土或各种类型砌体结构；抗震设防烈度≤8 度的建筑物。

②本系统外饰面粘贴面砖时，抗裂防护层中的热镀锌电焊网要用塑料锚栓双向间距 500 mm锚固，确保外饰面层与基层墙体的有效连接。

③热桥部位如门窗洞口、飘窗、女儿墙、挑檐、阳台、空调机搁板等部位应加强保温，不好喷涂聚氨酯的部位应抹胶粉聚苯颗粒保温浆料。

④基层墙体的平整度误差不应超过 3 mm，否则应先对基层墙体进行找平后方可进行喷涂聚氨酯的施工。

⑤为确保聚氨酯与基层墙体的有效粘结，基层墙体应该充分干燥，并应对基层墙体进行界面处理。

⑥为确保聚氨酯的有效发泡，基层墙面的温度不应太低，一般环境温度低于 10℃不应再进行喷涂施工，若非施工，则应采用低温发泡的聚氨酯。

⑦门窗洞口等边角处难以喷涂聚氨酯的部位应采用粘贴或锚固聚氨酯块材的方法在喷涂前施工好。

第七节　工业废渣及空心砌块应用技术

一、主要技术内容

工业废渣及空心砌块应用技术是指将工业废渣制作成建筑材料并用于建设工程。工业废渣应用于建设工程的种类较多，本节主要以粉煤灰块砌筑施工和加气块施工为例。

二、施工技术及要点

1. 粉煤灰砖砌筑施工技术要点

1）施工前准备工作

①粉煤灰砖在进场时要达到 28 d 养护强度标准，进场后要分规格、分垛堆放，同时对粉煤灰砖外观进行检查，对长宽超出±3 mm，高度超过＋3 mm，小于－4 mm 的砖不得上工作面，因粉煤灰砖吸水率比普通黏砖小，因此要提前浇水，勤浇水。

②砌筑前要熟悉图纸，对底皮砖要提前摆砖，并制定皮数杆，并对操作者下达有针对性的技术交底、砌筑样板墙（包括转角、丁字头的组砌），操作者应了解粉煤灰砖的施工方法。

2）粉煤灰砖砌筑

①砌筑前清理干净基层，并按设计要求弹出墙体的中线、边线与门窗洞位置，并在墙的转角及两头设置皮数杆、皮数杆标志水准线，砌筑时从转角与每道墙两端开始。

②砌筑每楼层第一皮砖前，基层要浇水湿润然后用 1∶3 水泥砂浆铺砌，砌筑方式采用梅花丁砌筑，在转角处采用“七分头”组砌，砌筑当中的“二寸碴”用无齿锯切割粉煤灰砖，解决模数不符处砌体组砌问题。

③构造柱、圈梁窗台板处的砌筑，由于粉煤灰砖比普通黏土砖多半层高度，施工时宜采用先三退、后三进的方法留置罗汉槎，在圈梁位置与窗台板处满丁满条砌两皮砖，解决粉煤灰砖孔多、混凝土振捣不实及混凝土浪费问题。

④每块砖砌筑时要对应皮数杆位置，在墙体转角和交接处同时砌筑，每块砖砌筑时要错缝搭接，不得有通缝现象，砌上墙的砖不得进行移动和撞击，若需校正则应重新砌筑，在砌筑完之后，要及时将砖缝进行清理，将砖缝划出深 0.5 mm 深槽，以便抹灰层与墙体粘结牢固。

⑤灰缝的控制，粉煤灰砖灰缝控制在 10 mm 左右，这样有利于页岩多孔砖与页岩标砖的模数相符，砌体横缝砌筑时满铺砂浆，立缝采用大铲在小面上打灰，砖放好之后再用填灰的方法。

⑥砌体的砌筑高度，应根据气温、风压对墙体部位进行分别控制，一般砌筑高度控制在 1.8 m 左右。

3）墙体与门窗框的连接

门窗框应在门窗洞口两侧的墙体上下位置，每边砌筑蒸压灰砂砖。

4）墙体暗敷管与各种箱体的留置

在砌筑前提前对水电安装进行研究，定出将页岩多孔砖的孔用电钻打，达到穿管要求，然后在砌筑时，由施工人员将管留置在墙体内，各种箱体的洞口，在箱体背部根据厚度差补砌页岩多孔砖与页岩标砖，箱体上部砌预制钢筋混凝土过梁，在电门与插座洞口处用预先切割好的粉煤灰砖砌筑留出洞口。

5）构造柱与圈梁

构造柱与圈梁支模加固采用在墙体砌筑时在横竖缝处的构造柱尺寸，每 50 cm 预埋 410 mm的 PVC 套管，圈梁沿长度方向每 1.5 m 预埋 ϕ10 mm 的 PVC 套管，在支模时将穿墙螺栓放入进行支模加固。

6）质量验收和检验方法

①粉煤灰砖及砂浆的强度等级，应符合设计要求，并且要有产品合格证、产品性能检测报告和试验报告。

②砌体水平缝的砂浆饱满度，净面积不应低于 90%，竖向灰缝饱满度不小于 80%，砌体不得有瞎缝、透明缝和通缝。

③砌体的轴线偏差和垂直度，以及一般尺寸的偏差要符合《砌体结构施工质量验收规范》（GB 50203－2011）标准。

2. 加气块施工

1）工艺流程

施工准备（包括放线、立皮数杆、湿润楼面）→排砖撂底→砌砖→随放拉结筋→钢筋绑扎、支模→混凝土浇筑→自检及评定→质量验收。

加气块墙一般尺寸允许偏差见表 2-23。

表 2-23 加气块墙一般尺寸允许偏差

项次	项目		允许偏差/mm	检验方法
1	轴线位移		10	尺量检查
2	垂直度	≤3 m	5	用 2 m 托线板检查
3		＞3 m	8	
4	表面平整度		8	用 2 m 靠尺和楔形塞尺检查
5	灰缝厚度	水平缝	±2	尺量检查
6		垂直缝	±3	
7	门窗洞口宽、高		±5	尺量检查

2）隔墙施工技术要求

①加气块进场后由试验员按规定进行取样，同时检查外观、规格是否符合标准规定（尺寸偏差：长度、宽度、高度一等品时均为±3；长度、宽度合格品数为±3，高度合格品数为＋3，－4），合格后方可使用在工程上。现场砌块应按规格、密度等级、强度等级、质量等级分批码放整齐，地面平整，码放高度不得超过 1.5 m。混凝土空心小砌块用手推车水平运输，装卸砌块严禁碰撞、抛扔，应轻拿轻放，要排列整齐，堆放场地应有防雨、防潮及排水

措施，砌块的龄期应大于 28 d。

②制备砂浆：砂浆的配合比应经试验确定，采用 Mb5.0 的砌筑砂浆。应采用重量比、水泥计量精确度控制在±2%以内，砂子计量精确度控制在±5%以内的砌筑砂浆。砂浆搅拌时，先倒砂子、水泥，最后加水，搅拌时间以 2 min 为宜。用灰槽存放砂浆，保证砂浆的和易性，砂浆稠度为 70 mm。砂浆应随拌随用，拌成后 3 h 内使用完毕，严禁使用过夜砂浆。

③加气块施工前将楼面清理干净，剔除表面灰浆，每层楼层要在地面弹出墙身线，及门窗洞口位置线，经复核符合图纸要求后方可进行下道工序。砌筑隔墙时，按墙宽尺寸、砌块的规格尺寸进行排列摆块。不够整块的可以割锯成需要的尺寸，但不得小于砌块长度的 1/3。

④基座要求：为保证填充墙底部踢脚面层做法不空不裂，墙底部先砌三皮实心砖，高度为 200 mm。

⑤与结构墙、柱拉结筋采用植筋法进行施工。

3. 墙体砌筑

①立皮数杆（采用 30 mm×40 mm 木料制作，一般距墙皮或墙角 50 mm 为宜，皮数杆应垂直、牢固、标高一致），确定底部实心砖、拉结筋间距、门顶过梁、水平系梁、窗台、砌块皮数的高度。每层开始时从转角处或墙定位处开始，用大铲铺灰均匀，安装加气块时放平、放正，每层均拉线控制砌体标高和砌块平整度。砌筑时为便于铺放砂浆，施工砌筑必须遵守“反砌”方法，即砌块底面（盲孔）朝上。砌筑时应满铺满挤，上下错缝，搭接长度不小于砌块长度的 1/3 且不应小于 90 mm，转角处相互咬砌搭接。

②加气块不宜浇水，如天气干燥炎热时，可在砌块上稍加喷水湿润。砌砖时砌体上下错缝、咬槎、搭砌，严重掉角的砌块不宜使用。留槎时应留斜槎，留槎高度不得超过 1.2 m。砌块砖墙应拉通线砌筑，并应随砌随吊、靠，确保墙体垂直、平整。

③砌体水平、垂直灰缝厚度为 10 mm。大于 30 mm 的垂直缝用 C20 细石混凝土灌实，砌体灰缝横平竖直，全部灰缝均应填满砂浆，水平灰缝饱满度按面积计不得低于 80%，垂直灰缝饱满度不得低于 80%，砌筑时不得出现瞎缝、透明缝。每砌一皮砌块，就位校正后用砂浆灌垂直缝，随后进行刮缝，将多余砂浆用大铲刮平，收回灰斗内，找零采用蒸压灰砂砖或加气块。

④收顶：砌体收顶与结构顶板、梁相交时，施工时间应在下部砌体沉实后（至少间隔 7 d）方可进行，收顶采用蒸压灰砂砖斜砌的方法，砖块必须逐块敲紧挤实，填满砂浆（见砌筑法）。

三、质量标准

①砌块和原材料、技术性能、强度、品种必须符合设计要求，并有出厂合格证。

②砂浆强度等级达到设计要求，用标准试模制作试块，每一检验批和不超过 250 m^3 砌体的各种类型及强度等级的砌筑砂浆每台搅拌机应至少抽检一次，制作试块一组（每组 6 块），用于检验 28 d 的砂浆强度。试块强度等级不得低于设计强度，同一验收批的砂浆试块抗压强度平均值必须大于或等于设计强度等级所对应的立方体抗压强度，同一验收批的砂浆试块抗压强度最小一组平均值必须大于或等于设计强度等级所对应的立方体抗压强度的 0.75 倍。

③砌筑错缝搭砌符合规定，不得出现竖向通缝，压缝尺寸达到规范要求。

④转角处、交接处同时砌筑，砂浆密实，砌块平顺，砌体垂直，不得出现破槎、松动，

临时间断处应留斜槎，斜槎水平投影长度不应小于高度的2/3。

⑤构造柱、水平系梁、抱框、过梁的设置、拉结筋根数、间距、位置、长度符合设计要求。

四、新建建筑热计量设计

1. 一般规定

为实现热用户行为节能，新建居住建筑的热计量设计应合理选择户内热计量方式。居住建筑户内热计量方式包括：户用热量表法、热分配计法等。

1）*户用热量表计量及分摊方法*

户用热量表测量出的每户供热量可以作为计量热费结算依据，也可以通过户用热量表测量出每户的供热量，测算出各个热用户的用热比例，按此比例对建筑物或热力站总热量表测出的总供热量进行户间热量分摊。

2）*散热器热分配计分摊方法*

经修正后的各散热器热分配计的测试数据，测算出各个热用户的用热比例，按此比例对建筑物热量表测量出的建筑物总供热量或热力站热量表测出的总供热量进行户间热量分摊。

2. 建筑物热计量设计

①新建建筑物应在各热力入口设计安装热量表，也可以在单栋建筑物的总供暖管道设计安装一块热量表作为建筑物的热计量依据；建筑用途、类型、围护结构相同、建筑物内热计量方式一致的新建多栋建筑，可以在总供暖管道设计安装一块热量总表作为多栋建筑物的热计量依据。

②新建建筑物应设计专用房间作为建筑物热计量表室，地下室净高应不低于2.0 m，前部操作面净宽应不小于0.8 m。也可在室外管沟入口或楼梯间下部设计小室作为建筑物热计量表室，表室净高应不低于1.4 m，前部操作面净宽应不小于1.0 m，室外管沟表室应有防水和排水措施。

3. 户内热计量设计

①分户水平双管或带跨越管的单管散热器系统、分户地面辐射采暖系统可选择热量表法。

②垂直或水平双管系统、带跨越管的单管系统户内热计量可选择热分配计法。

③以建筑物热力入口热量总表进行热费结算的，应采用相同的户内热计量方法，所采用的热计量装置类型应相同。

④热计量装置设计和选型应满足下列要求（适用于集中供热全系统）。

热计量装置的选型应将设计流量作为额定流量。

热计量装置的流量计宜设计安装在回水管上。

热量表的测量结果要求具备较好的一致性。

热计量装置上游应设计安装过滤器，以保证热计量装置正常运行不受系统管道内垢片、铁锈等杂质的影响。

热计量装置的设计安装位置应满足热量表上游侧直管段长度为5倍管径以上，下游侧直管段长度为2倍管径以上。

热计量装置的配对温度传感器所采用的电缆导体截面和长度应按相同要求进行设计，传感器的电缆线在出厂后不得修剪。

热费结算的热计量装置，应满足《热量表》（CJ 128－2007）标准，生产企业应取得《制造计量器具许可证》或《中华人民共和国计量器具型式批准证书》。

热费结算的热计量装置准确度应高于3级，宜具备热计量数据的远传功能及存储200天以上日供热量的存储性能。

⑤设计中应根据实际情况对计量装置的相应性能参数进行如下规定。

计算仪的性能参数包括：环境温度、环境湿度、保护等级、温差范围、灵敏度、通讯功能、记录间隔、供电方式、电池使用寿命等。

连接方式、长度等。

温度传感器的性能参数包括：温度测量范围、温差分辨率。

⑥热分配计应符合以下规定。

热分配计的产品和安装方法应符合《电子式热分配表》（CJ/T 260—2007）和《蒸发式热分配表》（CJ/ 271—2007）产品标准。

采用蒸发式热分配计或单传感器电子式热分配计时，散热器平均热媒设计温度不应低于50℃；采用蒸发式热分配计时，不同的采暖季节应使用不同的蒸发液体颜色。

热分配计的使用和维护，应尽量减少对用户的干扰。新建建筑室内应在每组散热器入口设计安装恒温控制阀，以实现室温可调。低温热水地面辐射供暖系统，应在户内系统入口处设计安装自动控温的调节阀，实现分户集中温度调控，其户内分集水器上每支环路上宜设计安装手动流量调节阀。

⑦户内热计量设计选用恒温控制阀应符合以下要求。

垂直单管加跨越管系统可设计采用低阻力两通型恒温控制阀，也可设计采用三通型恒温控制阀；垂直双管系统宜设计采用有预设阻力功能的恒温控制阀，以消除垂直失调。

采暖系统处于设计工况下的正常流量时，恒温控制阀不应产生噪声，不应因阻塞而导致水流不畅通。

恒温控制阀应具有带水带压清堵或更换阀芯的功能（运行管理人员可使用专用工具进行操作）。

恒温控制阀产品质量和安装方法应符合《散热器恒温控制阀》（JG/T 195－2007）标准，应具备产品合格证、使用说明书和技术监督部门出具的性能检测报告；其调节特性曲线应满足产品标准的要求。

⑧新建建筑热计量设计所选用的散热器应符合以下要求。

整栋建筑散热器的形式应保持一致。

钢制和铝制散热器不应在同一供热采暖系统中应用。

散热器不宜设置散热器罩。

第八节　铝合金窗断桥技术

一、技术原理及主要内容

1. 基本概念

隔热断桥铝合金是在铝型材中间穿入隔热条，将铝型材断开形成断桥，以有效阻止热量的传导，隔热铝合金型材门窗的热传导性比非隔热铝合金型材门窗低40％～70％。中空玻璃断桥铝合金门窗自重轻、强度高，加工装配精密、准确，因而开闭轻便灵活，无噪声，密度仅为钢材的1/3，其隔音性好。

断桥铝合金窗指采用隔热断桥铝型材、中空玻璃、专用五金配件、密封胶条等辅件制作而成的节能型窗。其主要特点是采用断热技术将铝型材分为室内、外两部分，采用的断热技术包括穿条式和浇注式两种。

穿条式是由两个隔热条将铝型材内外两部分连接起来，从而阻止铝型材内外热量的传导，实现节能的目的。穿条用的隔热材料是隔热条，目前效果较好的隔热条是聚酰胺66（尼龙66），它的生产方法有两种：硬顶法和牵引法。硬顶法结构紧、外观好但比较脆；牵引法生产的韧性好但外观差，侧面有工艺凹陷。为了追求表面美观和精度，用PA66尼龙加超细玻璃纤维是目前国外隔热条的共同特点。国内把PA66加普通玻璃纤维作为主攻方向，也已经取得一定的突破。需要注意的是不能用PA6、ABS（苯乙烯丙烯腈、丁二烯三元共聚物）、PP（聚丙烯）等通用塑料来代替工程塑料PA66制造隔热条，特别要指出的是绝不能用PVC之类国家有关部门已明确规定不允许使用的、只可用作非结构性材料，否则会由于隔热条与铝合金的线膨胀系数存在巨大差异，以及其强度不足、抗老化性差等原因而造成外窗使用安全性无法保证。

浇注隔热材料以聚氨酯隔热胶为主，它的成分一般由树脂组分和异氰酸盐（酯）组分组成，其性能较完善。但由于原料在美国或韩国生产，使其成本增加，价格也偏高，因此国内生产的厂商比较少。对于铝合金窗受力构件则应经试验或计算确定，未经表面处理的型材最小实测壁厚要≥1.4 mm。

2. 技术特点

由于中国地域辽阔，气候环境各不相同，因此节能窗的选用应根据不同地区的气候特点，如冬季温度、夏季温度、风压、建筑物的功能要求、外窗的安装位置及方向等来综合考虑。

对于断桥铝合金窗来说，一般包括以下几个特点：

1）保温隔热性好

断桥铝型材热工性能远优于普通铝型材，其传热系数 K 值可到3.0 W/（m^2·K）以下，采用中空玻璃后外窗的整体 K 值可在2.8 W/（m^2·K）以下，采用Low-E（低辐射玻璃）玻璃 K 值更可低至2.0 W/（m^2·K）以下，节能效果显著。

2）隔声效果好

采用厚度不同的中空玻璃结构和隔热断桥铝型材空腔结构，能够有效降低声波的共振效应，阻止声音的传递，可以降低噪声30 dB以上。

3）耐冲击性能好

由于外窗表面为铝合金材料，硬度高、刚性好，因此耐冲击性能优异。

4）气密性、水密性好

型材中利用压力平衡原理设计有结构排水系统，加上良好的五金和密封材料，可获得优异的气密性和水密性。

5）防火性能好

铝合金型材为金属材料，其防火性能要优于塑料和木门窗。

6）无毒无污染，易维护，可循环利用

断桥铝型材不易腐蚀，不易变黄褪色，并可回收重复再利用。

二、主要技术指标

1. 安全性能

安全性能是建筑门窗的第一重要指标，主要表现在抗风压性能和水密性能等方面。

建筑窗户在使用过程中承受各种荷载，如风荷载、自重荷载、温差作用荷载和地震荷载等，应根据实际情况选择抵御以上荷载的最有利组合。

窗体的安全性能主要表现在两个方面：其一是框扇在正常使用情况下不失效，推拉扇必须有可靠的防脱落措施，平开扇安装必须牢固可靠，高层建筑应限制使用外平开窗。要根据受荷载情况和支撑条件采用结构力学弹性方法，对窗体构件的强度和刚度进行设计计算，对框扇连接锁固配件强度进行设计计算，对窗体安装进行强度和刚度的设计计算。其二是窗体的锁闭应安全可靠，在窗户结构不被破坏的情况下，窗体的锁闭机构应保证窗户不被从室外强行打开。玻璃的安全性能主要也表现在两个方面：其一是玻璃在正常使用情况下不破坏；其二是如果玻璃在正常使用情况下破坏或意外损坏，应不对人体造成伤害或伤害最小。要根据受荷载情况和使用位置对玻璃的强度和刚度进行设计计算，进行玻璃防热炸裂和镶嵌设计计算。玻璃的选用、镶嵌和安装执行《建筑玻璃应用技术规程》(JGJ 113—2009)、《建筑用安全玻璃第1部分：防火玻璃》(GB 15763.1—2009) 等。

2. 节能性能

对于寒冷和严寒地区，保温是主要问题，在该地区安装的窗户，主要的功能是在获得足够采光性能条件下，需要控制窗户在没有太阳照射时减少热量流失，即要求窗户有低的传热系数；而在有太阳光照射时合理得到热量，即要求窗户有高的太阳光获得系数。

对于夏热冬暖地区，室内空调的负荷主要来自太阳辐射，主要能耗也来自太阳辐射，隔热是主要问题。在该地区安装的窗户，主要的功能是在获得足够采光性能条件下，减少窗户阳光的得热量，即要求窗户有低的遮阳系数和太阳光获得系数。

夏热冬冷地区不同于寒冷严寒地区和夏热冬暖地区主要考虑单向的传热过程，既要满足冬季保温又要考虑夏季的隔热。该地区的门窗既要求有低的传热系数，又要求有低的遮阳系数。

对于任何地区，窗户的气密性能都是非常重要的，寒冷和严寒地区冬季建筑保温能耗中由窗户缝隙冷空气渗透造成的能耗约占窗户能耗的一半，并且影响居住舒适度和容易结露，因此对于严寒地区外窗的气密性等级应不低于国家标准《建筑外门窗气密、水密、抗风压性能分级及检测方法》(GB/T 7106—2008) 中规定的6级，寒冷地区1～6层的外窗气密性等级不低于4级，7层及以上不低于6级。夏热冬暖地区窗户的气密性能主要影响夏季空调降温能耗，其气密性的要求同样要满足寒冷地区1～6层的外窗气密性等级不低于4级，7层及以上不低于6级的规定。

由于不同地域气候差异，因此各地的外窗节能性能要求并不完全一致。

节能窗的设计与选用应遵照以下建筑节能国家和行业的标准和规范：

《严寒和寒冷地区居住建筑节能设计标准》(JGJ 26—2010)、《夏热冬暖地区居住建筑节能设计标准》(JGI 75—2012)、《夏热冬冷地区居住建筑节能设计标准》(JGJ 134—2010)、《公共建筑节能设计标准》(GB 50189—2015)、《建筑采光设计标准》(GB 50033—2013)、《民用建筑热工设计规范》(GB 50176－1993) 等。

3. 使用功能

包括隔声、采光、启闭力、反复启闭性能等几个方面。

三、应用要点

1. 窗型结构

目前国内建筑中常用的窗型，一般为推拉窗、平（悬）开窗和固定窗。

推拉窗是目前应用最多的一种窗型，其窗扇在窗框上下滑轨中开启和关闭，热、冷气对流的大小和窗扇上下空隙大小成正比，因使用时间的延长，密封毛条表面毛体磨损，窗上下空隙加大对流也加大，能量消耗更为严重。因此推拉窗的结构决定了它不是理想的节能窗。

平（悬）开窗主要有内平（悬）开和外平（悬）开两种结构形式，平（悬）开窗的框与扇之间采用外、中、内三级阶梯密封，形成气密和水密两个各自独立的系统，水密系统开设排水孔、气压平衡孔，可使窗框、窗扇腔内雨水及时排出，而独立的气密系统可有效地保证窗户的气密性。这种窗型的热量流失主要是玻璃和窗体的热传导和辐射。从结构上讲，平（悬）开窗要比推拉窗有明显的优势，是比较理想的节能窗，尤其是平（悬）开复合窗型具有更方便舒适的使用性能。

固定窗的窗框嵌在墙体内，玻璃直接安在窗框上。正常情况下，有良好的气密性，空气很难通过密封胶形成对流，因此对流热损失极少。固定窗是保温效果最理想的窗型。

为了满足窗户的节能要求和自然通风要求，应该将固定窗和平（悬）开窗复合使用，合理控制窗户开启部分与固定部分的比例；进一步开发新型门窗产品，比如呼吸窗、换气窗等。根据窗的开启方式不同，优缺点见表 2-24。

表 2-24 不同开启方式窗的优缺点汇总表

序号	项目	窗型		
		固定窗	平（悬）开窗	推拉窗
1	保温要求	○	△	□
2	隔热要求	○	○	○
3	气密要求	○	△	□
4	水密要求	○	△	□
5	自然通风	—	○	△
6	严寒地区	○	△	□
7	炎热地区	—	○	△

注：1. 选择次序：○、△、□；

2. 为了满足窗户的节能要求和自然通风要求，应将固定窗和平（悬）开窗复合使用。

2. 玻璃选择

窗户的玻璃约占整窗面积的 80%左右，是窗户保温隔热的主体。普通透明玻璃对可见光和近红外波段具有很高的透射性，而对中远红外波段的反射率很低，吸收率很高，这就使得热能很快地从热的空间传递到冷的空间，不论是寒冷还是炎热地区，其保温隔热性能都极低。可以采用如下几种方法提高玻璃的保温隔热性能。

1）选用低辐射镀膜玻璃（Low-E 玻璃）降低热辐射或控制太阳辐射

①新近开始普及的低辐射镀膜玻璃（Low-E 玻璃）以其独特的光学特性，集优异的保温隔热性能、无反射光污染的环保性能、简单方便的加工性能于一体，为建筑节能领域提供了一种理想的节能玻璃产品。

②在炎热气候地区，室内空调的主要能耗来自于太阳辐射，选用阳光控制低辐射镀膜玻璃，能有效地阻挡太阳光中的大部分近红外波辐射（太阳辐射）和室外中红外波辐射（热辐射），选择性透过可见光，降低遮阳系数，从而降低空调消耗。

③在寒冷气候地区，选用高透光低辐射镀膜玻璃，能有效阻止室内中红外波辐射，可见光透过率高且无反射光污染，对太阳辐射中的近红外波具有高透过性（可补充室内取暖能量），从而降低取暖能源消耗。

④中部过渡地区，选用合适的 Low-E 玻璃，在寒冷时减少室内热辐射的外泄，降低取暖消耗；在炎热时控制室外热辐射的传入，节约制冷费用。

2）降低玻璃的传热系数

虽然玻璃的导热系数较低，但由于玻璃厚度很小，自身的热阻非常小，传热量十分可观，故应采用优质的中空玻璃降低玻璃的传热系数，减小热传导。中空玻璃内密闭的空气或惰性气体的导热系数很低，具有优异的隔热性能，同时其热阻作用随内腔气体层厚度的变化而变化，在内腔没有增大到产生对流并成为通风道之前，玻璃间距越大，隔热性越好；但当内腔增大到出现对流时，隔热性反而降低，因此应尽可能合理地确定玻璃间距，普通中空玻璃充灌氪气、氩气和空气的最佳间距分别为 9 mm、12 mm 和 15 mm，镀膜中空玻璃充灌氪气、氩气和空气的最佳间距分别为 9 mm、12 mm 和 12 mm。

氩气比空气的导热系数低，可以减少热传导损失；氩气比空气密度大（在玻璃层间不流动），可以减少对流损失；氩气比较容易获得，价格相对较低，因而中空玻璃内腔应优先选择充灌氩气。

另外还需注意的一点是玻璃间的隔条问题，采用非金属隔条（暖边隔条）的中空玻璃的传热系数低于金属隔条的中空玻璃，因为金属隔条起了明显的热桥作用，它使普通中空玻璃损失通过边部隔条整个热流的 7%左右，使镀膜中空玻璃损失 14%左右，使充灌氩气的中空玻璃损失达到 23%左右。不同组合的玻璃性能见表 2-25。

表 2-25　几种不同组合的玻璃性能

玻璃类型	组成/mm	填充气体	透射		反射		ε/%	*SHGC*/%	*SC*/%	*K* 值/[W/(m² · K)]
			T_{vis}/%	T_{sol}/%	R_{vis}/%	R_{sol}/%				
CLEAR	6	—	88	77	8	7	84	82	92	5.8
Low-E☆	6	—	82	66	11	10	15	70	79	3.7
Low-E★	6	—	48	36	9	7	15	49	52	3.7
CLEAR+CLEAR	6-12-6	AIR	78	61	14	11	—	70	81	2.7
CLEAR+CLEAR	6-12-6	ARGON	78	61	14	11	—	70	81	2.5
CLEAR+Low-E☆	6-12-6	AIR	73	53	17	15	—	66	76	1.9

续表 2-22

玻璃类型	组成/mm	填充气体	透射		反射		ε/%	SHGC/%	SC/%	K值/[W/m²·K]
			T_{vis}/%	T_{sol}/%	R_{vis}/%	R_{sol}/%				
CLEAR＋Low-E★	6-12-6	ARGON	73	53	17	15	—	66	76	1.6
LowE☆＋CLEAR	6-12-6	AIR	42	28	11	8	—	37	42	1.9
LowE★＋CLEAR	6-12-6	ARGON	42	28	11	8	—	37	42	1.6

注：CLEAR—透明浮法；Low-E☆—高透光；Low-E★—阳光控制 Low-E；T_{vis}—可见光透射比；T_{sol}—太阳能透射比；R_{vis}—可见光反射比；R_{sol}—太阳能反射比；ε—辐射率；*SHGC*—太阳热获得系数；*SC*—遮阳系数；*K*—传热系数。

3. 密封材料

对于外窗来说，还有对性能影响比较大的部分是密封材料，主要包括三个方面：一是窗体与玻璃之间。玻璃装配主要有湿法和干法两种镶嵌形式。湿法镶嵌玻璃，即玻璃与窗体之间采用高黏度聚氨酯双面胶带或（和）硅酮结构玻璃胶粘为一体，在保证了极好的密封性能的同时提高了窗体的整体刚度；干法镶嵌玻璃，即玻璃与窗体之间采用耐久性好的弹性密封胶条。二是窗框与窗扇之间。平（悬）开窗一般采用胶条密封，目前国内优质胶条一般采用三元乙丙橡胶、氯丁橡胶和硅橡胶等制造，目前还在开发采用尼龙底板（或硬质塑料底板）与三元乙丙橡胶复合而成的优质胶条，其效果更好，可以长久保证窗户的气密和水密性能。三是窗框与墙体之间。窗框与墙体之间需采用高效、保温、隔声的弹性材料（硬质聚氨酯泡沫塑料、硬质聚苯乙烯泡沫塑料等）填充，密封采用与基体相容并且粘结性能良好的中性耐候密封胶。

4. 五金配件

五金配件的好坏直接影响到门窗的气密性能，从而降低门窗的节能效果。选择质量可靠的五金配件，对门窗的节能也影响巨大。

5. 安装

安装是确保窗户各项指标的最后一道环节，外窗只有完成安装后才能实现其所有功能，因此安装的重要性也是不言而喻的。在安装中重点要注意以下几个环节。

①窗户洞口墙体砌筑的施工质量，应符合现行国家标准《砌体结构工程施工质量验收规范》（GB 50203—2011）的规定，洞口尺寸容许偏差为±5 mm。

②窗户洞口墙体抹灰及饰面板（砖）的施工质量，应符合现行国家标准《建筑装饰装修工程质量验收规范》（GB 50203—2011）的规定，洞口墙体的立面垂直度、表面水平度及阴阳角方正等容许偏差，以及洞口上檐、窗台的流水坡度、滴水线或滴水槽等均应符合相应的要求。

③窗户的品种、规格、开启形式和窗体型材应符合设计要求，各种附件配套齐全，并具有产品出厂合格证书。

④安装使用所有材料均应符合设计要求和有关标准的规定，相互接触的材料应相容。

⑤使用干法安装窗户时，应根据洞口墙体面层装饰材料厚度，具体确定窗户洞口墙体砌筑时预埋副框的尺寸及埋设深度，或确定窗户洞口墙体后置副框的尺寸及其与墙体的安装缝隙（一般可按 5～10 mm 采用）。

⑥窗框与洞口之间的间隙要根据窗框材料合理确定，特别是顶部应保留足够的间隙。

⑦窗户的安装要确保窗框与洞口之间保温隔热层、隔气层的连续性，确保窗户的水密性。

⑧窗框在洞口墙体就位，用木楔、垫块或其他器具调整定位并临时楔紧固定时，不得使窗框型材变形和损坏；安装紧固件或紧固装置不应引起任何框构件的变形，也不可以阻碍窗的正常工作。

⑨窗框与洞口之间安装缝隙的填塞，宜采用保温隔热、隔声、防潮、无腐蚀性的材料，如聚氨酯泡沫、玻璃纤维或矿物纤维等，推荐使用聚氨酯泡沫。填塞时不能使窗框胀突变形，临时固定用的木楔、垫块等不得遗留在洞口缝隙内，要保证填塞的连续性。

⑩窗框与洞口墙体密封施工前，应先对粘接表面进行清洁处理，窗框型材表面的保护材料应去除，表面不应有油污、灰尘；墙体部位应洁净平整干净；窗框与洞口墙体的密封，应符合密封材料的使用要求。窗框室外侧表面与洞口墙体间留出密封槽，确保墙边防水密封胶胶缝的宽度和深度均不小于 6 mm，密封胶施工应挤填密实、表面平整；组合窗拼樘料必须直接可靠地固定在洞口基体上。

四、技术应用范围

断桥铝合金窗的适用范围是极为广泛的，采用不同组合的玻璃可适用于各类气候区域新建、扩建、改建的各类住宅建筑和公共建筑。

第九节　太阳能与建筑一体化应用技术

一、基本概念

所谓建筑与太阳能技术一体化不是简单的“相加”，而是要通过“相加”整合出一个崭新的答案。也就是说，建筑应该从设计一开始的时候，就将太阳能系统包含的所有内容作为建筑不可或缺的设计元素加以考虑，巧妙地将太阳能系统的各个部件融入建筑之中“相加”设计，使太阳能系统成为建筑不可分割的一部分，而不是让太阳能系统成为建筑的附加构件。

真正的太阳能技术与建筑一体化是指太阳能产品及构件在建筑上的应用，并做到与建筑设计进行有机的结合。

二、国内外发展状况

太阳是一个巨大的能量源，每秒辐射到地球上的能量相当于燃烧 500 万 t 标准煤，太阳能是用之不竭的能源。在能源的供应越来越紧张的当代，太阳能作为清洁的可再生能源，越来越受到人们的重视，应用领域也越来越广泛。据统计，我国 2/3 以上国土面积的年日照时间在 2200 h 以上，年辐射总量在 502 kJ/m^2 以上，为太阳能的利用提供了有利条件。

根据太阳能的特点和实际应用的需要，目前在建筑节能方面的应用可分为光电转换和光热转换两种形式。

欧盟在太阳能与建筑一体化的研究及应用方面均处于世界领先地位。欧盟 28 国太阳能热水器集热面积正以 35% 的速度递增，2010 年分体式太阳能热水系统总面积达到

8155 万 m^2～10 000 万 m^2。集热器的安装实现了太阳能与建筑的完美结合。集热器像天窗一样镶嵌于坡屋面、平铺于屋脊或壁挂于墙体，和建筑融为一体，既增加了建筑美观又获得了能源。

美国作为世界上最大的能源消费国，为减少能耗和温室气体排放、调整能源结构，早在1997 年就提出了“百万太阳能屋顶计划”，其目标是到 2010 年将在 100 万个屋顶或建筑物其他可能的部位安装太阳能系统，使美国的太阳能应用技术得到了极大的提高。

为了加速我国光伏产业的发展和国内市场的开拓，我国政府 2009 年相继出台了一系列的扶持政策，如财政部于 2009 年 3 月 26 日发布《关于加快推进太阳能光电建筑应用的实施意见》和财政部、科技部、国家能源局联合印发的《关于实施金太阳示范工程的通知》，建筑节能名列其中并优先支持太阳能光伏组件应与建筑物实现构件化、一体化项目；优先支持并网式太阳能光电建筑应用项目。

三、主要设计内容

“建筑太阳能一体化”是指在建筑规划设计之初，利用屋面构架、建筑屋面、阳台、外墙及遮阳等，将太阳能利用纳入设计内容，使之成为建筑的一个有机组成部分。“太阳能与建筑一体化”分为太阳能与建筑光热一体化和光电一体化。太阳能与建筑光热一体化是利用太阳能转化为热能的技术，建筑上直接利用的方式有：

①利用太阳能空气集热器进行供暖；利用太阳能热水器提供生活热水。

②基于集热—储热原理的间接加热式被动太阳房；利用太阳能加热空气产生的热压增强建筑通风。

目前利用太阳能热水器提供生活热水的技术比较普遍。太阳能与建筑光电一体化，是指利用太阳能电池将白天的太阳能转化为电能由蓄电池储存起来，晚上在放电控制器的控制下释放出来，供室内照明和其他需要。光电池组件由多个单晶硅或多晶硅单体电池通过串并联组成，其主要作用是把光能化为电能。目前多采用把太阳电池组件发电方阵形成一个整体屋顶建筑构件来替代传统建筑物南坡屋顶，实现了太阳能发电和建筑的完美结合。

四、太阳能与建筑一体化技术的优点

经过一体化设计的利用太阳能的建筑方案，具有以下优点。

第一，由于经过综合考虑，建筑构件和设备全面协同，所以构造更为合理，有利于保证整体质量。

第二，综合使用材料，从而降低了总造价，并减轻了建筑荷载。

其三，建筑的使用功能与太阳能的利用有机地结合在一起，形成多功能的建筑构件，巧妙高效地利用了空间。

第四，同步施工、一次安装到位，避免后期施工对用户生活造成的不便以及对建筑已有结构的损害。

第五，如果采用集中使用安装，还有利于平衡负荷和提高设备的利用效率。

第六，经过一体化设计和统一安装的太阳能装置，在外观上可达到和谐的统一，特别是在集合住宅这类多用户使用的建筑中，改变了个体使用者各自为政的局面，易于形成良好的建筑视觉形象。

五、太阳能与建筑一体化技术的应用标准与技术措施

1. 应用标准

利用太阳能是建筑节能的一个重要途径，太阳能建筑是节能建筑的一种形式。太阳能建筑的基本要求就是利用太阳能这种最丰富、最便捷、无污染的能源来进行采暖制冷、供应热水和进行光电转换，以满足人们生活的需要，同时达到减少和不用矿物燃料的目的。对于建筑师来讲，太阳能建筑一体化的设计就是要在建筑设计的同时，考虑两个方面的问题，一是考虑太阳能在建筑上的应用对建筑物的影响，包括建筑物的使用功能，围护结构的特性，建筑体型和立面的改变；二是考虑太阳能利用的系统选择，太阳能产品与建筑形体的有机结合。

太阳能与建筑一体化，其应用标准主要应该包括：

①环保无污染，节能达标。

②“主动式”与“被动式”多功能的综合应用，建筑能大面积收集太阳能，热水、通风、采暖、制冷和发电等一举多得。

③太阳能与建筑必须是融合的，而不是简单地凑合或附加。

④太阳能产品、构件能够实现预制板式的工业标准化、系列化和商业通用化，与屋顶和墙壁等建筑构件具有可替代性。

⑤具有适用性、经济性、舒适性、美观性。

⑥建筑接收太阳能不得再另外占用土地和增加其他设施。

2. 技术措施

①太阳能与建筑光热一体化，按《民用建筑太阳能热水系统应用技术规范》(GB 50364—2005)和《太阳能供热采暖工程技术规范》(GB 50495—2009) 技术要求进行。

施工过程应注意：保护屋面防水层，防止屋面渗漏；上下水管保温，最好放置室内减少热损；防雷、防风措施，消除安全隐患；安装位置宜在屋顶或阳台板；高寒地区应有防止结冰炸管的措施。

②太阳能与建筑光电一体化按《民用建筑太阳能光伏系统应用技术规范》(JGJ 203—2010) 的技术要求进行。太阳能屋顶政策限定示范项目必须大于50 kW，即需要至少400 m^2的安装面积，一般居民建筑很难参与，符合资格的业主将集中在学校、医院和政府等公用和商用建筑。

六、太阳能与建筑一体化技术使用范围

适用于太阳辐射总量在5000 MJ/m^2的青藏高原、西北地区、华北地区、东北地区以及云南、广东、海南的部分低纬度地区。

第十节　供热计量技术

供热计量技术包括：热计量方法、用户热分摊法、室内供暖系统和热分摊法的应用等。

一、供热计量方法

供热计量方法是将集中供热系统中的热源、热力站、楼栋（一栋楼或建筑类型、围护结构和用户分摊方法相近或相同的几栋楼）或用热单户作为各供、用热方的热量结算点，安装热量表，进行热计量。对住宅，以户（套）为单位，直接计量或分摊计量其每户的供热量。对直接计量的住宅、公共建筑的热用户，就以热量结算点的热表值进行结算。而对以分摊方式计量的住宅户，则按其各户内所安装的测量记录装置，确定每户的用热量占热量结算点（楼栋或热力站）所安热量表总值的比例，算出各热用户所应分摊的热量，从而实现分户热计量。

二、用户热分摊法

用户热分摊法主要有四种，分别简介如下。

1. 散热器热分配法

通过安装在每组散热器上热分配计所测量的散热量比例关系，来对建筑总供热量进行分摊的方法。

2. 流量温度法

利用每个立管或分户独立系统与热力入口流量之比相对不变的原理，通过现场测出的流量比例（每个立管或分户独立系统占热力入口流量的比例）和各分支三通前后的温差，来分摊建筑总供热量的方法。

3. 通断时间面积法

通过安装在每户分环水平支路上的室温通断控制阀，按各户累计接通的时间，结合供暖面积来分摊建筑总供热量的方法。

4. 户用热量表法

通过每户户用热量表所测量的热量，进行直接计量或对建筑总供热量进行分摊计量的方法。

以上四种分摊法，在国内都有项目应用，且都经过了相关的技术鉴定。上述四种分摊法，除户用热量表法外，其中热分配计法的操作应由专业公司统一管理和服务，另外两种分摊法的系统供货、安装、调试和后期服务都应由专业公司统一来实施。

三、室内供暖系统

①新建居住建筑的室内供暖系统宜采用垂直双管系统、共用立管的分户独立系统，也可采用垂直单管跨越式系统。

②既有居住建筑的室内垂直单管顺流式系统应改成垂直双管系统或垂直单管跨越式系统，而不宜改造为分户独立系统。这里特别说明，既有的分户改造，曾在北方一些城市大面积推行，多数室内管路为明装，其投入较大且扰民较多，故本规程不建议、不强推分户安装热表，而应采取其他的计费办法。

③新建公共建筑的室内散热器供暖系统可采用垂直双管系统或单管跨越式系统。

④既有公共建筑的室内垂直单管顺流式系统应改成垂直单管跨越式系统或垂直双管系统。

⑤为了不过多地增加散热器的散热面积，所以，垂直单管跨越式系统的垂直层数不宜超过六层。

⑥新建民用建筑中，采用低温热水地面辐射供暖系统（以下简称为地暖系统）的逐渐多了起来。既有民用建筑中，也有将散热器供暖系统改成了地暖供暖系统的。

四、热分摊法

各地应根据本地区的实际情况，从多方面综合考虑，自主地选择适合本地区的热分摊法。现将各分摊法的应用简述如下。

1. 散热器热分配计法的应用

在上述的室内供暖系统中，凡新建或改造的各种散热器供暖系统，都可采用。特别对既有居住建筑室内垂直单管顺流式系统，改成垂直双管系统或垂直单管跨越式系统的非常适用，这样就不必改为按户分环的水平系统。本法不适用于地暖系统。

2. 流量温度法的应用

非常适合既有建筑垂直单管顺流式系统的热计量改造、共用立管的按户分环供暖系统和新建建筑散热器供暖系统。同时可实现室内系统水力平衡的初调节及室温调控功能。缺点是前期计量准备工作量较大。

3. 通断时间面积法的应用

适用于按户分环、室内阻力不变的供暖系统。该法能够分摊热量、分户温控，但是不能实现分室温控。

4. 户用热量表法的应用

凡共用立管的分户独立系统（包括地暖）皆可采用。

对于既有居住建筑，在不具备室内温控手段的情况下（因室内温控是住户按量计费的必要前提条件），只能采用按面积分摊的过渡方式。但即使按面积分摊，也需要在结算点安热表计量热量。

五、供热计量技术的发展现状

供热计量技术在国内发展至今已拥有了一套相关的技术政策、技术标准、计量方法、收费方法及配套产品。

1. 技术政策

我国对于供热计量技术的指导性政策文件主要有2002年建设部下发的《城镇住宅供热计量技术指南》和2006年建设部城建司下发的《关于推进供热计量的实施意见》。强调了供热计量收费的重要性和必要性，在提出供热计量目标的基础上进一步对实施供热计量的技术措施做出了明确的规定：

①室外供热系统的热源、热力站、管网、建筑物必须安装计量装置和水力平衡、气候补偿、变频等调控装置。

②新建建筑室内系统应安装计量和调控装置，包括：户用热量表或分配式计量等装置、水力平衡、散热器恒温阀等装置，并达到分户热计量的要求，经验收合格后方可交付使用。

③既有非节能建筑及其供热采暖系统的改造应同步进行，达到节能建筑和热计量的要求。

④既有建筑采暖系统的计量改造，在楼前必须加装计量装置，室内采暖系统应根据实际系统情况选择不同的计量形式，包括户用热表或分配式计量等装置。

⑤政府机构办公楼等公共建筑应按供热计量要求进行改造，必须加装热量总表和调控装置，室内系统应安装温度调节装置。因此，《关于推进供热计量的实施意见》是目前我国对供热计量工作最具指导性意见的技术政策。

2. 技术标准

在我国现已颁布实施的建筑规范中，《公共建筑节能设计标准》（GB 50189—2015）、《严寒和寒冷地区居住建筑节能设计标准》（JGJ 26—2010）对供热计量系统及产品的设计工作做出了规定；《建筑给水排水及采暖工程施工质量验收规范》（GB 50242－2002）、《建筑节能工程施工质量验收规范》（GB 50411—2007）明确了供热计量系统工程施工质量的达标标准；《热量表》（CJ 128—2007）、《自含式温度控制阀》（CI/T 153—2001）、《电子式热分配表》（CJ/T 260—2007）、《散热器恒温控制阀》和《热量分配表》对供热计量的产品质量提出了标准化的要求。

第十一节　建筑外遮阳技术

常用的窗户遮阳措施主要包括内遮阳、玻璃及透明材料的本体遮阳和外遮阳等几种形式，其中外遮阳又有固定和活动之分。衡量窗户遮阳效果的好坏，主要采用遮阳系数的概念，同时还有保证一定的窗户玻璃的可见光透过率，以满足窗户采光的基本要求。

一、遮阳技术相关定义

内遮阳——各种内设窗帘是内遮阳，其优点是安装方便安全，缺点是隔热效率不高，因为热量已进入房间。采用各种热反射膜（如铝膜）的窗帘，其隔热效果还是很好的。

本体遮阳——指通过玻璃着色涂膜或贴膜，降低材料的遮阳系数，达到遮阳目的。

外遮阳——指采用各种窗外遮挡物遮挡太阳能。

二、外遮阳技术的概述及分类

对外遮阳而言，只有透过的那部分阳光会直接达到窗玻璃外表面，并有部分可能形成冷负荷。尽管内遮阳同样可以反射掉部分阳光，但吸收和透过的部分均变成了室内的冷负荷，只是对得热的峰值有所延迟和衰减。不同的外窗朝向也应该采用不同的外遮阳形式，一般而言，南向外窗由于一年中有较长时间的日照，需要遮阳的时间也较长，所以可以考虑设置永久性的固定遮阳板，而东、西向外窗多采用活动式的遮阳板，以便随着阳光照射的情况加以调节。此外，还可结合建筑本身构件特点，使其产生遮阳效果，如通过加宽挑檐、外走廊、凹凸阳台的设计等。对底层建筑来说，利用绿化也可作为一种有效而经济的遮阳方式。

外遮阳措施大概可分为三种：第一种是专门设置的外遮阳；第二种是结合建筑构件的外遮阳；第三种是利用绿化的外遮阳。专门设置的和结合构件的外遮阳，是针对窗口的遮阳措施，使用范围较大。专门设置的外遮阳类型丰富，有百叶、格栅、卷帘、织物等。结合建筑构件的外遮阳可以分为四类：水平式、垂直式、挡板式，以及综合式，如图 2-12 所示。利用绿化的外遮阳是一种经济并且有效的遮阳措施，它通过利用植株在阳光下形成的阴影以及植物的蒸腾作用，实现建筑节能隔热的目的。

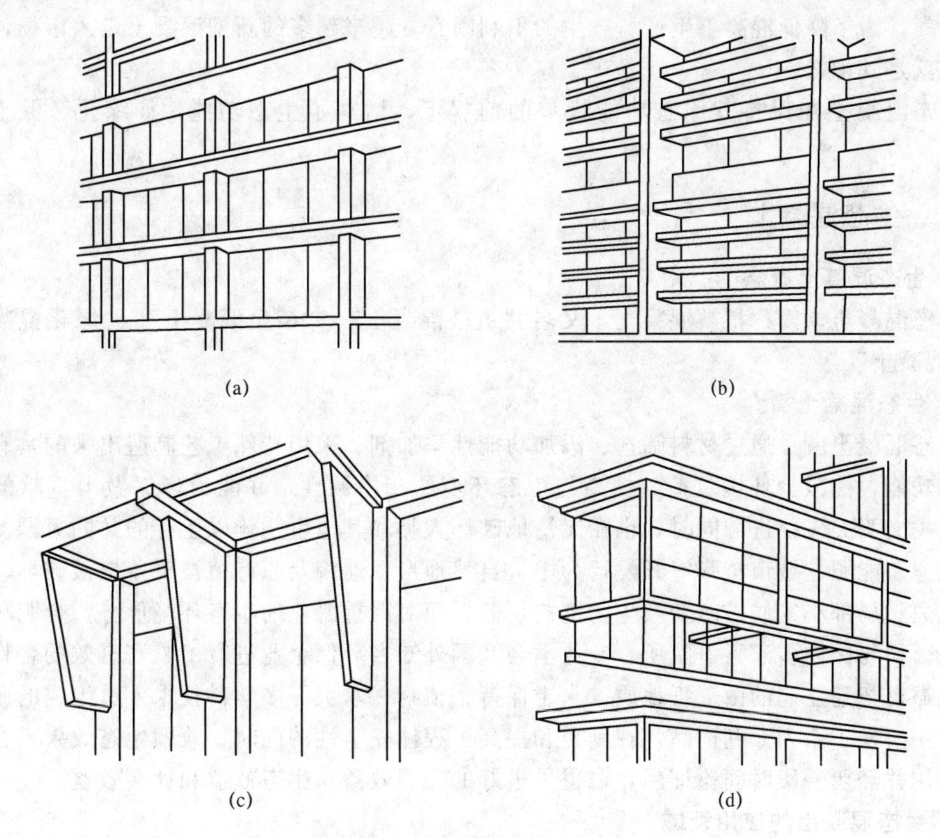

图 2-12 建筑构件的外遮阳分类

（a）水平式；（b）垂直式；（c）挡板式；（d）综合式

三、建筑外遮阳技术的应用

建筑外遮阳有利于减少能耗，节约货源，满足建筑设计日渐趋向可持续化和人性化的发展趋势。一个良好的外遮阳设计既能节约能源，又能创造出建筑的独特个性；既符合建筑设计的发展趋势，又具有技术上的实施空间。不同的建筑类型对外遮阳的各方面有不同的要求。例如：工业建筑倾向于遮阳效果的实现，而居住建筑更注重较人性化的外遮阳设计形式；整套的外遮阳系统可以运用到公共建筑中，形成大面积的建筑表皮，使建筑节能明显、立面美观，而对室内环境要求高的建筑设计外遮阳时，如医院、博物馆等，只考虑遮阳效果是不够的，还需注重外遮阳材料的隔热性能等方面。总而言之，建筑外遮阳设计绝不能脱离建筑的种类，以防千篇一律盲目设计造成资源浪费。遮阳构件在建筑立面上的排列和组织，在立面的开窗和其他构件划分的基础上，顺应原有秩序又重新创造了新秩序；同时光影的明暗变化也赋予了整个建筑形体的立体造型效果。

第十二节 生态混凝土技术

混凝土从发现至今已经成为人类目前用量最大的建筑材料，为人们生活质量的提高做出了巨大贡献，但与此同时混凝土的生产，消耗了大量的能源、资源，排放了大量的废水、废渣、废气，为了降低混凝土生产所产生的不利因素，越来越多的新型混凝土走入市场，生态混凝土就是其中之一。

生态混凝土在保持其原有功能优势的前提下，增加了生态功能，如绿化、保土、换能等。

一、生态混凝土

1. 生态混凝土概念

生态混凝土，简称植被混凝土，又名“植被混凝土”、“植生混凝土”、“绿化混凝土”、“生态混凝土”等。

2. 生态混凝土简介

生态混凝土就是通过材料筛选、添加功能性添加剂、采用特殊工艺制造出来的具有特殊结构与功能，能减少环境负荷，提高与生态环境的相协调性，并能为环保做出贡献的混凝土，人类文明突飞猛进的同时，也在无情地破坏人类和其他生物赖以生存的共同家园。在水利、交通、能源、城市扩张等开发行为中，自然地形、地貌及原有植被覆盖层被破坏，导致水土流失、局部小气候被改变及生物链被切断。面对严重恶化的生态环境形势，合肥科顺科贸有限公司与国内多家科研院所、专业学会及国外知名环保企业进行了紧密有效的合作。

依靠自身建立起的由工程地质、水土保持、植物、水工等多学科技术人员组成的研发团队，自主研发了系列专利产品，在满足和提高工程体安全性的同时，兼顾生态效果。在一些项目运用并经历一段时间验证后，取得了很好的工程效益、生态效益和社会效益。

3. 生态混凝土的应用领域

1）高边坡生态防护

普通的挂网客土喷播或液力喷播不能持久地稳定在高陡的岩石边坡上，而生态混凝土技术是针对大于60°的高陡岩石（混凝土边坡、硬岩边坡）边坡生态防护的新技术，此技术是以水泥为黏结剂、加上CBS植被混凝土绿化添加剂AB菌、有机物（纤维＋有机质或腐殖质）含量小于20％（体积比），并由沙壤土、植物种子、肥料、水等组成喷射混合料进行护坡绿化的技术。该技术机械化程度高，生产能力大，采用干式喷锚机喷播，喷射距离远，喷射层有一定强度且不易产生龟裂，抗冲刷能力强，特别适用于陡峭的岩石边坡。

（1）生态混凝土生态护坡施工工艺

植被混凝土生态护坡施工包括以下工序：坡面整理、镀锌铁丝网和锚钉的铺设安装、植被混凝土制备、植被混凝土喷植。

（2）坡面整治

将坡面对施工有碍的一切障碍物清理干净。包括以下几种方法。

①清除植被结合部。清理坡面开口线以上原始边坡的接触面，清理宽度为1.0～1.5 m，以铲除原始边坡上植物枝干为准，对地下根茎无必要进行挖除，此部分作为工程与原坡面的过渡即植被结合部。

②清除坡表面的杂草、落叶枯枝、浮土浮石等。

③坡面修整处理。对于明显存在危险的凸出易脱落部位，进行击落，可先用电锤或风镐在凸出部位沿坡面钻出孔洞，然后用锤击落。对于明显凹进的地段，进行填补，可用风镐将

需填补处凿出麻面，其深度不宜小于 1 cm，然后用高压风、水将其冲洗干净，最后用 M7.5 砂浆将其填平。

2）河道、库区护岸中的应用

现浇植生型生态混凝土（大骨料无砂混凝土）是一种用于水利工程边坡（如滨水地带、河道、大坝、水库、蓄水池等）的治理和保护，并考虑环境因素的新型生态混凝土护坡技术。它是将连续粒级的粗骨料、一定量的细骨料、水泥、水（少量）及 CBS 植被混凝土绿化添加剂 A、B 按一定的比例范围进行配合（必要时可不用细骨料），然后进行搅拌、浇筑及自然养护之后，便可得到表面呈米花糖状并有大量连通、细密孔隙的多孔质混凝土。它的最大特点是存在大量单独或连续的孔隙，拥有一般混凝土及普通生态混凝土所不具备的多种功能。因此，该混凝土不仅仅在混凝土领域，而且在生态及环境保护等众多领域都受到了广泛的关注和具有巨大的应用潜在价值。

生态型护坡的首要功能是护堤，即要有优越的力学性能。淹水区边坡的侵蚀主要来自两个方面：一是外在条件的风浪、降雨、温度等引起的侵蚀；另一方面是内在条件的水位变化而造成堤体堆土的流失（管涌现象）。因此，该类型的生态混凝土除了具备一定的强度外，还必须具有良好的反过滤功能，即保证只让水及气体可安全渗透，而土壤、细沙等颗粒则不能通过。

现浇生态混凝土，具有防波浪冲刷、自然排水透水（反滤）以及实现植物生长（生态）、自然净化水质等促进自然生态环境以及营造城市景观等突出的优点。具有连续空隙的生态混凝土（多孔性）可以使水、空气自由渗透，不仅可以营造生物的生长与生存环境，更明显的是由于其空隙内部以及外部表面能附着和栖息微生物、小动物及藻类等，可以有效地提高水体的自然净化能力。

在生态护坡方案中，新型现浇透水植生生态混凝土护坡技术是由施工现场浇筑而成，施工方法十分简便。即现场加入专用添加剂 A、搅拌生态混凝土并浇筑，或用混凝土搅拌车将商品混凝土运输到现场加入混凝土绿化添加剂后进行浇筑，然后用工具对其表面进行平整化处理即可，通常的浇筑厚度大于 150 mm。

现浇生态混凝土护坡技术具有良好的透水性、孔隙特征、强度及耐久性等。之所以具有这些性能特征是因为水泥灰浆中添加了专用添加剂，从而极大地改善了水泥灰浆的力学特性（主要指粒料之间的接着黏合力）和结构特性，被广泛应用于河湖治理、市政排水，及路面铺装等多个领域。

4. 生态混凝土分类

所谓生态混凝土是通过材料研选、采用特殊工艺制造出来的具有特殊的结构、功能与表面特性的混凝土，能减少环境负荷，与生态环境相协调，并能为环保作出贡献。将生态混凝土中可以体现“绿色性”的混凝土（间接体现生态性）称为减轻生态环境负荷型混凝土，而将体现“相容性”的混凝土（直接体现生态性）称为生态环境相容型混凝土。生态混凝土有广义和狭义之分，广义的生态混凝土包括减轻生态环境负荷型混凝土和生态环境相容型混凝土，狭义的生态混凝土则指生态环境相容型混凝土。广义的生态混凝土的分类如图 2-13 所示。

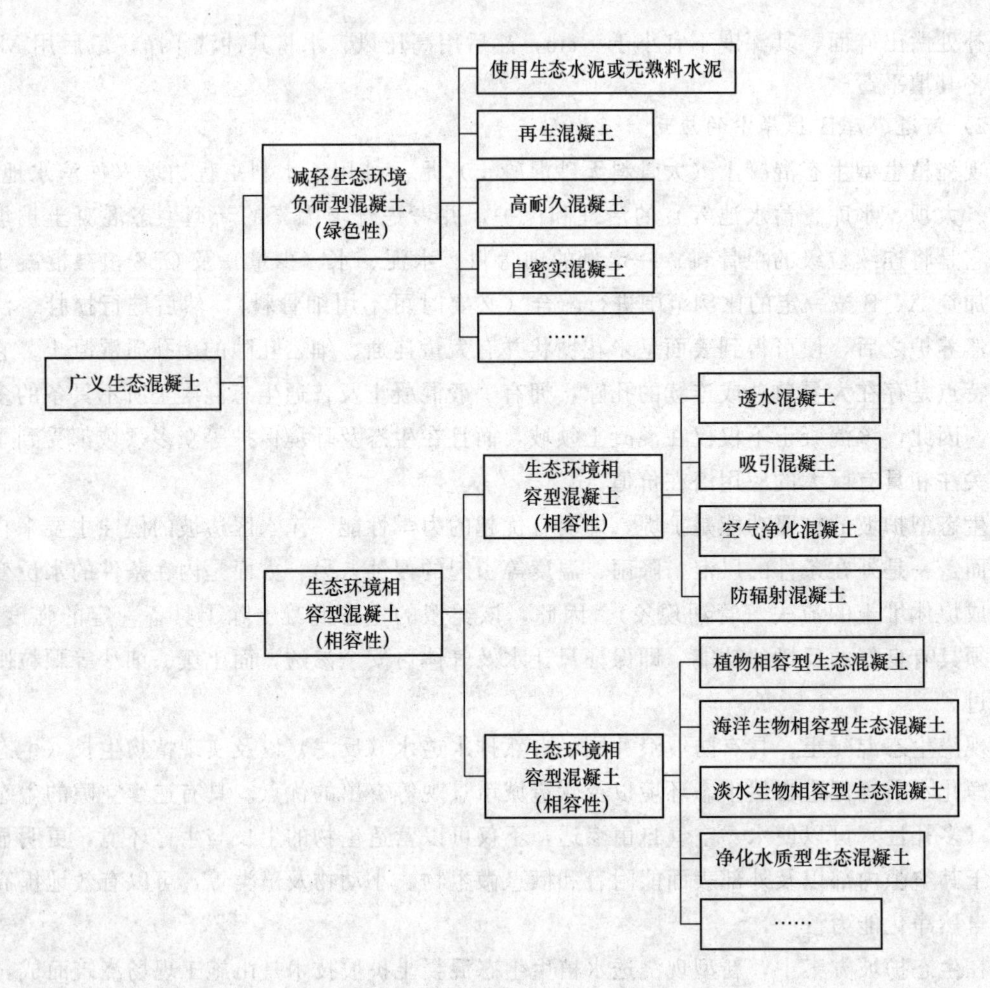

图 2-13　广义生态混凝土的分类

二、生态混凝土的技术指标

生态混凝土分为以下几种性能：物理性能、力学性能、耐久性能。

1. 物理性能

1）平均孔径

植生混凝土的平均孔径采用拓印法测定：用一张韧性较好的白纸铺在植生混凝土表面，用铅笔轻轻地在纸上涂抹。混凝土的骨料部分将被铅笔涂到而成黑色，孔隙部分不被涂到而保持白色。测量白色部分的内径，最后取所有数据的平均值，即为植生混凝土孔隙的平均孔径，也可得到植生混凝土的表面孔隙率。

2）反滤性

在被保护土特征粒径小于 1 mm 时，满足反滤性要求的植生混凝土孔隙率及贯通性很差，故在铺设时厚度大小一般宜超过 300 mm，可采用不同级配的骨料分层浇筑。反滤要求较高时，宜在底层铺设高纤度土工布。

3）铺设厚度

根据土壤学原理，不同植物对生长基础厚度的要求不同，对于一般土壤而言，草本植物所需土层生存最小厚度为 60 mm，生长最小厚度为 100 mm。所以可根据植生混凝土中有效土层厚度确定植生混凝土的厚度。

4）透水系数

透水性能不但可以反映生态混凝土吸收自然降水的能力，而且反映了生态混凝土满足植物根系和周围环境进行养分交换的能力。透水系数要适中，系数过大会导致填充土及填充土内的养分流失；系数过小则导致生态混凝土的蓄水能力和水分交换能力下降。保持合适的透水系数，可保证植物生长需要、降低孔隙碱度、增强植生混凝土生态性等。

5）孔隙率及连通孔隙率

空隙可以为植物扎根提供必要的空间；一点的连通孔隙率，可使植物根系间彼此交差，增强防水不破功能，防止水土流失。空隙可以使植物根系穿透混凝土直接扎根土壤以从土壤中获得养分。

2. 力学性能

生态混凝土的抗压强度，参照《普通混凝土力学性能试验方法标准》（GB/T 50081—2002）进行。

但由于生态混凝土是由胶结材豁结骨料而成，所以其表面平整度差。在此种情况直接进行抗压强度测试是否合适应进一步研究确定。而对于进行抗压试验试件的外观状态较差时，一般要求采用高强石膏、硫黄胶泥或水泥砂浆补平后再进行抗压试验。

3. 耐久性能

1）抗冻融性能

（1）抗冻融性能试验方法

目前还没有专门针对植生混凝土抗冻融性能的评价方法，只能参照普通混凝土抗冻融性能试验方法。普通混凝土抗冻试验方法分为慢冻法和快冻法。

（2）慢冻法与快冻法的试验条件

慢冻法采用的试验条件是气冻水融法，该条件适用于并非长期与水接触或不是直接浸泡在水中的工程，其试验条件与该类工程的实际使用条件比较相符。快冻法采用的试验条件是水冻水融，适用于水工、港口工程。所以可根据植生混凝土的使用环境选择抗冻试验方法。

2）抗流水侵蚀性能

混凝土是用水泥作胶凝材料，砂、石等作集料；与水（可含外加剂和掺合料）按一定比例配合，经搅拌而得。

而水泥的水化产物都属碱性且不同程度地溶于水。但是，生态混凝土的孔隙多、接触面大，在使用环境中长期与流水接触，混凝土中的 $Ca(OH)_2$ 首先被溶解。随着 $Ca(OH)_2$ 的溶蚀，水泥的其他水化产物便会水解生成 $Ca(OH)_2$，以补充水泥石中的 $Ca(OH)_2$ 含量。而且生态混凝土的稳定性能相对较差，一层需要加大对生态混凝土抗流水侵蚀性能的提高。

3）耐干湿循环性能

水泥制品在含有较多无机盐的环境中都会产生由干湿循环引起的循环结晶腐蚀破坏，植生混凝土也不例外。由于植生混凝土孔隙多，表面积大，长期与土壤等含盐量高的物质接触，若在使用环境中常年遭受盐溶液的干湿交替作用，则盐溶液的干湿循环作用将是影响植生混凝土结构稳定性的重要因素。尤其在护岸工程中处于水位变动区，将同时受到干湿循环、冻融、水浸等多种因素影响。

4）抗碳化（中性化）性能

混凝土碳化是混凝土性能中最常见的形式，它是随着CO_2气体中向混凝土内部扩散，溶解于混凝土内的孔隙水，再与各水化物发生化学反应的一个复杂的物理、化学过程。

而土壤中CO_2含量高达0.74%～9.74%（体积百分数），是空气中CO_2含量（0.03%，体积百分数）的几十甚至数百倍（土壤中的CO_2主要来自于微生物的代谢和分解、有机质腐烂、植被生长过程中根的活动以及地下水）。胶结材在长期碳化作用下，中性化程度越来越高，会因为化学成分变化而失去稳定性。因此，CO_2对多孔植被混凝土的碳化作用不可忽视。

5）穿透稳定性能

穿透稳定性是植被混凝土所特有的性能指标，指植被从混凝土内部生长后植被混凝土抵抗膨胀破坏的能力。所以在工程应用前，应对预种植植物对植生混凝土的膨胀破坏性能进行试验，再确定是否适合大范围种植。

6）抗酸侵蚀性能

植生混凝土中的填充土壤呈弱酸性，其酸来源于腐殖质中的有机酸、土壤中微生物的氧化还原反应以及为调节土壤pH值和肥力而加入的酸性无机盐和聚合物。土壤的酸性物质在土壤溶液中解离出H^+，与从水泥石中溶出的$Ca(OH)_2$发生中和反应。一方面使水泥石碱度急剧降低，水化硅酸钙和水化铝酸钙失去稳定性而水解、溶出，导致混凝土强度不断下降。另一方面其生成的腐蚀产物稳定性差，易被溶解，又加速了腐蚀进程。所以在使植生混凝土具有适合植物生长的酸碱度的前提下，如何保证植生混凝土的稳定性也是需要考虑的问题。

7）抗冲刷性能

根据《水工混凝土试验规程》（DL/T 5150—2001）采用混凝土抗含砂水流冲刷试验（圆环法测试）植生混凝土的抗冲性，此方法用于比较混凝土在含砂水流冲刷条件下的抗冲磨性能。抗冲刷指标以抗冲磨强度表示，抗冲磨强度是混凝土单位面积上被磨损单位质量所需要的时间。此试验可对护岸植生混凝土进行相关测试，但由于植生混凝土的点黏结构，其脱落形式的块体脱落，评价指标应不同于普通混凝土。

8）耐水性能

耐水性指使用陶粒等软化系数较大的骨料，其受水浸泡后的体积稳定性、强度稳定性及因体积变形而引起胶材疲劳性等综合指标性能。

9）抗盐侵蚀

土壤中含有大量对混凝土有破坏作用的硫酸盐、氯盐和镁盐等。土壤溶液中Mg^{2+}（正2价的镁离子）、SO_4^{2-}、Cl^-的浓度一般都在0.001 mol/L以上，有些甚至可达到0.1～1.0 mol/L。在盐腐蚀环境中，水泥石的各种组分都不稳定，可与有害离子发生一系列的物理和化学反应，导致混凝土劣化和破坏。此外，盐溶液的干湿交替作用加速了各种有害离子在胶结材层中的渗透，使盐侵蚀的破坏更严重。

10）抗微生物侵蚀

破坏混凝土的主要微生物来自雨水、河水与污水。多孔植被混凝土的孔隙环境呈低碱性，为微生物提供生存和繁衍的必要条件。微生物对多孔植被混凝土的腐蚀破坏，主要是通过微生物代谢产物来实现。代谢有机碳化物的好氧异养菌、真菌等，可通过利用有机物产生酸来破坏混凝土。参与氮代谢的反硝化菌和硝化菌，产生的亚硝酸和硝酸可加速混凝土的中性化。参与硫循环的硫酸盐还原菌把水中硫酸盐还原成硫化物，接着硫化物硫化菌氧化产生硫酸，破坏混凝土。

第三章 绿色施工综合技术

第一节　地基基础的绿色施工综合技术

一、超长双排桩加旋喷锚桩支护技术

1. 双排桩支护结构的概念及工程意义

1）双排桩的主要布置形式

工程界比较常见的双排桩布置形式有，梅花形、丁字式、双三角形式、矩形式（并列式）、连拱式等；双排桩连梁的形式也是多种多样。

2）使用意义

目前深基坑支护中较为常见的一种支护结构是悬臂桩支护结构。它是在柱间隔间灌注钢筋混凝土排列形成的挡土结构。

悬臂桩支护结构施工方便，在基坑深度不大时，从经济性、施工周期、作业便利性方面综合分析是较好的基坑支护类型，因此，在各地区得到了普遍应用。

双排桩支护结构的悬臂支护结构的一种空间组合类型，近年来在深基坑、道路边坡工程中得到了广泛运用。双排桩支护结构是将密集的单排悬臂桩中的部分桩向后移，并在桩顶用刚度较大的连梁把前后排连接起来，沿基坑长度方向形成双排支护的空间结构体系，它可以有效地解决悬臂桩由于桩顶水平位移以及结构本身变形的问题。

3）双排桩支护的优缺点

通常，基坑设计人员在选择支护体系时基本上遵循安全、经济、方便施工及因地制宜的原则。

由于地区差异，工程设计的要求不同，每一个基坑设计也不尽相同，这样就使得基坑的支护形式和体系多种多样。目前，我国深基坑的支护形式主要有：简易放坡支护形式；悬臂支护体系；重力式挡墙支护体系；地下连续墙支护体系；门字式双排桩支护体系；内支撑支护体系；拉锚支护体系；土钉墙支护体系；加筋土水泥墙支护体系；沉井（箱）支护体系。

因为支护体系的多样性，支护体系的评价要从多方面考虑，主要是：安全性与经济性，其中安全性又包含了支护体系的强度、稳定性、变形控制。

根据上述评价原则，双排支护桩具有以下几个优缺点。

（1）优点

①单排悬臂桩完全依靠嵌入基坑土内的足够深度来承受桩后的侧压力并维持其稳定性，

坑顶位移和桩身本身变形较大，而双排支护桩因由刚性连梁与前后排桩组成一个超静定结构，整体刚度大，加上前后排桩嵌入土中形成与侧压力反向作用的力偶的原因，使双排桩的位移明显减小，同时桩的内力也有所下降。

②悬臂式双排支护桩是一种超静定结构，在复杂多变的外荷载作用下能自动调整结构本身的内力，使之适应复杂而又往往难以预计的荷载条件，而单排悬臂桩为静定结构，不具备此种功能。

③桩锚支护在深基坑支护中被广泛地采用，但是某些地方由于临近周边建筑基础的原因，而不能采用桩锚支护，或者某些地区的地层或地质条件不具备提供一定的锚固强度的要求，亦不能采用桩锚支护。双排桩支护对地质条件，周边环境的要求比较低，适用范围比较广。

④从基坑稳定性分析来看，双排桩支护体系中的后排桩切断了选用单排桩时可能产生的滑裂，明显加大了基坑的稳定性。

⑤土方开挖是决定深基坑工期长短的重要因素。对于拉锚支护体系、内支撑支护体系，由于锚杆（或支撑）施工，需要上方开挖配合，降低了效率，很可能使深基坑总工期延长，而双排桩支护体系，不存在这种情况。

（2）缺点

①双排桩的设计计算方法还不够成熟，实测数据还不多，受力机理不够清楚，有待进一步研究。

②基坑周边要有一定空间，便于双排支护桩布置和施工。

总之，当工期、造价、施工技术或场地条件（如基坑用地红线以外不允许占用地下空间）等有所限制时，如果基坑深度条件合适，往往可选用双排支护桩。实践表明，其具有施工便利、速度快、投资省等优点。在深基坑档上支护结构的位移有限制的要求下，对于一般黏性土地区来说，双排支护桩是一种很有应用价值的挡土支护结构类型。在高地下水位的软土地区采用双排支护桩时，应做好挡土、挡水，以防止桩间土流失而造成结构失效等问题。

2. 基于分配土力法的基坑支护设计

1）深基坑设计的分配土力法

根据土压力分配理论，前后排桩各自分担部分土压力，土压力分配比根据前后排桩桩间土体积占总的滑裂面土体体积的比例计算，假设前后排桩排距为 L，土体滑裂面与桩顶水平面交线至桩顶距离为 L_0，则前排桩土压力分配系数 $\alpha_r=2L/L_0-(L/L_0)^2$，将土压力分别分配到前后排桩上，则前排桩可等效为围护桩结合一道旋喷锚桩的支护形式，按桩锚支护体系单独计算，后排桩通过刚性压顶梁与前排桩连接，因此后排桩桩顶作用一个支点，可按围护桩结合一道支撑计算，基坑设计方案前后排桩排距为 2 m，根据计算，前（后）排桩分担土压力系数为 0.5。

2）分配土力法的设计方案

通过以上分配土力法对理正的计算结果进行校核，得到最终的计算结果，进行围护桩的配筋与旋喷锚桩的设计，其设计结果如图 3-1 所示，而所对应的支护体系如图 3-2 所示。

在双排钻孔灌注桩顶用刚性冠梁连接，由冠梁与前后排桩组成一个空间门架式结构，可以有效地限制支护结构的侧向变形，冠梁需具有足够的强度和刚度，该基坑灌注桩压顶冠梁的尺寸及配筋如图 3-3 所示。

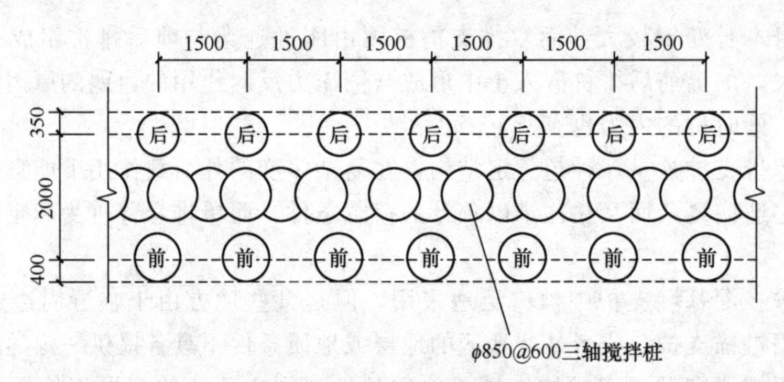

图 3-1 双排桩平面布置

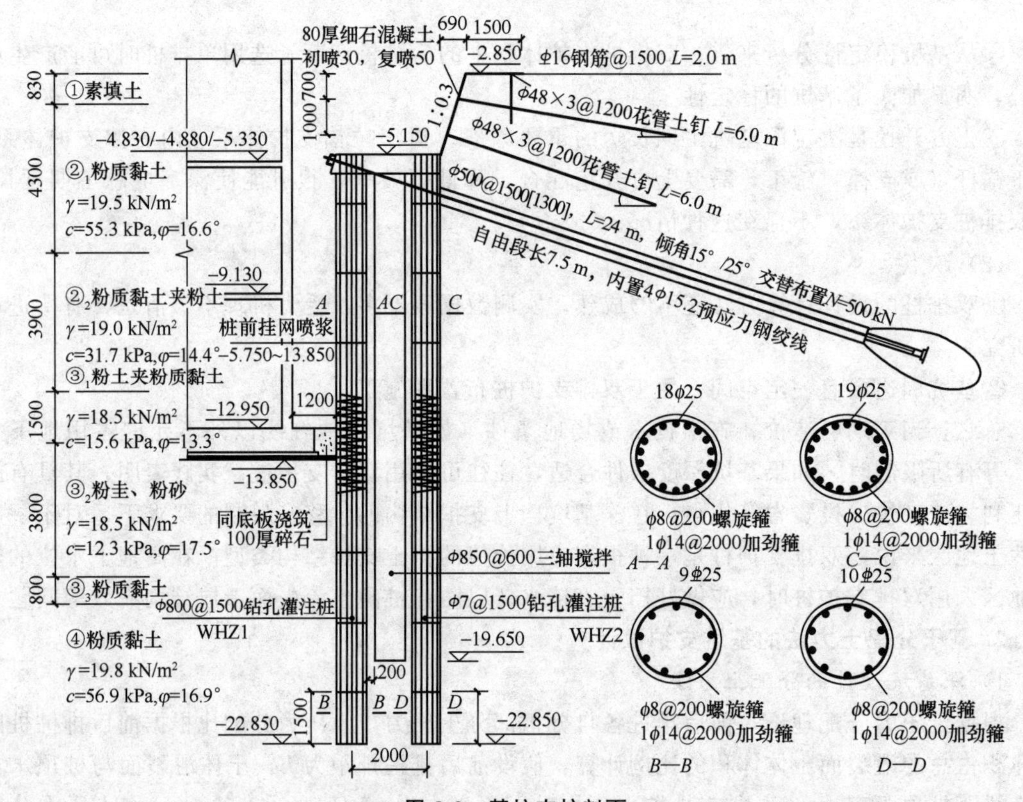

图 3-2 基坑支护剖面

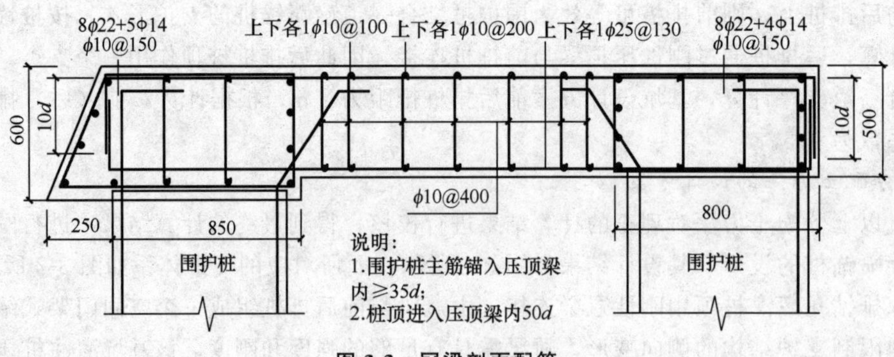

图 3-3 冠梁剖面配筋

3. 基坑支护绿色施工技术

1）钻孔灌注桩施工技术要点

灌注桩是指在工程现场通过机械钻孔、钢管挤土或人力挖掘等手段在地基土中形成桩孔，并在其内放置钢筋笼、灌注混凝土而做成的桩，依照成孔方法不同，灌注桩又可分为沉管灌注桩、钻孔灌注桩和挖孔灌注桩等几类。钻孔灌注桩是按成桩方法分类而定义的一种桩型。

钻孔灌注桩的施工，因其所选护壁形成的不同，有泥浆护壁施工法和全套管施工法两种。

(1) 泥浆护壁施工法

冲击钻孔，冲抓钻孔和回转钻削成孔等均可采用泥浆护壁施工法。该施工法的过程是：平整场地→泥浆制备→埋设护筒→铺设工作平台→安装钻机并定位→钻进成孔→清孔并检查成孔质量→下放钢筋笼→灌注水下混凝土→拔出护筒→检查质量。

施工顺序如下。

①施工准备。施工准备包括：选择钻机、钻具、场地布置等。

钻机是钻孔灌注桩施工的主要设备，可根据地质情况和各种钻孔机的应用条件来选择。

②钻孔机的安装与定位。安装钻孔机的基础如果不稳定，施工中易产生钻孔机倾斜、桩倾斜和桩偏心等不良影响，因此要求安装地基稳固。对地层较软和有坡度的地基，可用推土机推平，再垫上钢板或枕木加固。

为防止桩位不准，施工中很重要的是定好中心位置和正确安装钻孔机，对有钻塔的钻孔机，先利用钻机的动力与附近的地笼配合，将钻杆移动大致定位，再用千斤顶将机架顶起，准确定位，使起重滑轮、钻头或固定钻杆的卡孔与护筒中心在一垂线上，以保证钻机的垂直度。钻机位置的偏差不得大于 2 cm。对准桩位后，用枕木垫平钻机横梁，并在塔顶对称于钻机轴线上拉上缆风绳。

③埋设护筒。钻孔成败的关键是防止孔壁坍塌。当钻孔较深时，在地下水位以下的孔壁土在静水压力下会向孔内坍塌，甚至发生流砂现象。钻孔内若能保持比地下水位高的水头，增加孔内静水压力，能为孔壁防止坍孔。护筒除起到这个作用外，同时还有隔离地表水、保护孔口地面、固定桩孔位置和钻头导向作用等。

制作护筒的材料有木、钢、钢筋混凝土三种。护筒要求坚固耐用，不漏水，其内径应比钻孔直径大（旋转钻约大 20 cm，潜水钻、冲击或冲抓锥约大 40 cm），每节长度约为 2～3 m。一般常用钢护筒。

④泥浆制备。钻孔泥浆由水、黏土（膨润土）和添加剂组成。具有浮悬钻渣、冷却钻头、润滑钻具、增大静水压力，并在孔壁形成泥皮，隔断孔内外渗流，防止坍孔的作用。调制的钻孔泥浆及经过循环净化的泥浆，应根据钻孔方法和地层情况来确定泥浆稠度，泥浆稠度应视地层变化或操作要求机动掌握，泥浆太稀，排渣能力小、护壁效果差；泥浆太稠，会削弱钻头冲击功能，降低钻进速度。

⑤钻孔。钻孔是一道关键工序，在施工中必须严格按照操作要求进行，才能保证成孔质量。首先要注意开孔质量，为此必须对好中线及垂直度，并压好护筒。在施工中要注意不断添加泥浆和抽渣（冲击式用），还要随时检查成孔是否有偏斜现象。采用冲击式或冲抓式钻机施工时，附近土层因受到震动而影响邻孔的稳固。所以钻好的孔应及时清孔，下放钢筋笼

和灌注水下混凝土。钻孔的顺序也应该事先规划好，既要保证下一个桩孔的施工不影响上一个桩孔，又要使钻机的移动距离不要过远和相互干扰。

⑥清孔。钻孔的深度、直径、位置和孔形直接关系到成桩质量与桩身曲直。为此，除了钻孔过程中密切观测监督外，在钻孔达到设计要求深度后，应对孔深、孔位、孔形、孔径等进行检查。在终孔检查完全符合设计要求时，应立即进行孔底清理，避免隔时过长以致泥浆沉淀，引起钻孔坍塌。对于摩擦桩当孔壁容易坍塌时，要求在灌注水下混凝土前的沉渣厚度不大于 30 cm；当孔壁不易坍塌时，不大于 20 cm。对于柱桩，要求在射水或射风前，沉渣厚度不大于 5 cm。清孔方法视使用的钻机不同而灵活应用。通常可采用正循环旋转钻机、反循环旋转机真空吸泥机以及抽渣筒等清孔。其中用吸泥机清孔，所需设备不多，操作方便，清孔也较彻底，但在不稳定土层中应慎重使用。其原理就是用压缩机产生的高压空气吹入吸泥机管道内将泥渣吹出。

⑦灌注水下混凝土。清完孔之后，就可将预制的钢筋笼垂直吊放到孔内，定位后要加以固定，然后用导管灌注混凝土，灌注时混凝土不要中断，否则易出现断桩现象。

(2) 灌注水下混凝土一般采用全套管施工法

全套管施工法的施工过程是：平场地、铺设工作平台、安装钻机、压套管、钻进成孔、安放钢筋笼、放导管、浇注混凝土、拉拔套管、检查成桩质量。

全套管施工法的主要施工步骤除不需泥浆及清孔外，其他的与泥浆护壁法都类同。压入套管的垂直度，取决于挖掘开始阶段的 5～6 m 深时的垂直度。因此，应该随时用水准仪及铅垂校核其垂直度。

2) 旋喷锚支护绿色施工技术

旋喷锚支护是采用钻井、注浆、搅拌、插筋的方法，其中采用直径为 15 mm 的预应力钢绞线 3～4 根，每根钢绞线由 7 根钢丝铰合而成，桩外留 0.7 m 以便张拉，钢绞线穿过压顶冠梁时自由段钢绞线与土层内斜拉锚杆要成一条直线，自由段部位钢绞线需加直径60 mm 塑料套管并做防锈防腐处理。

随着深基坑支护技术手段的日益发展，排桩加高压旋喷锚桩支护在深基坑支护逐渐得到运用。

高压旋喷锚桩总体施工流程见图 3-4。

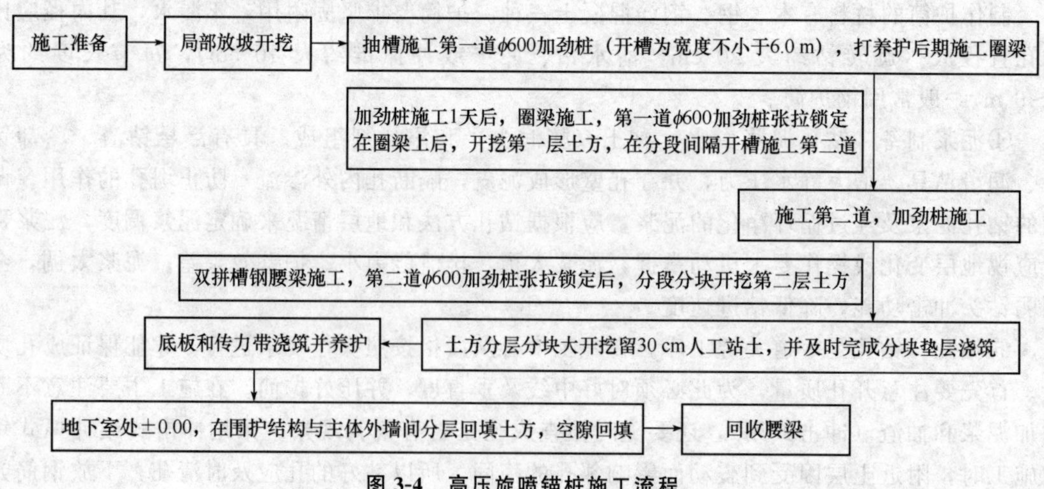

图 3-4 高压旋喷锚桩施工流程

4. 地下水处理的施工技术

1）三轴搅拌桩全封闭止水技术

三轴搅拌桩全封闭止水技术适用于基坑侧壁，采用 32.5 复合水泥，水灰比 1.3，桩径 850 mm，搭接长度 250 mm，水泥掺量 20%，28 d 抗压强度不小于 1.0 MPa，坑底加固水泥掺量 12%的工艺技术。施工前做好桩机定位工作，桩机立柱导向架垂直度偏差不大于 1/250。相邻搅拌桩搭接时间不大于 15 h，因故搁置超过 2 h 以上的拌制浆液不得再用。

三轴搅拌桩的施工流程如图 3-5 所示。

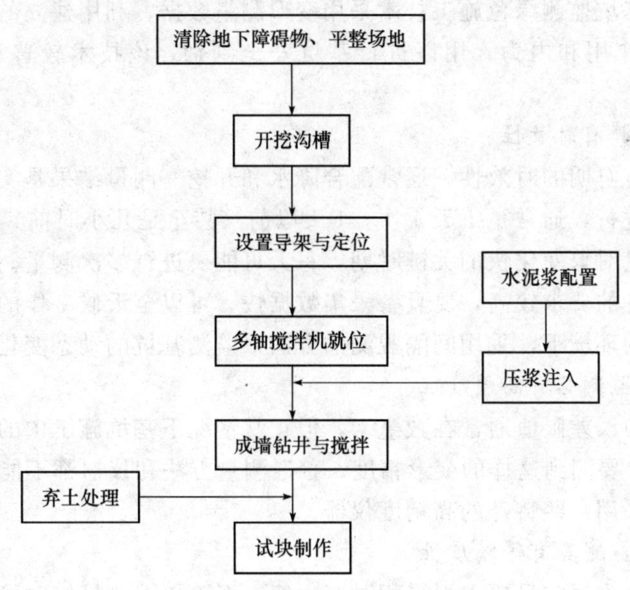

图 3-5　三轴搅拌桩的施工流程

2）坑内管井降水技术

基坑内地下水采用管井降水。管井降水设施在基坑挖土前布置完毕，并进行预抽水，以保证有充足的时间，最大限度地降低土层内的地下潜水及降低微承压水头，保证基坑边坡的稳定性。

管井施工工艺流程如图 3-6 所示。

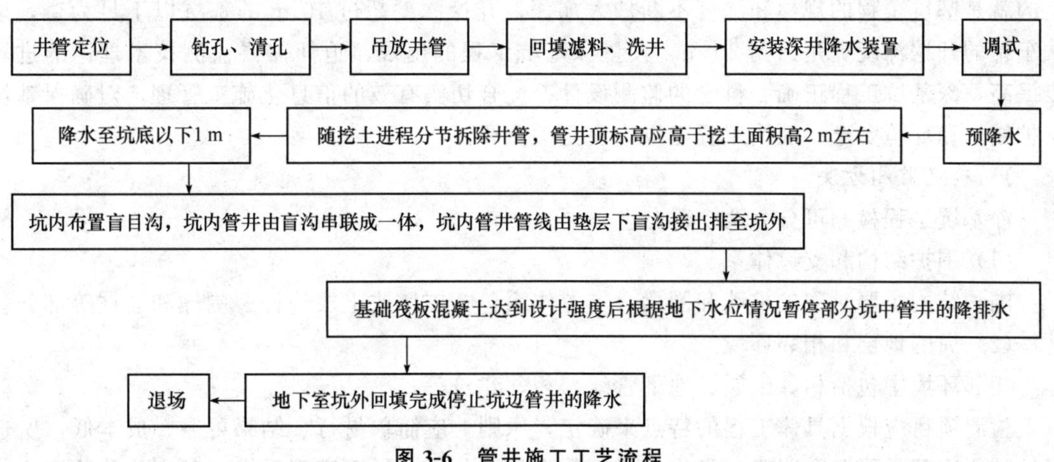

图 3-6　管井施工工艺流程

管井的定位采用极坐标法精确定位，避开桩位，并避开挖土主要运输通道位置，严格做好管井的布置质量以保证管井抽水效果，管井抽水潜水泵采用根据水位自动控制。

二、深基坑监测的绿色施工技术

1. 深基坑监测绿色施工技术特点

深基坑施工是通过人工形成的在坑周围挡土、隔水的界面，由于水土的物理性随时间、空间的变化而变化，对深基坑的形成产生影响。一般对水土作用、界面结构内力的测量技术复杂，费用大，深基坑监测绿色施工技术采用变形测量数据，利用建立的力学计算模型，分析得出当前的水土作用和内力，用以进行基坑安全判别。该技术较普通监测技术复杂程度小。

1）深基坑监测具有时效性

深基坑监测具有鲜明的时效性，通常配合降水和开挖。测量结果是实时变化的，深基坑施工监测需要随时进行，通常是1天1次，1天以前（甚至是几小时前）的测量结果失去直接意义。有时在测量对象变化快的关键时期，每天可能要进行多次测量。深基坑测量的时效性对测量方法和设备的要求较高，要具备采集数据快、可以全天候工作的能力，甚至能够在夜晚或大雾天气等的环境下，采用间隔观测的方法来监测基坑的动态变化。

2）深基坑施工监测具有高精度性

普通工程测量中误差限值通常在数毫米，但正常情况下基坑施工中的环境变形速率可能在0.1 mm/d以下，要测到这样的变形精度，普通测量方法和仪器都不能胜任，这就要求基坑施工中的测量需采用一些特殊的高精度仪器。

3）深基坑施工监测具有等精度性

基坑施工中的监测通常只要求测得相对变化值，而不要求测量绝对值。例如，普通测量要求将建筑物在地面定位，这是一个绝对量坐标及高程的测量，而在基坑边壁变形测量中，只要求测定边壁相对于原来基准位置的位移即可，而边壁原来的位置（坐标及高程）可能完全不需要知道。

2. 建筑深基坑监测的绿色施工技术要点

随着社会的发展和经济水平的不断提供，越来越多的地下设施源源不断地涌现。随之产生的就是基坑工程的规模和深度不断加大加深，开挖深度超过10 m的基坑以不足为奇，地铁车站的开挖深度更是达到20 m。大量深基坑工程的出现，迫切需要监测技术理论的进一步提高，深基坑工程正确、科学的监测设计，配合切实有效的信息化施工管理，对确保基坑支护结构和环境安全、加快工程建设进度至关重要。

1）确定监测方法

深基坑工程检测可分为两个部分。

（1）围护结构和支撑体系

围护结构主要是围护桩墙和圈梁，支撑体系包括支撑或土层锚杆、围檩和立柱等部分。

（2）周围地层和相邻环境

相邻环境中包括相邻土层、地下管线、相邻建筑等。

检测项目应根据具体工程的特点来确定，原则上应简单易行、结果可靠、成本低，所选择的被测物理量要概念明确，量值显著，数据易于分析，易于实现反馈。其中位移监测应作为施工监测的重要项目，同时支撑的内力和锚杆的拉力也是施工监测的重要项目。

监测方法和仪表的确定取决于场地工程地质条件和力学性质，以及测量的环境条件。

2）确定监测部位和测点位置

确定监测部位和测点位置应依据基坑工程的受力特点、因基坑开挖引起的结构及环境的变形规律来布设。表 3-1 是《规定》中对监测项目、测点布置的一些要求。

表 3-1　监测项口、测点布置和精度要求

序号	监测项目	位置或监测对象	仪器	监测精度	测点布置
1	支护结构水平位移	围护结构上端部	经纬仪	1.0 mm	间距 10～15 mm
2	孔隙水压力	周围土体	孔隙水压力计	≤1 Pa	2～4 孔，同一孔测点间距 2～3 m
3	土体侧向变形	靠近围护结构的周边土体	测斜管，测斜仪	1.0 mm	2～4 孔，同一孔测点间距 0.5 m
4	支护结构变形	围护结构内	测斜管，测斜仪	1.0 mm	孔间距 15～20 m，测点间距 0.5 m
5	支护结构侧土压力	围护结构后和嵌固段围护结构前	土压力计	≤1/100（F. s）	3～4 孔，同一孔测点间距 2～3 m
6	支撑轴力	支撑中部或端部	轴力计或应变仪	≤1/100（F. s）每层 8～12 点	每层 8～12 点
7	地下水位	基坑周边	水位管、水位仪	5.0 mm	孔间距 15～25 m
8	锚杆拉力	锚杆位置或锚头	钢筋计、荷载计	≤1/100(F. s)	不少于锚杆总数的 5%，且不少于 5 根
9	沉降、倾斜	需保护的建（构）筑物	经纬仪、水准仪	1.0 mm	间距 15～20 m
10	地下管线沉降和位移	管线接头	经纬仪、水准仪	1.0 mm	间距 5～10 m
11	支撑立柱沉降观测	支撑立柱顶	水准仪	1.0 mm	不少于立柱总数的 20%，且不少于三根

(1) 墙顶水平位移和沉降测点布置

水平位移监测点应沿其结构体延伸方向布设，测点一般布置在围护结构的圈梁或压顶上，可等距离布设，亦可根据现场观测条件、地面堆载等具体情况布设。对于水平位移变化剧烈的区域，测点应适当加密，有水平支撑时，测点应尽可能布置在两根支撑的中间部位。

(2) 支撑轴力的测点布置

支撑轴力的测点布置主要考虑平面、立面和断面三个方面因素。

平面：指在同一道支撑上应选择轴力最大的杆件进行监测，如缺乏计算资料，可选择平面净跨较大的支撑杆件布点。

立面：指基坑竖直方向上不同标高处各道支撑的监测选择，对各道支撑都应监测，且各道支撑的测点应设置在同一平面上，这样，就可以从轴力-时间曲线上，很清晰地观测到各道支撑设置-受力-拆除过程中的内在相互关系。

断面：轴力监测断面应布设在支撑的跨中部位，对监测轴力的重要支撑，宜同时监测其两端和中部的沉降与位移。采用钢筋应力传感器量测支撑轴力，需要确定量测断面内测试元件的数量和位置，一般配置 4 个钢筋计。

(3) 土体分层沉降和水土压力测点布置

土体分层沉降和水土压力测点应布置在围护结构体系中受力有代表性的位置。监测点在竖向位置上应主要布置在：计算的最大弯矩所在的位置和反弯点位置、计算水土压力最大的位置、结构变截面或配筋率改变的截面位置、结构内支撑及拉锚所在位置。土体分层沉降还应在各土层的分界面布设测点，当土层厚度较大时，在土层中部增加测点。孔隙水压力计一般布设在土层中部。

(4) 土体回弹

深大基坑的回弹量对基坑本身和邻近建筑物都有较大影响，因此需做基坑回弹监测。在基坑内部埋设，每孔沿孔深间距 1 m 放一个沉降磁环或钢环。在基坑中央和距坑底边缘 1/4 坑底宽度处及特征变形点必须设置监测点，方形、圆形基坑可按单向对称布点，矩形基坑可按纵横向布点，复合矩形基坑可多向布点，地质情况复杂时可适当增加点数。

(5) 坑外地下水位监测

地下水的流动是引起塌方的主要因素，所以地下水位的监测是保证基坑安全的重要内容。基坑外地下水位监测点应沿基坑、被保护对象的周边或两者之间布置，监测点间距宜为 20～50 m。相邻建筑、重要的管线或管线密集处应布置水位监测点；如有止水帷幕，宜布置在止水帷幕的外侧约 2 m 处。

(6) 环境监测

环境监测的范围是基坑开挖 3 倍深度以内的区域，建筑物以沉降观测为主，测点应布设在墙角、桩身等部位，应能充分反映建筑物各部分的不均匀沉降。管线上测点布置的数量和间距应考虑管线的重要性及对变形的敏感性，如上水管承接式接头一般按 2～3 个节度设置 1 个监测点，管线越长，在相同位移下产生的变形和附加弯矩就越小，因而测点间距可大些，在有弯头和丁字形接头处，对变形比较敏感，测点间距就要小些。

3) 确定监测周期及频率

基坑监测工作基本上伴随基坑开挖和地下结构施工的全过程，基坑越大，监测期限越长。

①围护墙顶水平位移和沉降、围护墙深层侧向位移监测期限，从基坑开挖至主体结构施工到±0.00，监测频率为：

从基坑开挖到浇筑完主体结构底板，每天监测1次。

从浇筑完主体结构底板至主体结构施工到±0.00，每周监测2～3次。

各道支撑拆除后的3 d至一周，每天监测1次。

②内支撑轴力和锚杆拉力，从支撑和锚杆施工到全部支撑拆除，每天监测1次。

③土体分层沉降、深层沉降标测回弹、水土压力、围护墙体内力监测一般也贯穿基坑开挖至主体结构施工到±0.00的全过程，监测频率为：

基坑每开挖其深度的1/5～1/4，测读2～3次，必要时每周监测1～2次。

基坑开挖至设计深度到浇筑完主体结构底板，每周监测3～4次。

浇筑完主体结构底板到全部支撑拆除实现换撑，每周监测1次。

④地下水位监测，期限是整个降水期间，每天1次。

⑤周围环境监测，从围护桩墙施工至主体结构施工到±0.00期间都需监测，周围环境的水平位移和沉降需每天监测1次，建筑物倾斜和裂缝每周监测1～2次。

监测频率的确定不是一成不变的，在施工过程中尚需根据基坑开挖和围护施筑情况、所测物理量的变化速率等作适当调整。当所测物理量的绝对值或增加速率明显增大时，应加密观测次数，反之，可适当减少观测次数。当有事故征兆时应连续监测。

4）设定预警值

（1）参照相关规范和规程的规定值

我国各地方标准中对基坑工程预警值的规定多为最大允许位移或变形值。

（2）经验类比值

经验类比值是根据大量工程实践经验积累而确定的预警值，如：

①煤气管道的沉降和水平位移均不得超过10 mm，每天发展不得超过2 mm；

②自来水管道沉降和水平位移均不得超过30 mm，每天发展不得超过5 mm；

③基坑内降水或基坑开挖引起的基坑外水位下降不得超过1000 mm，每天发展不得超过500 mm；

④基坑开挖中引起的立柱桩隆起或沉降不得超过10 mm，每天发展不得超过2 mm。

（3）设计预估值

基坑和周围环境的位移与变形值，是为了基坑和周围环境的安全需要在设计和监测时严格控制的，而围护结构和支撑的内力、锚杆拉力等，则是在满足以上基坑和周围环境的位移与变形控制值的前提下由设计计算得到的，因此，围护结构和支撑内力、锚杆拉力等应以设计预估值为确定预警值的依据，一般将预警值确定为设计允许最大值的80%。

3. 超深基坑监测绿色施工技术的质量控制

基坑测量按一级测量等级进行：沉降观测误差为±0.1 mm；位移观测误差为±1.0 mm。

监测是施工管理过程中对施工的实时反馈，监测为施工提供准确的数据，以确保施工合理准确地进行，达到最优的施工结果。为保证真实、及时地做好数据采集和预报工作，监测人员必须对工作环境、工作目的、工作内容等做详细了解。对质量控制工作要做到：精心组织，定人定岗，责任到人，严格按照各种测量规范以及操作规程进行监测。所有资料进行自查、互检和审核；做好监测点保护工作。包括各种监测点及测试元件应做好醒目标志，督促施工人员加强保护意识，若有破坏立即补设以便保持监测数据的连续性。根据工况变化、监测项目的重要情况及监测数据的动态变化，随时调整监测频率，及时将形变信息反馈给甲方、总包、监理等有关单位，以便及时调整施工工艺、施工节奏，有效控制周边环境或基坑围护结构的形变。

测量仪器须经专业单位鉴定后才能使用，使用过程中定期对测量仪器进行自检，发现误差超限立即送检。密切配合有关单位建立有关应急措施预案，保持 24 h 联系畅通，随时按有关单位要求实施加密监测，除监测条件无法满足时外，加强现场内的测量桩点的保护，所有桩点均明确标志以防止用错和破坏，每一项测量工作都要进行自检、互检和交叉检。

4. 超深基坑监测绿色施工技术的环境保护

测量作业完毕后，对临时占用、移动的施工设施应及时恢复原状，并保证现场清洁，仪器应存放有序，电器、电源必须符合规定和要求，严禁私自乱接电线；做好设备保洁工作，清洁进场，作业完毕到指定地点进行仪器清理整理；所有作业人员应保持现场卫生，生产及生活垃圾均装入清洁袋集中处理，不得向坑内丢弃物品以免砸伤槽底施工人员。

第二节　主体结构的绿色施工综合技术

一、大体积混凝土绿色施工技术

大体积混凝土结构施工是土木工程施工中的重要内容。现阶段，在这一施工过程中，经常会出现混凝土裂缝等情况，严重影响了土木工程的整体施工质量，为工程埋下了极大的安全隐患。因此，施工人员需要加强对大体积混凝土结构施工技术的研究，合理运用相关技术，有效预防、解决这一问题，以保证工程质量，提升工程安全性。

1. 大体积混凝土绿色施工综合技术的特点

大体积混凝土绿色施工综合技术的特点主要体现在：

①采用面向顶、墙、地三个界面不同构造尺寸特征的整体分层、分向连续交叉浇筑的施工方法和全过程的精细化温控与养护技术，解决了大壁厚混凝土易开裂的问题，较传统的施工方法可大幅度提升工程质量及抗辐射能力。

②结构厚、体型大、钢筋密、混凝土数量多，工程条件复杂和施工技术要求高。

③采取一个方向、全面分层、逐层到顶的连续交叉浇筑顺序，浇筑层的设置厚度以 450 mm为临界，重点控制底板厚度变异处质量，设置成 A 类质量控制点。

④采取柱、梁、墙板节点的参数化支模技术，精细化处理节点构造质量，可保证大壁厚的顶、墙和地全封闭一体化防辐射室结构的质量。

⑤采取设置紧急状态下随机设置施工缝的措施，且同步铺不大于 30 mm 的同配比无石子砂浆，可保证混凝土接触处强度和抗渗指标。

2. 大体积混凝土绿色施工工艺流程

大壁厚的顶、墙和地全封闭一体化防辐射室的施工以控制模板支护及节点的特殊处理、大体量防辐射混凝土的浇筑及控制为关键，其展开后的施工工艺流程如下：

①施工前准备；

②绑扎厚底板钢筋；

③浇注厚底混凝土；

④大厚度底板养护；

⑤绑扎大截面柱钢筋；

⑥支设柱模板；

⑦绑扎厚墙体加强筋及埋没降温水管；

⑧绑扎大截面梁钢筋及埋设降温水管；

⑨支设梁柱墙一体模板并处理转角缝；

⑩绑扎厚屋盖板钢筋及埋设降温水管；

⑪支撑顶模板处理与梁、墙、柱模板节点；

⑫墙、柱、梁、顶混凝土分层分项浇注；

⑬梁、板混凝土的分层、分向浇筑和振捣；

⑭抹面、扫出浮浆及泌水处理；

⑮整体结构的温度控制、养护及成品保护。

3. 大体积混凝土结构施工技术

①大体积混凝土主要指混凝土结构实体最小几何尺寸不小于 1 m，或预计会因混凝土中水泥水化引起的温度变化和收缩导致有害裂缝产生的混凝土。

②配制大体积混凝土用材料宜符合下列规定。

水泥应优先选用质量稳定有利于改善混凝土抗裂性能，C3A 含量较低、C2S 含量相对较高的水泥。

细骨料宜使用级配良好的中砂，其细度模数宜大于 2.3。

采用非泵送施工时粗骨料的粒径可适当增大。

应选用缓凝型的高效减水剂。

③大体积混凝土配合比应符合下列规定。

大体积混凝土配合比的设计除应符合设计强度等级、耐久性、抗渗性、体积稳定性等要求外，还应符合大体积混凝土施工工艺特性的要求，并应符合合理使用材料、降低混凝土绝热温升值的原则。

混凝土拌和物在浇筑工作面的坍落度不宜大于 160 mm。

拌和水用量不宜大于 170 kg/m。

粉煤灰掺量应适当增加，但不宜超过水泥用量的 40%；矿渣粉的掺量不宜超过水泥用量的 50%，两种掺和料的总量不宜大于混凝土中水泥重量的 50%。

水胶比不宜大于 0.55。当设计有要求时，可在混凝土中填放片石（包括已经破碎的大漂石）。填放片石应符合下列规定：

可埋放厚度不小于 15 cm 的石块，埋放石块的数量不宜超过混凝土结构体积的 20%；

应选用无裂纹、无水锈、无铁锈、无夹层且未被烧过的、抗冻性能符合设计要求的石块，并应清洗干净；

石块的抗压强度不低于混凝土强度等级的 1.5 倍；

石块应分布均匀，净距不小于 150 mm，距结构侧面和顶面的净距不小于 250 mm，石块不得接触钢筋和预埋件；

受拉区混凝土或当气温低于 0°C 时，不得埋放石块。

④大体积混凝土施工技术方案应包括下列主要内容。

大体积混凝土的模板和支架系统除应按国家现行标准进行强度、刚度和稳定性验算外，还应结合大体积混凝土的养护方法进行保温构造设计。

模板和支架系统在安装或拆除过程中，必须设置防倾覆的临时固定措施。

大体积混凝土结构温度应力和收缩应力的计算。

施工阶段温控指标和技术措施的确定。

原材料优选、配合比设计、制备与运输计划。

混凝土主要施工设备和现场总平面布置。

温控监测设备和测试布置图。

混凝土浇筑顺序和施工进度计划。

混凝土保温和保湿养护方法，其中保温覆盖层的厚度可根据温控指标的要求，参照有关规定的方法计算。

主要应急保障措施。

岗位责任制和交接班制度，测温作业管理制度。

特殊部位和特殊气候条件下的施工措施。

⑤大体积混凝土结构的温度、温度应力及收缩应进行试算，预测施工阶段大体积混凝土浇筑体的温升峰值，芯部与表层温差及降温速率的控制指标，制定相应的温控技术措施。对首个浇筑体应进行工艺试验，对初期施工的结构体进行重点温度监测。温度监测系统宜具备自动采集、自动记录功能。

⑥大体积混凝土的浇筑应符合下列规定：

混凝土的入模温度（振捣后 50～100 mm 深处的温度）不宜高于 28℃。混凝土浇筑体在入模温度基础上的温升值宜不大于 45℃。

大体积混凝土工程的施工宜采用分层连续浇筑施工或推移式连续浇筑施工。应依据设计尺寸进行均匀分段、分层浇筑。当横截面面积在 200 m 以内时，分段不宜大于 2 段；当横截面面积在 300 m 以内时，分段不宜大于 3 段，且每段面积不得小于 50 m。每段混凝土厚度应为 1.5 m～2.0 m。段与段间的竖向施工缝应平行于结构较小截面的尺寸方向。当采用分段浇筑时，竖向施工缝应设置模板。上、下两邻层中的竖向施工缝应互相错开。

当采用泵送混凝土时，混凝土浇筑层厚度不宜大于 500 mm；当采用非泵送混凝土时，混凝土浇筑层厚度不宜大于 300 mm。

大体积混凝土施工采取分层间歇浇筑混凝土时，水平施工缝设置除应符合设计要求外，尚应根据混凝土浇筑过程中温度裂缝控制的要求、混凝土的供应能力、钢筋工程的施工、预埋管件安装等因素确定。

大体积混凝土在浇筑过程中，应采取措施防止受力钢筋、定位筋、预埋件等移位和变形。

大体积混凝土浇筑面应及时进行二次抹压处理。

⑦大体积混凝土在每次混凝土浇筑完毕后，除按普通混凝土进行常规养护外，还应及时按温控技术措施的要求进行保温养护，并应符合下列规定。

保湿养护的持续时间，不得少于 28 d。保温覆盖层的拆除应分层逐步进行，当混凝土的表层温度与环境最大温差小于 20°C 时，可全部拆除。

保湿养护过程中，应经常检查塑料薄膜或养护剂涂层的完整情况，保持混凝土表面湿润。

在大体积混凝土保温养护中，应对混凝土浇筑体的芯部与表层温差和降温速率进行检测，当实测结果不满足温控指标的要求时，应及时调整保温养护措施。

大体积混凝土拆模后应采取预防寒流袭击、突然降温和剧烈干燥等养护措施。

⑧大体积混凝土宜适当延迟拆模时间，当模板作为保温养护措施的一部分时，其拆模时间应根据温控要求确定。

⑨大体积混凝土施工遇炎热、冬期、大风或者雨雪天气等特殊气候时，必须采用有效的技术措施，保证混凝土浇筑和养护质量，并应符合下列规定：

在炎热季节浇筑大体积混凝土时，宜将混凝土原材料进行遮盖，避免日光暴晒，并用冷却水搅拌混凝土，或采用冷却骨料、搅拌时加冰屑等方法降低入仓温度，必要时也可采取在混凝土内埋设冷却管通水冷却。混凝土浇筑后应及时保湿保温养护，避免模板和混凝土受阳光直射。条件许可时应避开高温时段浇筑混凝土。

冬期浇筑混凝土，宜采用热水拌和、加热骨料等措施提高混凝土原材料温度，混凝土入模温度不宜低于 5°C。混凝土浇筑后应及时进行保温保湿养护。

大风天气浇筑混凝土，在作业面应采取挡风措施，降低混凝土表面风速，并增加混凝土表面的抹压次数，及时覆盖塑料薄膜和保温材料，保持混凝土表面湿润，防止风干。

雨雪天不宜露天浇筑混凝土，当需施工时，应采取有效措施，确保混凝土质量。浇筑过程中突遇大雨或大雪天气时，应及时在结构合理部位留置施工缝，尽快中止混凝土浇筑；对已浇筑还未硬化的混凝土立即进行覆盖，严禁雨水直接冲刷新浇筑的混凝土。

⑩大体积混凝土施工现场温控监测应符合下列规定。

大体积混凝土浇筑体内监测点的布置，应以能真实反映出混凝土浇筑体内最高温升、芯部与表层温差、降温速率及环境温度为原则。

监测点的布置范围以所选混凝土浇筑体平面图对称轴线的半条轴线为测试区，在测试区内监测点的布置应考虑其代表性，按平面分层布置；在基础平面对称轴线上，监测点不宜少于 4 处，布置应充分考虑结构的几何尺寸。

沿混凝土浇筑体厚度方向，应布置外表、底面和中心温度测点，其余测点布设间距不宜大于 600 mm。

大体积混凝土浇筑体芯部与表层温差、降温速率、环境温度及应变的测量，在混凝土浇筑后，每昼夜应不少于 4 次；入模温度的测量，每台班不少于 2 次。

混凝土浇筑体的表层温度，宜以混凝土表面以内 50 mm 处的温度为准。

测量混凝土温度时，测温计不应受外界气温的影响，并应在测温孔内至少留置 3 mm。根据工地条件，可采用热电偶、热敏电阻等预埋式温度计检测混凝土的温度。

测温过程中宜及时描绘出各点的温度变化曲线和断面的温度分布曲线。

4. 大体积混凝土机构绿色施工质量的保证措施

1）原材料的质量保证措施

①粗骨料宜采用连续级配，细骨料宜采用中砂。

②外加剂宜采用缓凝剂、减水剂；掺合料宜采用粉煤灰、矿渣粉等。

③大体积混凝土在保证混凝土强度及坍落度要求的前提下，应提高掺合料及骨料的含量，以降低单方混凝土的水泥用量。

④水泥应尽量选用水化热低、凝结时间长的水泥，优先采用中热硅酸盐水泥、低热矿渣硅酸盐水泥、大坝水泥、矿渣硅酸盐水泥、粉煤灰硅酸盐水泥、火山灰质硅酸盐水泥等。

但是，水化热低的矿渣水泥的析水性比其他水泥大，在浇筑层表面有大量水析出。这种泌水现象，不仅影响施工速度，同时影响施工质量。因析出的水聚集在上、下两浇筑层表面间，使混凝土水灰比改变，而在掏水时又带走了一些砂浆，这样便形成了一层含水量多的夹层，破坏了混凝土的粘结力和整体性。混凝土泌水量的大小与用水量有关，用水量多，泌水量大；且与温度高低有关，水完全析出的时间随温度的提高而缩短；此外，还与水泥的成分和细度有关。所以，在选用矿渣水泥时应尽量选择泌水性的品种，并应在混凝土中掺入减水剂，以降低用水量。在施工中，应及时排出析水或拌制一些干硬性混凝土均匀浇筑在析水处，用振捣器振实后，再继续浇筑上一层混凝土。

2）施工过程中的质量保证措施

①在设计许可的情况下，采用混凝土 60 d 强度作为设计强度。

②采用低热或中热水泥，掺加粉煤灰、磨细矿渣粉等掺合料。

③掺入减水剂、缓凝剂、膨胀剂等外加剂。

④在炎热季节施工时，采取降低原材料温度、减少混凝土运输时吸收外界热量等降温措施。

⑤混凝土内部预埋管道，进行水冷散热。

⑥采取保温保湿养护。混凝土中心温度与表面温度的差值不应大于 25℃，混凝土表面温度与大气温度的差值不应大于 20℃。养护时间不应少于 14 d。

3）施工养护过程中质量保证措施

①保湿养护的持续时间，不得少于 28 d。保温覆盖层的拆除应分层逐步进行，当混凝土的表层温度与环境最大温差小于 20°C 时，可全部拆除。

②保湿养护过程中，应经常检查塑料薄膜或养护剂涂层的完整情况，保持混凝土表面湿润。

③在大体积混凝土保温养护中，应对混凝土浇筑体的芯部与表层温差和降温速率进行检测，当实测结果不满足温控指标的要求时，应及时调整保温养护措施。

④大体积混凝土拆模后应采取预防寒流袭击、突然降温和剧烈干燥等养护措施。在养护过程中若发现表面泛白或出现干缩细小裂缝时须立即检查加以覆盖进行补救。顶板混凝土表面二次抹面后在薄膜上盖上棉被，搭接长度≥100 mm，以减少混凝土表面的热扩散，延长散热时间减小混凝土内外温差。混凝土撤除覆盖的时间根据测温结果，待温升峰值后，中心与表面温差小于 25℃，与大气温差值在 20℃内时可拆除，混凝土养护时间不得少于 14 d。

5. 大体积混凝土结构绿色施工技术的环境保护措施

建立健全“三同时”制度，全面协调施工与环保的关系，不超标排污。实行门前“三包”环境保洁责任制，保持施工区和生活区的环境卫生并及时清理垃圾，运至指定地点进行掩埋或焚烧处理，生活区设置化粪设备，生活污水和大小便经化粪池处理后运至指定地点集中处理。场地道路硬化并在晴天经常洒水，可防止尘土飞扬污染周围环境。

大体积混凝土振捣过程中振捣棒不得直接振动模板，不得有意制造噪声，禁止机械车辆高声鸣笛，采取消音措施以降低施工过程中的施工噪声，实现对噪声污染的控制。施工中产生的废泥浆先沉淀过滤，废泥浆和淤泥使用专门车辆运输，以防止遗撒污染路面，废浆须运输至业主指定地点。汽车出入口应设置冲洗槽，对外出的汽车用水枪将其冲洗干净，确认不会对外部环境产生污染。装运建筑材料、土石方、建筑垃圾及工程渣土的车辆须装载适量，保证行驶中不污染道路环境。

二、预应力钢结构的绿色施工技术

1. 预应力钢结构的特点

预应力钢结构的主要特点是：充分利用材料的弹性强度潜力以提高承载力；改善结构的受力状态以节约钢材；提高结构的刚度和稳定性，调节其动力性能；创新结构承载体系、达到超大跨度的目的和保证建筑造型，同时预应力钢结构还具有施工周期短、技术含量高的特点，是高层及超高层建筑的首选。

在预应力钢构件制作过程中实施参数化下料、精确定位、拼接及封装，实现预应力承重构件的精细化制作；在大悬臂区域钢桁架的绿色施工中采用逆作法施工工艺，即结合实际工况先施工屋面大桁架，再施工桁架下悬挂部分梁柱；先浇筑非悬臂区楼板及屋面，待预应力桁架张拉结束，再浇筑悬臂区楼板，实现整体顺作法与局部逆作法施工组织的最优组合；基于张拉节点深化设计及施工仿真监控的整体张拉结构位移的精确控制，借助辅助施工平台实施分阶段有序张拉，实现预应力拉锁安装的质量目标。

2. 预应力钢结构绿色施工要求

预应力钢结构施工工序复杂，实施以单拼桁架整体吊装为关键工作的模块化不间断施工工序，十字型钢柱及预应力钢桁架梁的精细化制作模块，对大悬臂区域及其他区域的整体吊装及连接固定模块、预应力索的张拉力精确施加模块的实施是其为连续、高质量施工的保证。大悬臂区域的施工采用局部逆作法的施工工艺，即先施工屋面大桁架，再悬挂部分梁柱，楼板先浇筑非悬臂区楼板和屋面，待预应力张拉完屋面桁架再浇筑悬臂区楼板，实现工程整体顺作法与局部逆作法的交叉结合，可有效利用间歇时间加快施工进度。十字型钢骨架及预应力箱梁钢桁架按照参数化精确下料、采用组立机进行整体的机械化生产，实现局部大截面预应力构件在箱梁钢桁架内部的永久性支撑及封装，预应力结构翼缘、腹板的尺寸偏差均在 2 mm 范围之内，并对桁架预应力转换节点进行优化，形成张拉快捷方便，可有效降低预应力损失的节点转换器。

3. 预应力钢结构绿色施工技术要点

1）预应力构件的精细化制作技术

（1）十字型钢骨柱精细化制作技术要点

①合理分析型钢柱的长度，考虑预应力梁通过十字型钢柱的位置。

②入库前核对质量证明书或检验报告并检查钢材表面质量、厚度及局部平整度，现场抽样合格后使用。

③十字型钢构件组立采用型钢组立机，组立前应对照图纸确认所组立构件的腹板、翼缘板的长度、宽度、厚度无误后才能上机进行组装作业。具体要求如下。

精细化制作的尺寸精度要求；

腹板与翼缘板垂直度误差≤2 mm；

腹板对翼缘板中心偏移≤2 mm；

腹板与翼缘板点焊距离为 400 mm±30 mm；

腹板与翼缘板点焊焊缝高度≤5 mm，长度为 40～50 mm；

H 型钢截面高度偏差为±3 mm。

(2) 预应力钢骨架及索具的精细化制作技术要点

大跨度、大吨位预应力箱型钢骨架构件采用单元模块化拼装的整体制作技术，并通过结构内部封装施加局部预应力构件。

预应力钢骨架的关键制作工序如图 3-7 所示。

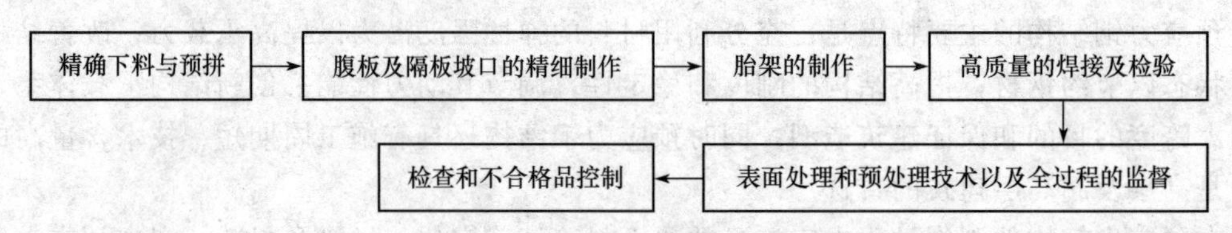

图 3-7 预应力钢骨架的关键制作工序

预应力钢骨架在下料过程中要采用精密的切割技术，对接坡口切割下料后进行二次矫平处理。

预应力钢骨架的腹板两长边采用刨边加工隔板及工艺隔板组装的加工，在组装前对四周进行铣边加工，以作为大跨箱形构件的内胎定位基准，并在箱形构件组装机上按 T 形盖部件上的结构定位组装横隔板，组装两侧 T 形腹板部件要求与横隔板、工艺隔板顶紧定位组装。制作无粘结预应力筋的钢绞线要符合国家标准《预应力混凝土用钢绞线》(GB/T 5224—2014)的规定，无粘结预应力筋中的每根钢丝应为通长的且严禁有接头，不得存在死弯，若存在死弯必须切断，并采用专用防腐油脂涂料或外包层对无粘结预应力筋外表面进行处理。

2) 主要预应力构件安装操作要点

(1) 十字钢骨架吊装及安装要点

十字钢骨架吊装及安装要点见表 3-2。

表 3-2 十字钢骨架吊装及安装要点

十字钢骨柱的安装测量及校正安装钢骨柱要求	在埋件上放出钢骨柱定位轴线，依地面定位轴线将钢骨柱安装到位； 纬仪分别架设在纵横轴线上，校正柱子两个方向的垂直度； 水平仪调整到理论标高，从钢柱顶部向下方画出同一测量基准线； 水平仪测量将微调螺母调至水平，再用两台经纬仪在互相垂直的方向同时测量垂直度。测量和对角紧固同步进行，达到规范要求后把上垫片与底板按要求进行焊接牢固，测量钢柱高度偏差并做好记录，当十字型钢柱高度正负偏差值不符合规范要求时立即进行调整
十字钢骨架的焊接要求	在平面上从中心框架向四周扩展焊接，先焊收缩量大的焊缝，再焊收缩量小的焊缝，对称施焊。对于同一根梁的两端不能同时焊接，应先焊一端，待其冷却后再焊另一端。钢柱之间的坡口焊连接为钢接，上、下翼缘用坡口电焊连接，而腹板用高强螺栓连接，柱与柱连接头焊接在本层梁与柱连接完成之

续表 3-2

十字钢骨架的焊接要求	后进行，施焊时应由两名焊工在相对称位置以相等速度同时施工。H型钢柱节点的焊接为先焊翼缘焊缝，再焊腹板焊缝；翼缘板焊接时两名焊工对称、反向焊接，焊接结束后将柱子连接耳板割除并打磨平整
安装临时螺栓	十字型钢柱安装就位后先采用临时螺栓固定，其螺栓个数为接头螺栓总数的1/3以上，并每个接头不少于2个，冲钉穿入数量不多于临时螺栓的30%。组装时先用冲钉对准孔位，在适当位置插入临时螺栓并用扳手拧紧。安装时高强螺栓应自由穿入孔内，螺栓穿入方向一致，穿入高强螺栓用扳手紧固后再卸下临时螺栓，高强螺栓的紧固必须分两次进行，第一次为初拧，第二次为终拧，终拧时扭剪型高强螺栓应将梅花卡头拧掉

施工时需保证十字钢骨架吊在空中时柱脚高于主筋一定距离，以利于钢骨柱能够顺利吊入柱钢筋内设计位置，吊装过程需要分段进行，并控制履带吊车吊装过程中的稳定性。

若钢骨柱吊入柱主筋范围内时操作空间较小，为使施工人员能顺利进行安装操作，考虑将柱子两侧的部分主筋向外梳理，当上节钢骨柱与下节钢骨柱通过四个方向连接耳板螺栓固定后，塔吊即可松钩，然后在柱身焊接定位板，用千斤顶调整柱身垂直度，垂直度调节通过两台垂直方向的经纬仪控制。

(2) 预应力桁架张拉技术要点

无粘结预应力钢绞线应采用适当包装，以防止正常搬运中的损坏，无粘结预应力钢绞线宜成盘运输，在运输、装卸过程中吊索应外包橡胶、尼龙带等材料，并应轻装轻卸，且严禁摔掷或在地上拖拉。吊装采用避免破损的吊装方式装卸整盘的无粘结预应力钢绞线；下料的长度根据设计图纸，并综合考虑各方面因素，包括孔道长度、锚具厚度、张拉伸长值、张拉端工作长度等准确计算无粘结钢绞线的下料长度，且无粘结预应力钢绞线下料宜采用砂轮切割机切断。拉索张拉前主体钢结构应全部安装完成并合拢为一整体，以检查支座约束情况，直接与拉索相连的中间节点的转向器以及张拉端部的垫板，其空间坐标精度需严格控制，张拉端部的垫板应垂直索轴线，以免影响拉索施工和结构受力。

拉索安装、调整和预紧要求。

①拉索制作长度应保证有足够的工作长度。

②对于一端张拉的钢绞线束，穿索应从固定端向张拉端进行穿束；对于两端张拉的钢绞线束，穿索应从桁架下弦张拉端向5层悬挂柱张拉端进行穿束，同束钢铰线依次传入。

③穿索后应立即将钢绞线预紧并临时锚固。

拉索张拉前为方便工人张拉操作，应事先搭设好安全可靠的操作平台、挂篮等，拉索张拉时应确保人员足够，且人员正式上岗前进行技术培训与交底。设备正式使用前需进行检验、校核并调试，以确保使用过程中万无一失。拉索张拉设备须配套标定，其要求千斤顶和油压表须每半年配套标定一次，且配套使用，标定须在有资质的试验单位进行，根据标定记录和施工张拉力计算出相应的油压表值，现场按照油压表读数精确控制张拉力。拉索张拉前应严格检查临时通道以及安全维护设施是否到位，以保证张拉操作人员的安全；拉索张拉前应清理场地并禁止无关人员进入，以保证拉索张拉过程中人员安全。在一切准备工作做完，且经过系统的、全面的检查无误，现场安装总指挥检查并发令后，才能正式进行预应力拉索张拉作业。钢绞线拉索的张拉点主要分布在5层吊柱的底部或桁架内侧悬挑上、下弦端，对于5层吊柱的底部，可直接采用外脚手架或根据外脚手架的搭设而搭设，对于桁架内侧上弦端，可直接站立在桁架上张拉，并通过张拉端定位节点固定。

对于桁架内侧下弦端，需要在6层平面搭设2 m×2 m×3.5 m的方形脚手平台，工作平台须能承受千斤顶、张拉工作人员及其他设备等施工荷载，脚手架立杆强度及稳定要满足要求，张拉分两个循环进行。

由于结构变形很小，在钢绞线逐根张拉过程中先后张拉对钢绞线的预应力的影响也很小，对于单根钢绞线张拉的孔道摩擦损失和锚固回缩损失，则通过超张拉来弥补预应力损失。

4. 预应力钢结构绿色施工的质量控制

1）质量保证管理措施

对整个施工项目实行全面质量管理，建立行之有效的质量保证体系，按GB/T 19000—ISO 9000系列标准和集团公司质量保证体系文件，成立以项目经理为首的质量管理机构，通过全面、综合的质量管理，以预控预应力钢结构的制作、吊装及张拉过程中的质量要求和工艺标准，通过严密的质量保证措施和科学的检测手段来保证工程质量。

①施工中要严格控制钢结构的安装精度在相关要求范围内。钢结构安装过程中必须进行钢结构尺寸的检查与复核，根据复合后的实际尺寸对施工模型进行计算，反复调整、计算，用计算出的最新数据指导预应力张拉施工，并作为张拉施工监测的理论依据。

②钢撑杆的上节点安装要严格按全站仪打点确定的位置进行，下节点安装要严格按钢索在工厂预张拉时做好标记的位置进行，以保证钢撑杆的安装位置符合设计要求。

③拉索应置于防潮防雨的遮蓬中存放，成圈产品应水平堆放，重叠堆放时逐层间应加电母，避免锚具压伤拉索护层；拉索安装过程中应注意保护护层，避免护层损坏。

④为了消除索的非弹性变形，保证在使用时的弹性工作，应在工厂内进行预张拉。

严格执行质量管理制度及技术交底制度，坚持以技术进步来保证施工质量的原则，技术部门编制有针对性的施工组织设计，建立并实行自检、互检、工序交接检查的制度，自检要做好文字记录，隐蔽工程由项目技术负责人组织实施并做出较详细的文字记录。

2）预应力构件制作的质量保证措施

①预应力构件放样的质量控制见表3-3。

表3-3　预应力构件放样的质量控制

放样前	要求放样人员须熟悉施工图和工艺要求，核对构件及构件相互连接的几何尺寸和连接有否不当，若发现施工图有遗漏或错误，须取得原设计单位签具的设计变更文件，不得擅自修改
放样中	在平整的放样台上进行，凡复杂图形需要放大样的构件，应以1∶1的比例放出实样，当构件零件较大难以制作样杆、样板时可绘制下料图。样杆、样板制作时，应按施工图和构件加工要求，做出各种加工符号、基准线、眼孔中心等标记，并按工艺要求，预放各种加工余量，然后号上冲印等印记。放样的样杆、样板材料必须平直，如有弯曲或不平必须校正后方可使用
放样后	对所放大样和样杆、样板进行自检，无误后报专职检验人员检验，样杆、样板应按零件号及规格分类存放并妥为保存。根据锯、割等不同切割要求和对刨、铣加工的零件，预放不同的切割及加工余量和焊接收缩量，因原材料长度或宽度不足需焊接拼接时，须在拼接件上注出相互拼接编号和焊接坡口形状

②预应力构件下料的质量控制。规格较多、形状规则的零件可用定位靠模下料，使用定位靠模下料时，必须随时检查定位靠模和下料件的准确性，按照样杆、样板的要求，对下料件应号出加工基准线和其他有关标记，并号上冲印等印记。下料完成后检查所下零件的规格、数量等是否有误，并做出下料记录。

3）切割、制作及矫正的质量控制措施

切割前必须检查核对材料规格、型号、牌号是否符合图纸要求，切割前应将钢板表面的油污、铁锈等清除干净。切割时必须看清断线符号来确定切割程序，根据工程结构要求，构件的切割采用数控切割机、半自动切割机、剪板机、手工气割等方法。钢材的切断应按其形状选择最适合的方法进行，剪切或剪断的边缘应加工整光，相关接触部分不得产生歪曲。切口截面不得有撕裂、裂纹、棱边、夹渣、分层等缺陷和大于1 mm的缺棱，并应去除毛刺，切割的构件，其切线与号料线的允许偏差，不得大于±1.0 mm。钢材的初步矫正，只对影响号料质量的钢材进行矫正，其余在各工序加工完毕后再矫正或成型。

4）预应力钢架结构安装的质量保证措施

支座预埋板的质量控制要求：利用原有控制网在主桁架、主体杆件投影控制点上用全站仪测出轴线的坐标中心点，在安装构件投影中心点两侧300 mm左右各引测一点，此三点应在一直线上，如不在一直线上应及时复测；通过激光经纬仪放出主桁架、主体构件支座的垂直线并检查偏移量，理论上此时各点的连线应成一直线，若不在一直线上，超出公差范围应报技术部门，并由技术部门拿出可行方案上报监理单位审批后实施。在主体构件外侧设置控制点，利用主体构件中心点坐标与控制网中任意一点的相互关系，进行角度、坐标转换。依据上述方法测放出十字中心线，并检测。利用高程控制点，架设水准仪及利用水平尺，测量出支座中心点及中心点四角的标高，预埋板的水平度、高差如超过设计和规范允许范围，采用加垫板的方法，使其符合要求。

在预应力钢桁架安装中应根据主体结构杆件的吊装要求划出支承架的十字线，将预先制作好的支承架吊上支架基础来定对十字线。把十字线驳上支承架的顶端面和侧面，敲上样冲并加以明显标记，用全站仪检测支承架顶标高是否控制在预定标高之内。主体结构杆件的吊装定位全部采用全站仪进行精确定位，通过平面控制网和高层控制网进行坐标的转换，在吊装过程中对主桁架两端进行测量定位，发现误差及时修正。测量时应采用多种方法测量并相互校核，以解决施工机械的震动、胎架模具的遮挡对观测的通视、仪器稳定性等干扰。钢构件安装过程中应对桁架进行变形监测，并及时校正，符合设计、规范要求，以克服自身荷载的作用及其在拆除临时支撑后或滑移过程中产生的变形的影响。

5）预应力拉索张拉的质量保证措施

在屋盖钢结构拼装时应严格保证精度以限制误差；拉索穿束过程中加强索头、固定端及张拉端的保护，同时保护索体不受损坏。机械设备数量满足实际施工要求并配专人负责维护和保养，使其处于良好状态，张拉设备在使用前严格进行标定并在施工中定期校正。现场配备专业技术能力过硬的技术负责人，及技术熟练程度很高、实践经验丰富的技术工人，每个张拉点由一至两名工人看管，每台油泵均由一名工人负责，并由一名技术人员统一指挥、协调管理，按张拉给定的控制技术参数精确地控制张拉。施工前要对所有人员进行详细的技术交底，并做好交底记录，每道工序完成后及时报验监理验收，并做好验收记录，张拉过程中油泵操作人员要做好张拉记录。钢绞线制作长度应保证有足够的工作长度，穿索应尽量保证同束钢绞线依次穿入，穿索后应立即将钢绞线预紧并临时锚固。

结构形成整体成形后方可进行张拉，为保证张拉锚固后达到设计有效预应力，在正式张拉前应进行预应力损失试验，测定摩擦损失和锚具回缩损失值，从而确定超张拉系数。同束钢绞线张拉顺序应注意对称的原则，直接与拉索相连的中间节点的转向器以及张拉端部的垫板，其空间坐标精度需严格控制，张拉端的垫板应垂直索轴线，以免影响拉索施工和结构受力。张拉过程中应加强对于设备的控制，千斤顶张拉过程中油压应缓慢、平稳，并且控制锚具回缩量，千斤顶与油压表需配套校验，严格按照标定记录，计算与索张拉力一致的油压表读数，并依此读数控制千斤顶实际张拉力，拉索张拉过程中应停止对张拉结构进行其他项目的施工，拉索张拉过程中若发现异常，应立即暂停，查明原因并进行实时调整。

5. 预应力钢结构绿色施工的环境保护措施

1）环境污染保护措施

认真贯彻落实《中华人民共和国环境保护法》等有关法律法规及遵照各企业环境管理要求。

建立和完善环境保护和文明施工管理体系，制定环境保护标准和措施，明确各类人员的环保职责，并对所有进场人员及参与预应力构件焊接制造的人员进行环保技术交底和培训，建立施工现场环境保护和文明施工档案。经常对施工通行道路进行洒水，防止扬尘污染周围环境并及时清理施工现场，做到规范围挡，标牌清楚、齐全、醒目，施工现场整洁文明。

2）水污染保护措施

实现水的循环利用，现场设置洗车池和沉淀池、污水井，对废水、污水集中做好无害化处理，以防止施工废浆乱流，罐车在出场前均需要用水清洗，以保证交通道路的清洁，减少粉尘的污染。

3）大气污染保护措施

防止大气污染措施主要体现在：在预应力构件制作现场保证具备良好的通风条件，通过设置机械通风并结合自然通风，以保证作业现场的环保指标。施工队伍进场后，在清理场地内原有的垃圾时，采用临时专用垃圾坑或采用容器装运，严禁随意凌高抛撒垃圾并做到垃圾的及时清运。

4）噪声污染保护措施

施工现场遵照《建筑施工场界环境噪声排放标准》（GB 12523—2011）制定降噪的相应制度和措施。健全管理制度，严格控制强噪声作业的时间，提前计划施工工期，避免吊装施工过程中的昼夜连续作业，若必须昼夜连续作业时，应采取降噪措施，作好周围群众工作，并报有关环保单位备案审批后方可施工。对于焊接噪声的污染，可在车间内的墙壁上布置吸声材料以降低噪声值。严禁在施工区内猛烈敲击预应力钢构件，增强全体施工人员防噪扰民的自觉意识。施工现场的履带起重机等强噪声机械的施工作业尽量放在封闭的机械棚内或白天施工，最大限度地降低其噪声，以不影响工人与居民的休息。对噪声超标造成环境污染的机械施工，其作业时间限制在 7：00 至 12：00 和 14：00 至 22：00 之内。各项施工均选用低噪声的机械设备和施工工艺，施工场地布局要合理，尽量减少施工对居民生活的影响，减少噪声强度和敏感点受噪声干扰的时间。

5）光污染保护措施

光污染的控制要求：对焊接光源的污染科学设置焊接工艺，在焊接实施的过程中设置黑色或灰色的防护屏以减少弧光的反射，起到对光源污染的控制作用。夜间照明设备要选用既满足照明要求又不刺眼的新型灯具，施工照明灯的悬挂高度和方向要考虑不影响居民日常生活，使夜间照明只照射施工区域而不影响周围居民区居民的休息。同时，科学组织、选用先进的施工机械和技术措施，做好节水、节电工作，并严格控制材料的浪费。

三、大跨度空间钢结构预应力施工技术

近10年来，我国预应力钢结构在拉索材料、结构形式和施工技术方面都有了快速的发展，取得了令人瞩目的技术进步。其中，拉索材料从钢绞线组装索和钢丝绳组装索，向高强钢丝束和钢拉杆等成品索发展，钢丝表面防腐从镀锌处理到环氧喷涂和镀锌铝处理。结构形式包括张弦梁/桁架/网格、斜拉结构、预应力桁架、索桁架、索拱、弦支穹顶、索网、索穹顶及多次杂交结构和特殊结构等。预应力钢结构施工，不仅仅是纯粹的制作、安装和张拉工艺，而是系统性和全过程性的施工技术。具体体现在：分析和工艺的结合，节点、索头和张拉机具的结合，刚构和拉索施工的结合，及从分析到制作、安装和张拉的全过程施工控制。

预应力钢结构是将现代预应力技术应用到如网架、网壳、立体桁架等空间网格结构以及索、杆组成的张力结构中而形成的一类新型杂交结构体系，如：张弦梁、弦支穹顶、索桁架、索网、斜拉/悬吊结构、索拱、预应力桁架、张拉膜结构等。会展中心、体育场馆、飞机场、火车站、工业厂房等钢屋盖结构中近10年来大量采用了预应力钢结构。

大跨度空间钢结构的预应力技术，涉及众多复杂的结构形式和多种新型拉索材料，融合了高强材料、高级非线性力学分析和高水平施工技术。近10年来，我国预应力钢结构在拉索材料、结构形式和施工技术上都有了快速的发展，取得了令人瞩目的技术进步。

1. 结构形式的发展

现国内已应用的预应力钢结构形式包括：张弦梁/桁架、斜拉结构、预应力桁架、索桁架、索拱、弦支穹顶、索网、索穹顶及多次杂交结构和特殊结构等。这些结构形式多借鉴国外工程和技术，通过吸收、消化、推广和发展，部分结构形式在国内的应用规模已远超国外。

1）张弦梁/桁架

张弦梁结构是一种由刚性构件上弦、柔性拉索、中间连以撑杆形成的混合结构体系，其结构组成是一种新型自平衡体系，是一种大跨度预应力空间结构体系，也是混合结构体系发展中的一个比较成功的创造。张弦梁结构体系简单、受力明确、结构形式多样、充分发挥了刚柔两种材料的优势，并且制造、运输、施工简捷方便，因此具有良好的应用前景。

桁架是一种由杆件彼此在两端用铰链连接而成的结构。由直杆组成的桁架一般具有三角形单元的平面或空间结构，桁架杆件主要承受轴向拉力或压力，从而能充分利用材料的强度，在跨度较大时可比实腹梁节省材料，减轻自重和增大刚度。

2）斜拉结构

斜拉结构是由刚构、桅杆（或塔柱）和斜拉索构成，斜拉索布置在刚构的上方，为刚构提供弹性支撑，从而改善结构内力状况，减少变形和支座弯矩，实现更大跨度，减少用钢量。早期斜拉结构主要应用于一些小型结构中，发展至今，在刚构形式、桅杆（或塔柱）形式及拉索材料上，斜拉结构也具有了多样性。

3）预应力钢桁架结构

预应力钢桁架结构由钢桁架和拉索构成，其结构具有较大刚度，拉索的作用主要是改善钢桁架内力状况。

4）索桁架结构

索桁架由承重索、稳定索及中间腹索或腹杆构成。承重索的线形下凹，为正曲率，主要承受竖直向下的荷载（如自重、屋面活载等）；稳定索的线形上凸，为负曲率，主要承受竖直向上的荷载（如风吸力等）；腹索或腹杆连接承重索和稳定索，形成结构整体。索桁架的预应力，需要大刚度的边梁来平衡。

5）索拱结构

索拱可根据设计需要由拉索、撑杆或索盘与其他任何形式的拱肋进行组合，利用拉索的牵制作用或撑杆的支撑作用，来有效提高结构的整体刚度及承载力、降低钢拱的缺陷敏感性、减小支座推力，甚至可以消除钢拱的整体失稳而转变为由强度控制其结构设计。

6）弦支穹顶结构

弦支穹顶是基于张拉整体概念而产生的一种预应力空间结构，具有力流合理、造价经济和效果美观等特点。

弦支穹顶由网壳、撑杆、径向索和环向索构成。其索杆系呈“N”字形布置在网壳下方，以平衡支座推力、提高结构整体的刚度和稳定性。弦支穹顶的网壳有联方型、凯威特型、环肋型等，索系有 Levy 型和 Ceiger 型等，撑杆有“I”字形（平行竖杆）和“V”字形等。根据索杆系的布置形式，可以选择采用径向索张拉、环索张拉和顶撑张拉。

7）索穹顶结构

索穹顶结构主要由脊索、斜索、压杆和环索构成，为全张力结构。预应力是全张力结构成型的必要因素，在施工和工作状态下索穹顶具有很强的非线性（特别是施工过程中），这对结构分析、设计及施工提出了很高的要求，需要解决一系列的难题。因此，索穹顶成为目前预应力钢结构研究和应用的最高峰。

索穹顶常与膜面结合在一起，成为张拉膜结构形式之一。但膜面昂贵，耐久性、声学性能和隔热保温性能较差，易受污染，而采用刚性屋面的穹弯顶则具有更为广泛的应用前景。

8）多次杂交结构

预应力钢结构是由基本的刚构、索和杆三者构成的，如索网由承重索和稳定索构成，索桁架由承重索、稳定索和腹索或腹杆构成，索穹顶由上弦径向索、下弦径向索、环向索和撑杆构成，弦支穹顶由网壳、环向索、径向索和撑杆构成，张弦梁由上弦刚构、下弦索和撑杆构成，斜拉结构由刚构、斜拉索和桅杆或塔柱构成，预应力桁架由索和桁架构成，索拱结构由索和拱构成等。

可见，索网、索桁架和索穹顶等结构均由纯索或者索和杆构成，其中拉索及其预应力是结构形成的必要条件，即若无预应力或拉索，则结构无法存在，这类结构可称为张力结构。而张弦梁、弦支穹顶、斜拉结构、索拱和预应力桁架等都包含了刚构在内，即使结构中去除预应力或拉索，残余的刚构仍能维持自身稳定，这类结构由刚构和一种类型的索杆系杂交而成，可称为一次杂交结构。而在有些预应力钢结构工程中，结构由刚构和两种（及以上）类型的索杆系杂交而成，可称之为二次杂交结构或多次杂交结构。

9）特殊高层预应力钢结构

预应力钢结构广泛应用于公共建筑和工业建筑的大跨屋盖工程中，且在高层建筑中也有所应用。

2. 预应力钢结构的优点

预应力钢结构的主要特点在于以下几方面。

①充分、反复地利用钢材弹性强度幅值，从而提高结构承载力。

非预应力结构承载从零应力开始达到材料设计强度 f 而终止受力，其承载力为 N_1；而预应力结构承载始自于效应力 f_{01}，其承载为 N_2 及 N_3，显然 $N_3 > N_2 > N_1$。

②改善结构受力状态，节省钢材。

③提高结构刚度及稳定性，改善结构的各种属性。

预应力结构产生的结构变形常与荷载下的变形反向，因而结构刚度得以提高。由于布索可以改变结构边界条件，所以能提高结构稳定性。预应力可以调整结构循环应力特征而提高疲劳强度，通过降低结构自重而减小地震荷载，提高其抗震性能等。

3. 预应力钢结构的类型

从早期预应力吊车梁、撑杆梁的简单形式发展至今张弦桁架、索穹顶、索膜结构、玻璃幕墙等现代结构，预应力钢结构种类繁多，大致归纳为四类。

1）传统结构型

在传统的钢结构体系上，布置索系施加预应力以改善赢利状态、降低自重及成本，包括预应力桁架、网架、网壳等。例如天津宁河体育馆、攀枝花市体育馆的网架、网壳屋盖等。候机楼、会展中心广泛采用的张弦桁架亦归入此类。另一种是工程中应用已久的悬索结构，如北京工人体育馆、浙江人民体育馆，其结构由承重索与稳定索两组索系组成，施加预应力的目的不是降低与调整内力，而是提高与保证刚度。

2）吊挂结构型

结构由竖向支撑物（立柱、门架、拱脚架）、吊索及屋盖三部分组成。支撑物高出屋面，于其顶部下垂钢索吊挂屋盖。对吊索施加预应力以调整屋盖内力，减小挠度并形成屋盖结构的弹性支点。由于支撑物及吊索暴露于大气之中直指蓝天，所以又称暴露结构，例如江西体育馆、北京朝阳体育馆、杭州黄龙体育场等。

3）整体张拉型

属创新结构体系，跨度结构中摈弃了传统受弯构件，全部由受张索系及膜面和受压撑杆组成。屋面结构极轻，设计构思新颖，是先进结构体系中的佼佼者。例如首尔奥运主赛馆、慕尼黑奥运体育建筑群等。由于此体系属国外专利，国内尚无工程实例。

4）张力金属膜型

金属膜片固定于边缘构件之上，既作为维护结构，又作为承重结构参与整体承受荷载；或在张力状态下，将膜片固定于骨架结构之上，形成空间块体结构，覆盖跨度。两者都是在结构成型理论指导下诞生的预应力新型体系，应用于莫斯科奥运会的几个主赛场馆中，国内尚未掌握此项技术。

4. 施加预应力的方法

施加预应力的方法主要有四类。

1）钢索张拉法

在结构体系中布置索系，通过千斤顶张拉索端在结构中产生卸载应力而受益。这是国内外应用广泛技术成熟的一种工艺，但索端须有锚头固定增大材耗，且需张力设备等加大施工成本。

2）支座位移法

在连续梁和超静定结构中，人为地强迫支座位移（垂直或水平移位），改变支座设计位置可调整内力、降低弯矩峰值、减小结构截面面积。这种方法可节省钢索、锚头等附加材耗及张拉工艺，适用于地基基础较好的工程。

3）弹性变形法

钢材在弹性变形条件下，将组成结构的杆件和板件连成整体。卸除强制外力后，结构内出现恢复力产生的有益预应力。这一方法多用于工厂制造生产过程中，可生产预应力构件产品供应市场。

4）手工简易法

用于中、小跨，施加张力不大情况下，例如拧紧螺母张拉拉杆，用正反扣螺栓横向推拉拉索产生张力等手工操作法，简易可行，便于推广，适用于广大地区。

①可以改变结构的受力状态，满足设计人员所要求的结构刚度、内力分布和位移控制。

②通过预应力技术可以构成新的结构体系和结构形态（形式），如索穹顶结构等。可以说，没有预应力技术，就没有索穹顶结构。

③预应力技术可以作为预制构件（单元杆件或组合构件）装配的手段，从而形成一种新型的结构，如弓式预应力钢结构。

④采用预应力技术后，或可组成一种杂交的空间结构，或可构成一种全新的空间结构，其结构的用钢指标比原结构或一般结构可大幅度地降低，具有明显的技术经济效益。

预应力空间钢结构预应力的施加方法通常有两种：一种是在预应力索、杆上直接施加外力，从而可高速改善结构受力状态，致使内力重分布，或者是形成一种新的具有一定内力状态的结构形式；另一种是通过高速已建空间结构支座高差，改变支承反力的大小，从而也可使结构内力重分布，达到预应力的目的。

预应力索、杆的材料通常可采用高强度的钢丝束、钢铰线，也可采用钢棒、钢筋。

第三节　装饰安装工程的绿色施工技术

一、双层玻璃幕墙系统的绿色施工技术

双层玻璃幕墙由内、外两层玻璃幕墙组成，外层幕墙一般采用隐框、明框或点式玻璃幕墙，内层幕墙一般采用明框幕墙或铝合金门窗。内外幕墙之间形成一个相对封闭的空间——通风间层，空气从外层幕墙下部的进风口进入，从上部的排风口排出，形成热量缓冲层，从而调节室内温度。

双层玻璃幕墙系统主要是针对普通玻璃幕墙耗能高、室内空气质量差等问题，用双层体系作围护结构，提供自然通风和采光、增加室内之空间舒适度、降低能耗，从而较好地解决了自然采光和节能之间的矛盾。空气间层以不同种方式分隔而形成一系列温度缓冲空间，由

于空气间层的存在，因而双层玻璃幕墙能提供一个保护空间以安置遮阳设施（如活动式百叶、固定式百叶或者其他阳光控制构件）。通过调整通风间层内的遮阳百叶和利用通风间层的自然通风，可以获得比普通建筑的内置百叶更好的遮阳效果，同时可以提供良好的隔声性能和室内通风效果。

1. 双层玻璃幕墙系统的分类及应用

1）封闭式内循环双层玻璃幕墙

该幕墙一般在冬季较为寒冷的地区使用，外层玻璃幕墙原则上是完全封闭的，一般由断热型材与中空钢化玻璃组成，内层一般为单片钢化玻璃组成的玻璃幕墙或可开启窗。两层幕墙之间的通风间层厚度一般为120～200 mm。通风间层与吊顶部位的暖通系统排风管相连，形成自下而上的强制性空气循环。室内空气通过内层玻璃下部的通风口进入通风间层，在夏季的白天将室内热空气排出室外；在冬季将温室效应蓄积的热量通过管道回路系统传到室内，达到节能效果。通风间层内设置可调控的百叶窗或垂帘，可有效地调节日照遮阳，创造更加舒适的室内环境。

2）敞开式外循环双层玻璃幕墙

该幕墙即我们常说的呼吸式双层玻璃幕墙，外层是由单层玻璃与非断热型材组成的玻璃幕墙，内层幕墙是隔热或断热型的明框幕墙或单元幕墙。内外两层幕墙形成的通风间层的两端装有进风和排风装置，可根据需要在热通道内设置可调控的铝合金百叶窗帘或者电动卷帘，有效地调节阳光的照射。内外两层幕墙之间热通道的距离一般为50～60 cm。冬季时，关闭通风层的进排风口，换气层中的空气在阳光的照射下温度升高，形成温室效应，能有效地提高内层玻璃的温度，降低建筑物的采暖能耗。夏季时，打开换气层的风口，利用烟囱效应带走通风间层内的热量，降低内层玻璃表面的温度，节省了空调能耗。另外，通过对进排风口的控制以及对内层幕墙结构的设计，达到由通风层向室内输送新鲜空气的目的，从而优化建筑通风质量。可见“敞开式外循环体系”不仅具有“封闭式内循环体系”在遮阳、隔音等方面的优点，在舒适节能方面更为突出，提供了自然通风的可能，最大限度地满足了使用者生理与心理上的需求。

2. 呼吸式双层玻璃幕墙系统的应用

由于“封闭式内循环体系”与建筑的通风系统相连接，增大了通风系统的功率，需增大投入与消耗，因而其应用不多；“敞开式外循环体系”作为一种更新形式的双层玻璃幕墙系统得到了广泛应用。下面以“敞开式外循环体系”——呼吸式双层玻璃幕墙为例，介绍该系统的应用。

根据构造形式以及通风方式的不同，呼吸式双层玻璃幕墙一般采用以下几种类型。

1）箱式双层玻璃幕墙

箱式双层玻璃幕墙由外层幕墙和向内开启的窗扇组成。内外层之间的通风间层在水平方向上沿建筑轴线或以房间为单元进行分隔，在垂直方向上一般按层划分，因而可阻止噪声和废气在各房间传播。

每一单元的顶部和底部都开有通风口，室外新鲜空气从底部开口进入，同时室内废气从上方开口排出，获得自然通风。

2）井箱式双层玻璃幕墙

井箱式双层幕墙是由箱式双层结构演变而来的，可视为箱式双层玻璃幕墙的一种特殊构造，包括一组箱式单元和一个与单元以通风口相通的贯通而成的竖井，在玻璃空腔之间形成纵横交错的网状通道。由于竖井相对较深，井内上下温差较大，加速了空气循环流动，形成了具有较高通风效率的竖向垂直通风系统，在夏季炎热地区尤其适用。由于利用了竖井的烟囱效应，外层幕墙开窗较少，有利于隔绝外部噪声。在实际使用中，井箱式双层幕墙的高度是有限制的。这是因为，虽然"烟囱效应"增加了空腔内的空气流动，同时也使得上部建筑幕墙夹层内部的空气温度过高，影响了这部分建筑的使用，因此多用于低、多层建筑。此外，要想使得每个单元具有同等的通风冷却效果，各单元之间的通风口大小尺寸需要仔细设计。

3）走廊式双层玻璃幕墙

走廊式双层玻璃幕墙是利用通风间层形成的外挂式走廊来达到保温和通风目的。通风间层在竖向上每层都被隔断，间层的间距较宽，约600～1500 mm不等，形成外挂式走廊，外层幕墙的进气口与排气口位于每层的楼板与天花板部位，由通风调节板控制通风量。冬季走廊内受到阳光照射而温度升高的空气，在对流作用下流动到未受阳光照射的一侧，使建筑在各个朝向上温度比较接近，形成温度缓冲，达到适宜的温度。此系统外层玻璃幕墙在每层楼的楼板和天花板高度分别设有进、出风调节板，上下层的进排气口错开设置，以防下层排出的部分空气通过上层进气口进入上层通风间层，造成上层空气质量下降和温度缓冲效果减弱。另外，由于该结构的双层玻璃幕墙并没有水平分隔，许多房间将通过双层玻璃夹层空腔连接在一起，在设计时需要考虑各房间之间的声音干扰和防火分区的问题。

4）多层式双层玻璃幕墙

多层式双层玻璃幕墙的通风间层在水平方向上与数个房间相连，在竖直方向上也覆盖数个楼层，有时幕墙间的通风间层既无水平分隔也无竖向分隔，仅通过外层幕墙在底层和屋顶处的通风口形成通风。在冬季，外层幕墙通风口关闭，利用通风间层形成的温室效应保证室内温度，减少建筑物能量消耗；在夏季，打开通风口，利用烟囱效应形成自然通风。此系统由于外层玻璃幕墙开口很少，十分适用于外部噪声较大的环境。但建筑内部各房间的声音易通过通风间层进行传播，造成内部声音干扰。

5）可开启式双层玻璃幕墙

该幕墙的外层玻璃幕墙可以完全开启，无明确进风与排风口，难以利用烟囱效应形成自然通风。夏季，外层幕墙完全打开，可作为遮阳装置，降低内层幕墙所受的太阳辐射；冬季，外层幕墙关闭，形成空气缓冲层，增强建筑的保温性能。可开启的外层玻璃幕墙减少了内层玻璃幕墙的风压，有助于阻挡雨水进入内层玻璃幕墙，因此，内层玻璃幕墙的窗户可以始终敞开，有利于自然通风。

3. 呼吸式双层玻璃幕墙的各项主要性能

1）采光性能

自然采光是建筑物最好的采光方式之一，研究证明，自然采光比人工光源更可以提供一个健康、高效的工作环境，满足人们工作和生活上的需要。同时，自然采光替代部分人工照明而节约了大量常规能源的消耗。双层玻璃幕墙自然采光的特性有别于常规的单层玻璃幕墙，主要体现在三个方面。

①由于双层玻璃幕墙比单层玻璃幕墙多了一层外皮，将减少进入室内的自然光总量，即外层玻璃幕墙对采光有削弱作用。

②大面积的玻璃对于采光的补偿作用。

③由于通风间层具有一定的宽度，相当于加大了房间的进深，会减小建筑的采光系数，在通风间层内可以设置一些调节自然采光装置（如反射装置等）来减弱这种影响。

由于外层幕墙的存在，使得呼吸式双层玻璃幕墙的自然采光量显著下降，采光量的减少程度与选用的玻璃种类有关。如外层玻璃为单层普通玻璃，将减少约10%的自然光通量，如果外层玻璃为高透射率的无色玻璃，减少量将降至7%～8%。同时，采光量的减少也受到玻璃层数和玻璃厚度的影响，玻璃层数越多，厚度越大，采光量减少得越多，反之减少得越少。

一方面，由于呼吸式双层玻璃幕墙大面积玻璃的使用，相当于增大了外窗的面积，在一定程度上增加了室内采光量，而且在一定程度上提高了横向采光的均匀性。但另一方面，侧窗面积的增大也会使室内夏季制冷和冬季采暖的负荷增大，增加建筑的能耗。因此，在实际工程中需要根据实际情况，衡量利弊来确定是否用大面积采光窗。对于侧窗采光的房间来说，自然采光的主要问题是室内照度分布的不均匀性，在窗前光照度值很高，但随着房间的进深增加，照度值下降很快，如果在太阳光线较为强烈的情况下，窗前将更亮，室内照度分布的不均匀性将更加明显，因而侧窗采光只能保证有限进深的采光要求，一般进深不超过窗高的二倍。为了克服这些缺点，可以在通风间层和房间内部设置一些浅色反射装置，如反光板或反光百叶等，将近窗处充足的光线经一次或多次反射，反射到房间深处，从而使房间深处的照度和照度的均匀性得到有效的提高。如清华大学超低能耗示范楼双层幕墙间层所采用的反光板设计，利用一些上表面光滑的不锈钢金属板将夹层上部过多的光照反射到室内的顶棚上，既可以避免太阳光直射所造成的眩光，又可使得室内工作面上的光照度分布更加均匀。另外，通过完善双层幕墙的构造来增加室内的光照度值，可以弥补建筑物由于增加进深而减小的采光系数。把外层幕墙的透明面积进一步加大，夹层的吊顶可以采用倾斜向上的设计或者是高出窗户上部的阶梯设计，可以有效弥补由于房间进深而减少的光照度值。

2）隔声性能

与普通单层围护结构相比较，呼吸式双层玻璃幕墙多了一层“外皮”，就好比是在建筑物的外墙上增加了一层声音的屏障。外部环境的噪声首先是经过双层玻璃幕墙的外层玻璃时被反射掉一部分，部分可以通过设置在外层玻璃的进出风口进入到夹层空腔，在夹层空腔内经过多次反射与吸收后才通过窗户传到室内。呼吸式双层玻璃幕墙的计权隔声量是可以测量的，平均隔声量是可以计算的，即幕墙的隔声性能可以完全定量分析。幕墙的平均隔声量可以按下式计算：

$$\overline{R}=13.5\lg M+12+\Delta R_2$$

式中　$\overline{R}$——幕墙的平均隔声量；

M——幕墙的面密度；

ΔR_2——空气层附加隔声量，对于空气层为12 mm的中空玻璃，其值为4 dB；当空气层厚度超过90 mm，其值为12 dB。

开窗通风不仅仅是减少建筑物空调能耗的需要，也是人们的心理需求。当室内环境温度升高时，人们更倾向于打开窗户进行通风，而不是选择打开空调。但是在闹市区，外部噪声可以高达68～75 dB甚至更高，此时呼吸式双层玻璃幕墙的优越性就可以体现出来。单层玻璃幕墙可以自然通风时外部的最大噪声值不能超过70 dB，而双层玻璃幕墙的外部最大噪声值可以达到75～78 dB。呼吸式双层玻璃幕墙能够提供比单层玻璃幕墙更加优越的隔声效果，同时可以提供自然通风，减少对机械通风系统的依赖，让人们在一个安静环境中工作的同时，打开窗户进行自然通风，也能满足人们的心理需求，通过下面的例子可以说明这一点。

通常单层幕墙的建筑假设窗墙面积比为0.5，墙体隔声量为50 dB，窗户关闭时隔声量为37 dB，上悬开启时隔声量为10 dB，室外噪声等级为70 dB。如果室内噪声等级要求为55 dB的话，八小时工作日内可开启窗户进行通风的时间为150 min；如果室内噪声等级要求升高为50 dB（A）时，建筑可开启窗户进行通风的时间将仅为48 min。对于呼吸式双层玻璃幕墙，假设外立面开口面积为10%，由于增加的一层幕墙而增加的隔声量可达到7 dB，那么当室内噪声等级为50 dB时，可允许开窗通风的时间为240 min，相当于一半的工作时间；而当室内噪声等级为55 dB时，全天均可进行开窗通风了。

对呼吸式双层玻璃幕墙的隔声性能影响最大的是外层幕墙上通风口的位置和尺寸大小。一般来说，外层幕墙的开口面积越大，其隔声效果越差。当开口面积小于立面面积5%时，隔声量为14 dB；而当开口面积增加到20%时，其隔声量降至4 dB以下。综合考虑外层幕墙的密闭性、保温性以及幕墙自然通风的需要，通常情况下，其外立面的开口面积一般在8%～12%之间，而对应的隔声量为5～8 dB。

需要注意的是，尽管呼吸式双层玻璃幕墙具有良好的隔绝室外噪声的能力，但它对于建筑内房间之间的隔声并不是有利的。尤其是水平方向没有分隔双层幕墙，声音可以通过通风间层传到其他房间，在设计中应该充分考虑到这些不利因素。

3）夏季隔热性能

呼吸式双层玻璃幕墙可利用热压通风将夏季白天产生的热量带走，而通风间层的空气流动特性的好坏对呼吸式双层玻璃幕墙是至关重要的，关系到夹层空腔内的空气被加热后是否能够快速排走。通风间层的宽度、进出风口设置以及夹层空腔内机构的设置都会对通风间层内的空气流动有影响。为保证夹层内空气流动的顺畅，夹层宽度一般不宜小于400 mm，在有辅助机械通风的情况下，夹层宽度可以适当减少；进出风口的大小尺寸以及所处立面的位置也会不同程度地影响空气流通通道的阻力。

呼吸式双层玻璃幕墙可以利用夜间通风来达到被动式冷却的目的。在夏季的白天，家具、吊顶、墙等都会吸收并储存起一定热量，在夜间机械通风和制冷系统停止工作时，如果门窗都保持关闭，这些储存下来的热量就会被困在室内，到了次日早上，室内温度会远高于室外。双层玻璃幕墙在夜间可打开外层幕墙的进出风口和内层幕墙窗扇来自然通风，利用夜晚室外的凉爽空气冷却室内的蓄热体，使建筑整体降温。另外，夜间通风如果配合近年来受到普遍关注的“激活蓄热体”（Activational Storage Mass）策略使用，能够取得更好的效果。例如，混凝土顶棚外露作为被动冷却楼板，每天通过夜间通风冷却，由于密度大的物体蓄冷后在白天的温升比密度小的物体要缓慢，可以减缓室内白天的升温速度，对降低房间的感觉温度有积极影响。

为了在夏季遮挡过多太阳辐射的进入，在双层幕墙的通风间层内往往设置有遮阳设施，一般为可以收起并可调节角度的遮阳百叶或者是遮阳板。由于外层幕墙的存在，为这些可调节的遮阳装置提供了很好的保护，使得这些遮阳装置更加牢固、耐用并能保持长久的清洁，也不用担心雨水对遮阳装置的侵蚀。此外，对于许多高层建筑，建筑周围的风速会很大，建筑立面就要承受很大的风载荷，因此无法在外立面外设置可调节的遮阳措施，而呼吸式双层玻璃幕墙提供了很好的解决方案。

间层中的遮阳对吸收太阳辐射和释放热量，加热通道中的空气起着重要作用。由于夹层内的遮阳百叶具有较高的太阳辐射吸收率，普通的铝合金百叶的太阳辐射吸收率为30%～35%，其表面温度会很高，并将其转化成热量，然后通过辐射或对流传递到环境空气和相邻表面，使得其周围的空气温度也会比较高，因此，遮阳百叶在夹层中的位置将影响着夹层空气温度的分布。其中，较小的空间被加热的程度要超过较大的空间。如果遮阳就位于内层幕墙前面且两者之间通风不良，内窗前的空气就会被显著加热，无论是否开窗都很不利。因此，遮阳应该放置在间层靠外的一侧，约在通道宽度的三分之一处，和外层幕墙之间至少保持150 mm的距离，并且保证遮阳的顶部和底部与室外通风良好。

因为不同的建筑对玻璃类型和通风情况的需要都不相同，因此在设计阶段确定有效的遮阳对每个项目来说都是特殊的，这些条件在大多数衡量标准中都没有反映。如项目规模很大，就有必要开展试验研究玻璃和遮阳组合的确切性能以及间层通风和百叶角度的关系。此外，玻璃的种类、组成以及遮阳百叶的反射特性等也会影响双层幕墙的隔热性能。

4）冬季保温性能

双层玻璃幕墙具有比单层玻璃幕墙更佳的保温、隔热、通风等热工性能，是因为双层玻璃幕墙的空气间层就好比一个“温室”。因为空气是热的不良导体，该“温室”在建筑物内外环境中间形成了一个温度的缓冲区，在冬季可以减少室内热量的散失，提高了双层幕墙的隔热性能，从而达到节能的效果。

目前，提高双层玻璃幕墙的保温性能主要从提高幕墙的热阻和增加其气密性上着手。双层玻璃幕墙的传热过程涉及导热、对流和辐射三种方式，通过双层玻璃幕墙和空气间层两部分传热介质传热。对于空气间层来说，由于空气是热的不良导体，因此导热传递的热量非常少，而且在空气间层的换热总量中对流换热占的比例较小，约为30%，因此设法减少占70%的辐射换热，可以显著提高空气间层的热阻值。减小辐射换热最有效的方式是在间层表面用辐射系数小的材料，如低辐射玻璃，可以使空气间层的辐射换热系数由通常的3.5 $w/m^2 \cdot K$降低到2.55 $w/m^2 \cdot K$。双层玻璃幕墙的内外两层由玻璃与框架构成，为增加双层玻璃幕墙的热阻，一般选用高热绝缘性玻璃和断热型材。如采用中空玻璃、HIT玻璃、低辐射玻璃等。另外，玻璃幕墙的气密性也是影响其热阻的重要因素。在冬季，空气会从幕墙的缝隙处渗入或渗出，形成空气渗透，引起大量的热损失。决定空气渗透量的因素是室内外的压力差，一般为风压和热压。夏季时，由于室内外温差较小，风压是造成空气渗透的主要原因；在冬季，因为室内有采暖，温度远大于室外，由热压形成的“烟囱效应”会强化空气渗透，这时热压的作用会比风压造成的空气渗透作用更加明显。由于冷热空气密度的差异，室外冷空气会从建筑下部的开口进入室内，而室内的热空气会从建筑上部的开口流出，这一点在高层建筑中更加明显，所以高层建筑底层的采暖负荷要明显高于上部。双层玻璃幕墙由于外层幕墙的存在，围护结构的气密性有了很大的增强，空气的渗透量显著降低，减少了由于空气渗透而造成的热量损失。

双层玻璃幕墙的当量传热系数并不总是小于单层幕墙，对于外层幕墙开口不可调节的双层玻璃幕墙，其综合保温性能不一定好于单层幕墙，而具有可调节风口的双层幕墙的保温性能相比较单层幕墙来说，其保温性能的提高是有限的，通常情况下可以提高1%～20%不等，提高的比例不仅随朝向的不同而异，还与内层幕墙的保温性能有关，内层幕墙的保温性能越高，其整体保温性能提高的比例就越少。当内层玻璃幕墙的传热系数较大，即传热热阻较小时，例如使用普通中空窗，那么外层幕墙对保温性能的改善可以达到40%；而当内层幕墙采用的是高性能保温窗，如双Low-E玻璃的中空窗，传热系数K值降到1 w/(m^2·K)时，双层幕墙的保温性能只提高12%左右。此外，在评价透明围护结构的保温性能时，不仅要考虑其表征传热特征的传热系数K值，还应该考虑获得太阳辐射热量的有利因素。

5）通风性能

呼吸式双层玻璃幕墙的通风性能包括通风间层与室内外的通风，主要发生在炎热的夏季和室内无需过多太阳辐射的过渡季节，其目的是为了减小双层幕墙系统的整体遮阳系数，缩短建筑物空调的使用时间，实现室内与室外间接自然通风。这不仅有利于减少室内的空调能耗，而且还满足了人们对自然通风的需求，提高了室内的舒适度。建筑物与双层幕墙之间的空气流动主要是由烟囱效应引起的压力差、空调系统引起的压力差和建筑周围风的流动引起的压力差这三种压力差引起的。

“烟囱效应”也称热压效应，太阳辐射被双层幕墙间层中的遮阳百叶和外层幕墙吸收后，通过对流换热的形式重新释放到夹层的空气中，使得间层内的空气被加热，密度降低，向上浮动，导致通风间层内上部空气压力比通道外大，于是通风间层内空气经上部出风口向外流动。同时间层下部由于空气的上升而产生负压，使得间层外空气不断地流入，以填补流出的空气所让出的空间，这样持续不断的空气流动就形成了热压作用下的自然通风现象。

空调系统引起空气流动的一个简单例子就是排风风机，当排风风机接通电源后，风机叶片高速旋转并压缩其周围的空气，由于风机叶片的特定形状以及旋转方向，在风机两侧将形成一个恒定的压力差，该压力差推动风机室内侧的空气向室外流动，从而达到排风目的。另外，在常规的空调系统设计中，吸风量比排风量要大，从而会在空调的送风区域形成一定的压力，从而可以避免周围非空调区域或者是室外空气的渗入。

风压是指空气流受到阻挡时产生的静压。当风吹过建筑物时，由于建筑物的阻挡，迎风面气流受阻，静压增高；侧风面和背风面将产生局部涡流，静压降低。这样便在迎风面与背风面形成压力差，室内外的空气在这个压力差的作用下由压力高的一侧向压力低的一侧流动。建筑物四周的风压分布与建筑物的几何形状和风向、风速等因素有关。假设有风从左边吹向建筑时，建筑的迎风面将受到空气的推动作用形成正压区，推动空气从迎风面进入建筑；而建筑的背风面，由于受到空气绕流影响形成负压区，吸引建筑内空气从背风面的出口流出，这样就形成了持续不断的空气流，形成风压作用下的自然通风。

4. 双层玻璃幕墙绿色施工的环境保护措施

施工现场应建立适用于幕墙施工的环境保护管理体系，并保证有效运行，整个施工过程中应遵守工程所在地环保部门的有关规定，施工现场应做到文明施工。施工应按照《中华人民共和国环境保护法》，防治因施工对环境的污染，施工组织设计中应有防治扬尘、废水和固体废弃物等对污染环境的控制；施工废弃物应分类统一堆放处理；密封胶使用完毕后胶桶应集中放置，胶带撕下后应收集，统一处理。施工现场应遵照《建筑施工场界环境噪声排放标准》来制定防治噪声污染措施，施工现场的强噪声设备应搭设封闭式机棚，并尽可能地设置在远离居住区的一侧，以减少噪声污染，同时，施工现场应进行噪声值监测，噪声值不应该超过国家或地方噪声排放标准。施工下料应及时回收，包括中性耐候硅酮等，并做好施工现场的卫生清洁工作。

二、太阳能光电幕墙的绿色施工技术

光电幕墙，即粘贴在玻璃上，镶嵌于两片玻璃之间，通过电池可将光能转化成电能。这就是太阳能光电幕墙。它是用光电池、光电板技术，把太阳光转化为电能，它关键的技术是太阳能光电池技术。

新型太阳能光电幕墙是将传统玻璃幕墙和太阳能电池光电转换技术结合，来主动提供能量的一种新型建筑幕墙，既具有符合传统幕墙的建筑规范，包括安装、采光、机械性能等，又能够利用太阳能将太阳光转换成直流电能，通过逆变器变换成交流电源，或通过控制器整流稳压成直流电能，具备安全可靠、造型美观、安装方便、节能环保等特点。通过钢骨架的安装、光电玻璃幕墙板的拼装以及电气及设备的调试完成系统的施工，满足异形结构构造玻璃幕墙的精细化安装与复杂综合布线系统技术相交叉的综合质量要求。

1. 太阳能光电幕墙绿色施工特点

采用大面积板块整体安装技术与综合布线技术相结合的同步施工方法，可保证工艺的合理性，是实现新型太阳能光电幕墙独特功能的保证。采用包含单晶硅电池片构件的幕墙玻璃，进行精细化的大板块密拼与固定加工，使用专门研发的自载光伏电源两维全自动双轨外挂吊篮装置，保证幕墙玻璃在高空吊装及拼装过程中的安全稳定性，也是同步完成后期调试的接口工作。不锈钢螺栓连接竖框与结构连接件，连接件上的螺栓孔为长圆孔以保证竖框的前后调节，连接件与竖框接触部位加设绝缘垫片，以防止电解腐蚀，进而保持承载力结构的稳定性与耐久性。按照线路检查、绝缘电阻检测、接地电阻检测、系统性能测试与调整等流程进行太阳能光电幕墙电气系统的测试和调试，可满足太阳能光伏阵列电压、电流的误差在2%以内，测试电压范围10～1000 V的高精度。

2. 太阳能光电幕墙的绿色施工技术要点

1）测量放线的操作要点

根据土建工程在一层轴线引出基础主轴线各两条，利用矢高放线技术以保证主轴线完全闭合，再根据主轴线排尺放出轴线网。在四周设置后视点和标准桩点，组成“十”字形基准轴线网，以控制整体测量精度。钢骨柱脚定位轴线采用盘左、盘右取中定点法消除误差，放线复验其单根轴线的误差要求应不大于3 mm。每根柱根据构件预检长度和柱底量测的标高控制柱顶标高，采用在柱间加垫片，要求其垫片厚度不大于5 mm。切割柱底衬板时，切割长度不大于3 mm，通过打磨平整以保持焊缝尺寸的要求，同时利用地脚螺栓间隙进行偏差调整。

2）安装竖框与横框钢骨的技术要点

龙骨安装前使用经纬仪对横框、竖框进行贯通，检查并调整误差，龙骨的安装顺序为先安装竖框，然后再安装横框，安装工序由下往上逐层展开。在竖框安装过程中应随时检查竖框的中心线，并及时通过特殊“U”形连接装置纠正偏差，要求竖框安装的标高偏差不大于1.0 mm；轴线前后偏差不大于2.0 mm；左右偏差不大于2.0 mm；相邻两根竖框安装的标高偏差不大于2.0 mm；同层竖框的最大标高偏差不大于3.0 mm；相邻两根竖框的距离偏差不大于2.0 mm。竖框与结构连接件之间采用不锈钢螺栓进行连接，连接件上的螺栓孔为长圆孔，以保证竖框的前后调节，连接件与竖框接触部位加设绝缘垫片，以防止电解腐蚀。

竖框调整后拧紧螺栓进行固定，然后进行横框安装，根据弹线确定的位置安装横框，保证横框与竖框的外表面处于同一立面上，横框与竖框间采用铝制角码进行连接。横框安装自下而上进行，每安装完一层进行检查、调整、校正，相邻两根横框的标高水平偏差不大于1.0 mm;同层标高偏差要求当一面幕墙宽度小于或等于35 m时，标高偏差不大于3.0 mm；当一面幕墙宽度大于35 m时，标高偏差不大于4.0 mm。

3）安装太阳能光电玻璃幕墙板的操作要点

吊装前将光电板块吸盘固定在玻璃面板上，用帆布条将吸盘把手与光电板块缠紧，防止吊升时因吸盘吸力不够而造成光电板块与吸盘分离，进而导致光电板块损坏。吸盘固定好后用汽车吊的吊钩钩住吸盘把手，把太阳能光电板块吊升至施工层，进行对槽、进槽、对胶缝和将接线盒引出线就位等工作。太阳能光电板块初装完成后就对板块进行调整，调整的标准为横平、竖直、面平，横平要求横框水平、胶封水平；竖直要求竖框垂直、胶封垂直；面平要求各玻璃在同一平面内，室外调整完后还要检查室内各处尺寸是否达到设计要求。

太阳能光电板安装时要进行全过程的质量控制，重点验收板块自身的问题、胶缝的尺寸和设计问题，以及室内铝材间的接口问题。

4）线槽及电缆敷设连接综合布线的技术要点

线槽应保证平整、无扭曲变形、内壁无毛刺、各种附件齐全，线槽接口应平整，接缝处紧密平直，槽盖装上后应平整、无上翘变形、出线口的位置准确。线槽的所有非导电部分的铁件均应相互连接跨接，使其成为一个连续导体并做好整体接地。电缆敷设时采用人力牵引，电缆要排列整齐，不得有交叉，拐弯处以最大截面允许弯曲的半径为准，不同等级电压的电缆应分层敷设，应敷设在上层，电缆弯曲两端均用电缆卡固定。太阳能电池组件间的布线使用4 mm的导线，太阳能电池组件有两根电缆引出，有正负之分，须确认接线极性并将线缆引到直流防雷箱内。直流防雷箱内并联接线，并把组件串的编号标记在电缆上，按标记和图纸进行接线。将逆变器的输出电缆连接到并网柜，并做好相应的标记。

5）电气设备安装前的注胶与清洗技术要点

注胶过程中加强对成品的保护，按照填塞垫杆、粘贴刮胶纸、注密封胶、刮胶和撕刮胶纸的顺序进行。选择规格适当、质量合格的垫杆填塞到拟注胶的缝中，保持垫杆与板块侧面有足够的摩擦力，填塞后垫杆凹入表面距玻璃表面约4 mm。选用干净的洗洁布和二甲苯，用“两块抹布法”将拟注缝在注胶前半小时内清洁干净，并粘贴刮胶纸。胶缝在清洁后半小时内应尽快注胶，超过时间后应重新清洁，刮胶应沿同一方向将胶缝刮平，且应注意密封的固化时间。

6）电气及监控系统的技术要点

并网柜安装所在变配电室的环境要求室内洁净、安全，对预制加工的槽钢进行调直、除锈、刷防锈底漆。基础槽钢安装完毕后将配电室内接地干线与槽钢进行可靠连接，检查并网柜上的全部电器元件是否相符，其额定电压和控制、操作电源电压等是否匹配。并网柜箱体及箱内设备与各构件间的连接应牢固，箱体与接地金属构架可靠接地，箱内接线包括分回路的电线与并网柜元件连接、消防弱电等控制回路导线的连接。与母排连接的电线通过接线端子连接，箱内接线之后对并网箱内线路进行测试，主要包括进线电缆的绝缘测试、分配线路的绝缘测试、二次回路线路的绝缘测试。与断路器连接的电线插入断路器的出线孔后，通过压紧螺丝固定，多股线搪锡后方可连接。箱内接线总体要求接线正确、配线美观、导线分布协调，根据导线的功能、线径及连接器件的种类采用不同的连接方式，主要分为与母线连接、与断路器出线孔连接。监控系统安装根据监控系统安装图纸，逆变器、数据采集器的接线端子标示以及温湿度传感器，光照强度传感器等按安装位置接线，线路要和强电线缆分离布放，并控制分离距离。

7）太阳能电气系统调试的技术要点

新型太阳能光电幕墙的电气系统调试按照线路检查、绝缘电阻检测、接地电阻检测、系统性能测试与调整等流程进行。检查送电线路有无可能导致供电系统短路或断路的情况，确认所有隔离开关、空气开关处于断开位置，熔断器处于断开位置，同时观察并网柜是否正常工作。检查监控软件是否正常显示光伏系统发电量、电压、频率、二氧化碳减排量等系统参数，测试精度可以达到太阳能光伏阵列电压、电流的误差在2%以内，测试电压范围10～1000 V。

3. 太阳能光电幕墙的绿色施工技术的质量保证措施

1）质量保证制度

对整个施工项目实行全面质量管理，建立行之有效的质量保证体系，成立以项目经理为首的质量管理机构，通过严密的质量保证措施和科学的检测手段来保证工程质量。严格执行质量管理制度及技术交底制度，坚持以技术进步来保证施工质量的原则，技术部门编制有针对性的施工组织设计，建立并实行自检、互检、工序交接检查的“三检”制度。

2）具体的绿色施工质量保证措施

加强测量监控，施工过程中交叉使用经纬仪、自动水准仪和水平仪等实现实时监测，为防止和避免积累误差，型钢龙骨均从基准点投测，同时太阳能光电幕墙钢柱的放线及测量校正，按照龙骨安装时初校—安装龙骨时要观测—安装高强螺栓复核—终拧高强螺栓—竖向投点排尺寸放线并做闭合检验—焊接完成后重新投点—排尺放线—闭合测量的质量保证顺序。及时安装钢梁并校正，通过穿入高强螺栓形成一个框体，可增强稳定性以抵消温差对太阳能光电幕墙钢柱垂直度的影响。通过实际分析研究、测量、观察，发现外围钢柱易产生偏差，考虑外围钢柱外侧无约束，焊后很容易向内倾斜的情况，通过采取预测、预控新工艺，使焊后变形消耗掉预留值。

将型钢骨架安装后标高测量结果预检长度值，进行综合分析后采取对柱底加垫钢板的方法调整标高误差。做好高强螺栓的管理、使用及检查，高强螺栓的正确保管，严防受潮生锈，有缺陷者禁止使用。高强螺栓分两次拧紧，先紧固的螺栓有一部分轴力消耗在克服钢板的变形上，当它周围螺栓紧固之后，其轴力被分摊减小，因此采取两次拧紧。对于高强螺栓的连接面，吊装前要逐个进行工地除锈，要垂直于受力方向，做到无油污、沙土，保持干燥。

在综合布线作业过程中应正确地标志和设置布线的路径，防止因布线系统复杂而造成错接现象，同时考虑便于调整和检修、维护的需要。整体安装后的系统调试应借助于专用的检测仪器，按照先局部后整体的顺序实施，重点检测其电阻值、光伏系统发电量以及电压、频率、二氧化碳减排量等参数。

4. 太阳能观点幕墙的绿色施工技术的环保措施

1）作业区环保的主要措施

所有材料、成品、板块、零件分类按照有关物品储运的规定堆放整齐，标志清楚。施工现场的堆放材料按施工平面图码放好各种材料，运输进出场时码放整齐，捆绑结实，散碎材料防止散落，门口处设专人清扫。建筑垃圾堆放到指定位置，做到当日完工场清；清运施工垃圾采用封闭式灰斗；现场道路指定专人适量洒水以减少扬尘。现场每天有专人洒水，防止粉尘飞扬以保持良好的现场环境，夜间照明灯尽量把光线调整到现场以内，严禁反强光源辐射到其他区域。尽量选择噪声低、振动小、公害小的施工机械和施工方法，减小对现场周围的干扰，严防噪声污染。焊接的施工过程应采取针对性的防护措施，防止发生强烈的光污染。

2）施工区环保的主要措施

所有设备排列整齐，明亮干净，运行正常并标志清楚，专人负责材料保管和清理卫生，务必保持场地整洁。建立材料管理制度，严格按照公司有关制度办事，按照 ISO 9001 认证的文件程序，严格做到账目清楚、账实相符、管理严密。项目部管理人员对指定分管区域的洞口和临边的安全设施等进行日常监督管理，落实文明施工责任制。

第四章 装配式建筑绿色施工技术

第一节 装配式建筑混凝土结构

装配式建筑混凝土结构可以降低资源、能源消耗，减少建筑垃圾，保护环境。由于实现了构件生产工厂化，材料和能源消耗均处于可控状态；建造阶段消耗建筑材料和电力较少，施工扬尘和建筑垃圾大幅度减少，是一种新型的绿色施工技术。

一、装配式结构的基本构件

1. 预制混凝土柱

从制造工艺上看，预制混凝土柱包括预制混凝土实心柱和预制混凝土矩形柱壳两种形式，如图 4-1、4-2 所示。预制混凝土柱的外观多种多样，包括矩形、圆形和工字形等。在满足运输和安装要求的前提下，预制柱的长度可达到 12 m 或更长。

2. 预制混凝土梁

预制混凝土梁根据制造工艺不同可分为预制实心梁、预制叠合梁两类，如图 4-3、4-4 所示。预制实心梁制作简单，构件自重较大，多用于厂房和多层建筑中。预制叠合梁便于预制柱和叠合楼板连接，整体性较强，运用十分广泛。预制梁壳通常用于梁截面较大或起吊质量受到限制的情况，优点是便于现场钢筋的绑扎，缺点是预制工艺较复杂。

图 4-1　预制混凝土实心柱

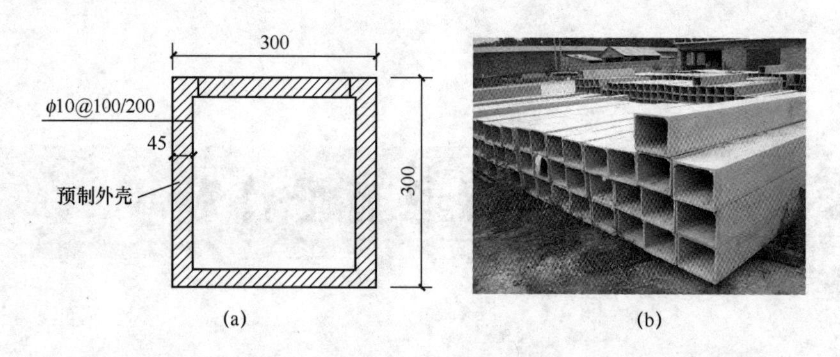

图 4-2 预制混凝土矩形柱壳

（a）外壳尺寸；（b）外壳实物

图 4-3 预制实心梁

图 4-4 预制叠合梁

按是否采用预应力来划分，预制混凝土梁可分为预制预应力混凝土梁和预制非预应力混凝土梁。预制预应力混凝土梁集合了预应力技术节省钢筋、易于安装的优点，生产效率高、施工速度快，在大跨度全预制多层框架结构厂房中具有良好的经济性。

3. 预制混凝土楼面板

预制混凝土楼面板按照制造工艺不同可分为预制混凝土叠合板、预制混凝土实心板、预制混凝土空心板、预制混凝土双 T 板等。

预制混凝土叠合板最常见的主要有两种，一种是桁架钢筋混凝土叠合板，另一种是预制带肋底板混凝土叠合楼板。桁架钢筋混凝土叠合板属于半预制构件，下部为预制混凝土板，外露部分为桁架钢筋，如图 4-5、4-6 所示。预制混凝土叠合板的预制部分厚度通常为 60 mm，叠合楼板在工地安装到位后要进行二次浇筑，从而成为整体实心楼板。桁架钢筋的主要作用是将后浇筑的混凝土层与预制底板形成整体，并在制作和安装过程中提供刚度。伸出预制混凝土层的桁架钢筋和粗糙的混凝土表面保证了叠合楼板预制部分与现浇部分能有效结合成整体。

图 4-5　桁架钢筋混凝土叠合板

图 4-6　桁架钢筋混凝土叠合板的安装

预制带肋底板混凝土叠合楼板是一种预应力带肋混凝土叠合楼板（PK 板），如图 4-7 和图 4-8 所示。

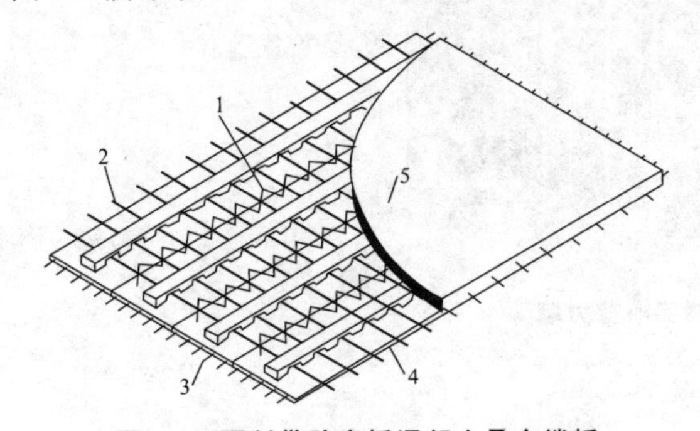

图 4-7　预制带肋底板混凝土叠合楼板

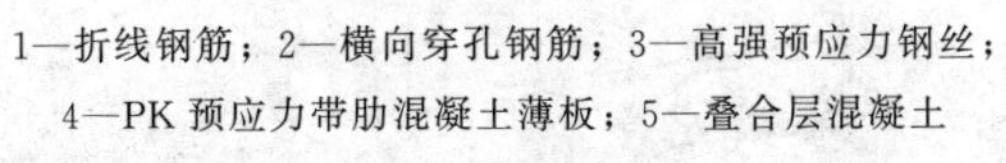
1—折线钢筋；2—横向穿孔钢筋；3—高强预应力钢丝；
4—PK 预应力带肋混凝土薄板；5—叠合层混凝土

图 4-8　预制带肋底板混凝土叠合楼板的安装

PK 预应力混凝土叠合板具有以下优点。

①是国际上最薄、最轻的叠合板之一：30 mm 厚，自重 110 kg/m^2。

②用钢量最省：由于采用高强预应力钢丝，比其他叠合板用钢量节省 60%。

③承载能力最强：破坏性试验承载力可达 1.1 t/m^2，支撑间距可达 3.3 m，减少支撑数量。

④抗裂性能好：由于施加了预应力，极大地提高了混凝土的抗裂性能。

⑤新老混凝土结合好：由于采用了 T 型肋，现浇混凝土形成倒梯形，新老混凝土互相咬合，新混凝土流到孔中又形成销栓作用。

⑥可形成双向板：在侧孔中横穿钢筋后，避免了传统叠合板只能做单向板的弊病，且预埋管线方便。

4. 预制混凝土剪力墙

预制混凝土剪力墙从受力性能角度可分为预制实心剪力墙和预制叠合剪力墙。

1）预制实心剪力墙

预制实心剪力墙是指在工厂将混凝土剪力墙预制成实心构件，并在现场通过预留钢筋与主体结构相连接，如图 4-9 所示。随着灌浆套筒在预制剪力墙中的应用，预制实心剪力墙的使用越来越广泛。

预制混凝土夹心保温剪力墙是一种结构保温一体化的预制实心剪力墙，由外叶、内叶和中间层三部分组成。内叶是预制混凝土实心剪力墙，中间层为保温隔热层，外叶为保温隔热层的保护层。保温隔热层与内外叶之间采用拉结件连接。拉结件可以采用玻璃纤维钢筋或不锈钢拉结件。预制混凝土夹心保温剪力墙通常作为建筑物的承重外墙，如图 4-10 所示。

2）预制叠合剪力墙

预制叠合剪力墙是指一侧或两侧均为预制混凝土墙板，在另一侧或中间部位现浇混凝土从而形成共同受力的剪力墙结构，如图 4-11 所示。预制叠合剪力墙结构在德国有着广泛的运用，在我国上海和合肥等地亦已有所应用。它具有制作简单、施工方便等优势。

图 4-9 预制实心剪力墙

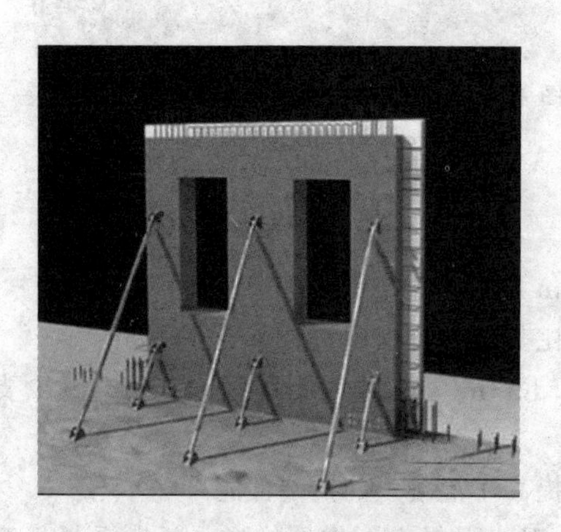

图 4-10 预制混凝土夹心保温剪力墙

图 4-11 预制叠合剪力墙

5. 预制混凝土阳台

预制混凝土阳台通常包括预制实心阳台和预制叠合阳台，如图 4-12 所示。预制阳台板能够克服现浇阳台的缺点，解决了阳台支模复杂、现场高空作业费时费力的问题。

6. 预制混凝土女儿墙

女儿墙处于屋顶处外墙的延伸部位，通常有立面造型。采用预制混凝土女儿墙的优势是能快速安装，节省工期并提高耐久性。女儿墙可以是单独的预制构件，也可以是顶层的墙板向上延伸，顶层外墙与女儿墙预制为一个构件，如图 4-13 所示。

图 4-12 预制混凝土阳台

图 4-13 预制混凝土女儿墙

7. 预制混凝土空调板

预制混凝土空调板通常采用预制混凝土实心板，板侧预留钢筋与主体结构相连，预制空调板通常与外墙板相连。预制混凝土空调板如图 4-14 所示。

图 4-14 预制混凝土空调板

二、围护构件

围护构件是指围合、构成建筑空间，抵御环境不利影响的构件，本节中只展开外围护墙和预制内隔墙相关内容讲解，其余部分不再在章节中赘述。外围护墙用以抵御风雨、温度变化、太阳辐射等，应具有保温、隔热、隔声、防水、防潮、耐火、耐久等性能。内隔墙起分隔室内空间作用，应具有隔声、隔视线以及满足某些特殊要求的性能。

1. 外围护墙

预制混凝土外围护墙板是指预制商品混凝土外墙构件，包括预制混凝土叠合（夹心）墙板、预制混凝土夹心保温外墙板和预制混凝土外墙挂板。外墙板除应具有隔声与防火的功能外，还应具有隔热保温、抗渗、抗冻融、防碳化等作用和满足建筑艺术装饰的要求，外墙板可用轻骨料单一材料制成，也可采用复合材料（结构层、保温隔热层和饰面层）制成。

预制混凝土外围护墙板采用工厂化生产、现场进行安装的施工方法，具有施工周期短、质量可靠（对防止裂缝、渗漏等质量通病十分有效）、节能环保（耗材少，减少扬尘和噪声等）、工业化程度高及劳动力投入量少等优点，在国内外的住宅建筑上得到了广泛运用。

根据制作结构不同，预制外墙结构分为预制混凝土夹心保温外墙板和预制混凝土外墙挂板。

1）预制混凝土夹心保温外墙板

预制混凝土夹心保温外墙板是集承重、围护、保温、防水、防火等功能于一体的重要装配式预制构件，由内叶墙板、保温材料、外叶墙板三部分组成，如图 4-15 所示。

夹心保温外墙板宜采用平模工艺生产，生产时应先浇筑外叶墙板混凝土层，再安装保温材料和拉结件，最后浇筑内叶墙板混凝土，可以使保温材料与结构同寿命。

2）预制混凝土外墙挂板

预制混凝土外墙挂板是在预制车间加工并运输到施工现场吊装的钢筋混凝土外墙板，在板底设置预埋铁件通过与楼板上的预埋螺栓连接使底部与楼板固定，再通过连接件使顶部与楼板固定，如图 4-16 所示。在工厂采用工业化生产，具有施工速度快、质量好、费用低的特点。

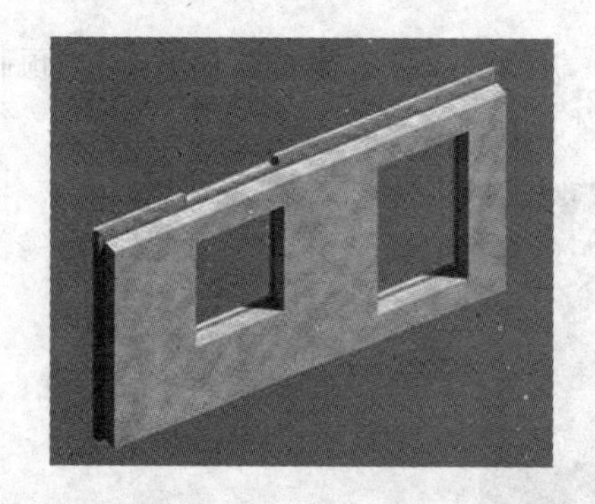

图 4-15 预制混凝土夹心保温外墙板构造

图 4-16 预制混凝土外墙挂板构造

2. 预制内隔墙

预制内隔墙板按成型方式分为挤压成型墙板和立（或平）模浇筑成型墙板两种。

1）挤压成型墙板

挤压成型墙板，也称预制条形内墙板，是在预制工厂使用挤压成型机将轻质材料搅拌成均匀的料浆通过进入模板（模腔）成型的墙板，如图 4-17 所示。按断面不同分空心板、实心板两类，在保证墙板承载和抗剪前提下可以将墙体断面做成空心，这样可以有效降低墙体的质量并能通过墙体空心处空气的特性提高隔断房间内的保温、隔声效果；门边板端部为实心板，实心宽度不得小于 100 mm。

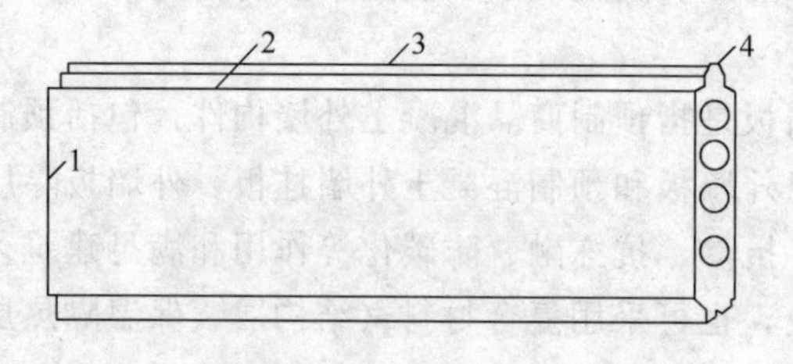

图 4-17 挤压成型墙板（空心）结构

1—板端；2—板边；3—接缝槽；4—榫头

没有门洞口的墙体，应从墙体一端开始沿墙长方向顺序排板；有门洞口的墙体，应从门洞口开始分别向两边排板。当墙体端部的墙板不足一块板宽时，应设计补空板。

2）立（或平）模浇筑成型墙板

立（或平）模浇筑成型墙板，也称预制混凝土整体内墙板，是在预制车间按照所需样式使用钢模具拼接成型，浇筑或摊铺混凝土制成的墙体。

根据受力不同，内墙板使用单种材料或者多种材料加工而成。用聚苯乙烯泡沫板材、聚氨酯泡沫塑料、无机墙体保温隔热材料等轻质材料填充到墙体之中，绿色环保，可以减少混凝土用量，减少室内热量与外界的交换，增强墙体的隔声效果，并通过墙体自重的减轻而降低运输和吊装的成本。

三、预制构件的制作和连接

预制混凝土构件生产应在工厂或符合条件的现场进行。根据场地、构件的尺寸、实际需要等情况，分别采取流水生产线、固定台模法预制生产，并且生产设备应符合相关行业技术标准要求。构件生产企业应依据构件制作图进行预制混凝土构件的制作，并根据预制混凝土构件型号、形状、质量等特点制定相应的工艺流程，明确质量要求和生产各阶段质量控制要点，编制完整的构件制作计划书，对预制构件生产全过程进行质量管理和计划管理。PC生产线效果如图4-18所示。

图4-18　PC生产线效果

1. 预制构件的制作

1）预制构件生产的工艺流程

预制构件生产的通用工艺流程，如图4-19所示。

2）预制构件制作生产模具的组装

①模具组装应按照组装顺序进行，对于特殊构件，要求钢筋先入模后组装。

②模具拼装时，模板接触面平整度、板面弯曲、拼装缝隙、几何尺寸等应满足相关设计要求。

③模具拼装应连接牢固、缝隙严密，拼装时应先进行表面清洗或涂刷水性或蜡质脱模剂，接触面不应有划痕、锈渍和氧化层脱落等现象。

④模具组装完成后尺寸允许偏差应符合要求，净尺寸宜比构件尺寸缩小1～2 mm。

3）预制构件钢筋骨架、钢筋网片和预埋件

钢筋骨架、钢筋网片和预埋件必须严格按照构件加工图及下料单要求制作。首件钢筋制

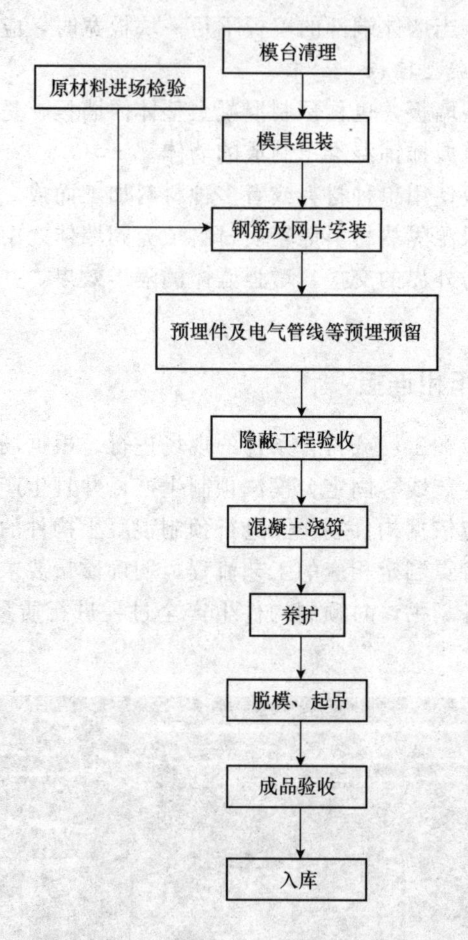

图 4-19 预制构件生产的通用工艺流程

作，必须通知技术、质检及相关部门检查验收，制作过程中应当定期、定量检查，对不符合设计要求及超过允许偏差的一律不得使用，按废料处理。纵向钢筋（带灌浆套筒）及需要套丝的钢筋，不得使用切断机下料，必须保证钢筋两端平整，套丝长度、丝距及角度必须严格按照设计图纸要求。纵向钢筋（采用半灌浆套筒）按产品要求套丝，梁底部纵筋（直螺纹套筒连接）按照国标要求套丝，套丝机应当指定专门且有经验的工人操作，质检人员须按相关规定进行抽检。

4）预制构件混凝土的浇筑

按照生产计划混凝土用量搅拌混凝土，混凝土浇筑过程中注意对钢筋网片及预埋件的保护，浇筑厚度使用专门的工具测量，严格控制，振捣后应当至少进行一次抹压。构件浇筑完成后进行一次收光，收光过程中应当检查外露的钢筋及预埋件，并按照要求调整。浇筑时，洒落的混凝土应当及时清理。浇筑过程中，应充分有效振捣，避免出现因漏振造成的蜂窝麻面现象，浇筑时按照实验室要求预留试块。混凝土浇筑时应符合下列要求。

①混凝土应均匀连续浇筑，投料高度不宜大于 500 mm。

②混凝土浇筑时应保证模具、门窗框、预埋件、连接件不发生变形或者移位，如有偏差应采取措施及时纠正。

③混凝土宜采用振动平台，边浇筑、边振捣，同时可采用振捣棒、平板振动器作为辅助。

④混凝土从出机到浇筑时间（即间歇时间）不应超过 40 min。

5）预制构件混凝土的养护

混凝土养护可采用覆盖浇水和塑料薄膜覆盖自然养护、化学保护膜养护和蒸汽养护方法。桩、柱等体积较大的预制混凝土构件宜采用自然养护方式；楼板、墙板等较薄的预制混凝土构件或冬期生产的预制混凝土构件，宜采用蒸汽养护方式。预制构件采用加热养护时，应制定相应的养护制度，预养时间宜为 1～3 h，升温速率应为 10～20℃/h，降温速率不应大于 10℃/h；梁、柱等较厚的预制构件养护温度为 40℃，楼板、墙板等较薄的构件养护最高温度为 60℃，持续养护时间应不小于 4 h。

2. 预制构件的连接

1）结构材料的连接

（1）焊接连接

焊接是指通过加热（必要时加压），使两根钢筋达到原子间结合的一种加工方法，将原来分开的钢筋构成了一个整体。

常用的焊接方法分为以下 3 种。

①熔焊。在焊接过程中，将焊件加热至熔融状态、不加压力完成的焊接方法通称为熔焊。常见的有等离子弧焊、气焊、气体（二氧化碳）保护焊、电弧焊、电渣焊。

②压焊。在焊接过程中必须对焊件施加压力（加热或不加热）完成的焊接方法称为压焊，如图 4-20 所示。

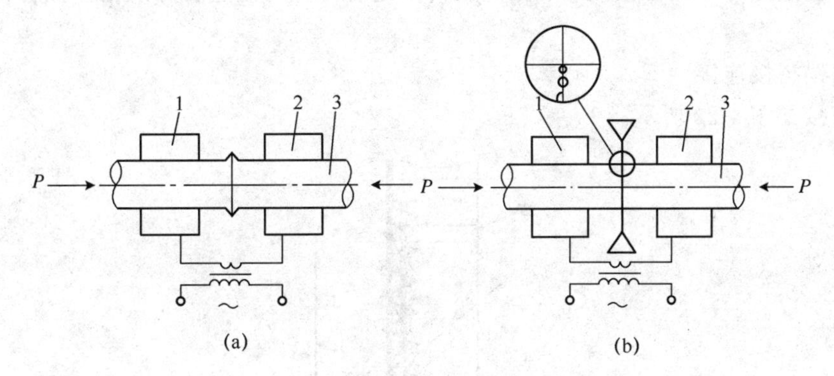

图 4-20　压焊

（a）电阻对焊；（b）闪光对焊

1—固定电极；2—可移动电极；3—焊件；P—压力

③钎焊。把各种材料加热到适当的温度，通过使用液相线温度高于 450℃，但低于母材固相线温度的钎料完成材料的连接称为钎焊，钎焊的接头形式如图 4-21 所示。

装配整体式混凝土结构中应用的主要是热熔焊接。根据焊接长度的不同，分为单面焊和双面焊。根据作业方式的不同，分为平焊和立焊。

焊接连接应用于装配整体式框架结构、装配整体式剪力墙结构中后浇混凝土内的钢筋的连接以及钢结构构件连接。

焊接连接是钢结构工程中较为常见的梁柱连接形式，即连接节点采用全熔透坡口对接焊缝连接。

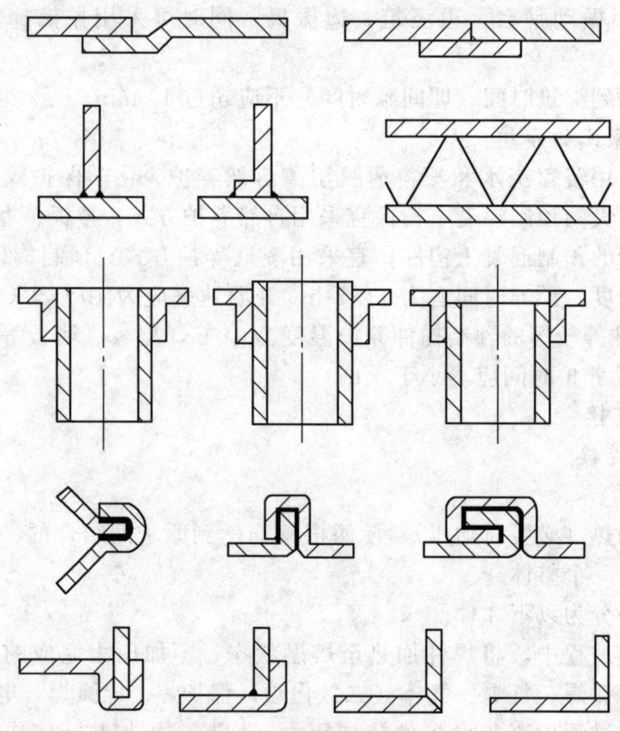

图 4-21 钎焊的接头形式

型钢焊接连接可以随工程任意加工、设计及组合，并可制造特殊规格，配合特殊工程之实际需要。

（2）浆锚搭接连接

浆锚搭接如图 4-22 所示。

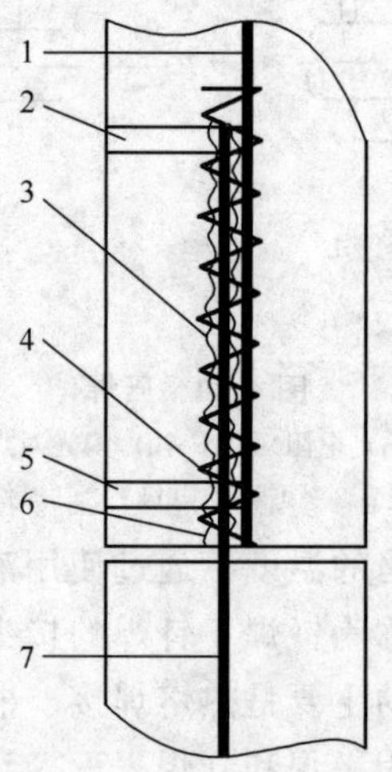

图 4-22 浆锚搭接示意

1—预埋钢筋；2—排气孔；3—波纹状孔洞；4—螺旋加强筋；

5—灌浆孔；6—弹性橡胶密封圈；7—被连接钢筋

浆锚搭接连接是基于粘结锚固原理进行连接的方法，在竖向结构部品下段范围内预留出竖向孔洞，孔洞内壁表面留有螺纹状粗糙面，周围配有横向约束螺旋箍筋。装配式构件将下部钢筋插入孔洞内，通过灌浆孔注入灌浆料，直至排气孔溢出停止灌浆，当灌浆料凝结后将此部分连接成一体。

浆锚搭接连接时，要对预留孔成孔工艺、孔道形状和长度、构造要求、灌浆料和被连接钢筋进行力学性能以及适用性的试验验证。

其中，直径大于 20 mm 的钢筋不宜采用浆锚搭接连接；直接承受动力荷载构件的纵向钢筋不应采用浆锚搭接连接。

浆锚搭接连接成本低、操作简单，但因结构受力的局限性，浆锚搭接连接只适用于房屋高度不大于 12 m 或者层数不超过 3 层的装配整体式框架结构的预制柱纵向钢筋连接。

（3）螺栓连接、栓焊混合连接

螺栓连接即连接节点以普通螺栓或高强螺栓现场连接，以传递轴力、弯矩与剪力的连接形式。

螺栓连接分为全螺栓连接、栓焊混合连接两种连接方式，如图 4-23 和图 4-24 所示。

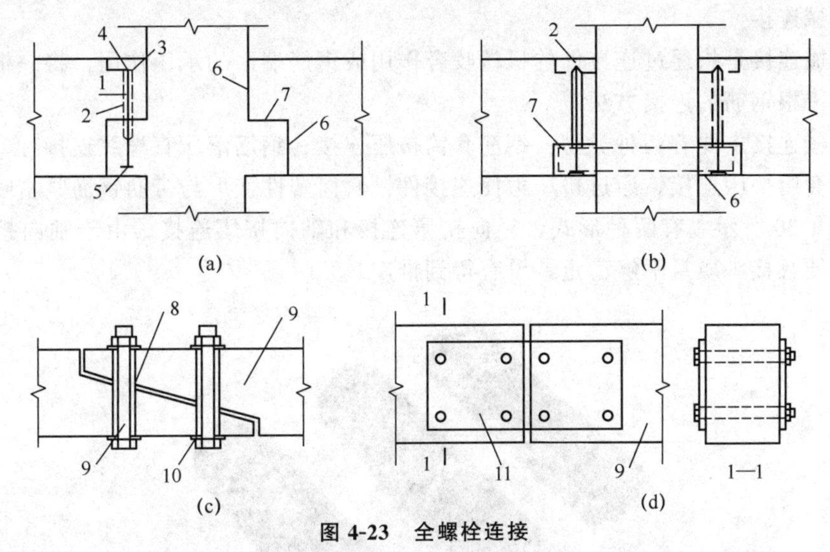

图 4-23　全螺栓连接

（a）螺栓连接的牛腿；（b）螺栓连接的预制梁；（c）螺栓连接的企口接头；（d）螺栓连接的梁

1—螺栓；2—灌浆；3—垫板；4—螺母；5—浇入的螺杆和螺套；6—灌浆；7—可调的支座；8—预留孔；9—预制梁；10—垫圈；11—钢板

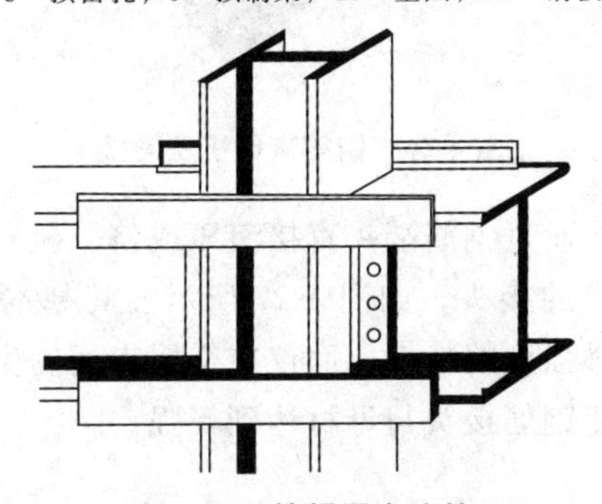

图 4-24　栓焊混合连接

螺栓连接主要适用于装配整体式框架结构中的柱、梁的连接；装配整体式剪力墙结构中预制楼梯的安装连接（牛腿）如图 4-25 所示。

栓焊混合连接是目前多层、高层钢框架结构工程中最为常见的梁柱连接节点形式，即梁的上、下翼缘采用全熔透坡口对接焊缝，而梁腹板采用普通螺栓或高强螺栓与柱连接的形式。

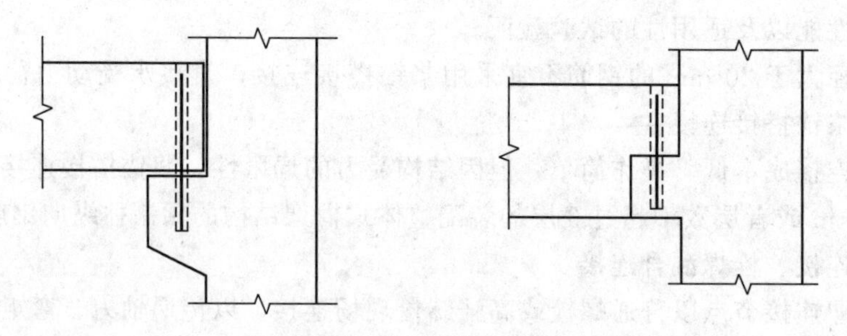

图 4-25　牛腿连接

（4）机械连接

钢筋机械连接是指通过连接件的机械咬合作用或钢筋端面的承压作用，将一根钢筋中的力传递至另一根钢筋的连接方法。

钢筋机械连接主要有两种类型：钢筋套筒挤压连接、钢筋滚压直螺纹连接。

①钢筋套筒挤压连接。通过挤压力使连接件钢套筒塑性变形与带肋钢筋紧密咬合形成的接头，如图 4-26 所示。有两种形式，径向挤压连接和轴向挤压连接。由于轴向挤压连接现场施工不方便且接头质量不够稳定，没有得到推广。

图 4-26　钢筋套筒挤压连接

②钢筋滚压直螺纹连接。通过钢筋端头直接滚压或挤（碾）肋滚压或剥肋后滚压制作的直螺纹和连接件螺纹咬合形成的接头，如图 4-27 所示。其基本原理是利用了金属材料塑性变形后冷作硬化增强金属材料强度的特性，而仅在金属表层发生塑变、冷作硬化，金属内部仍保持原金属的性能，从而使钢筋接头与母材达到等强。

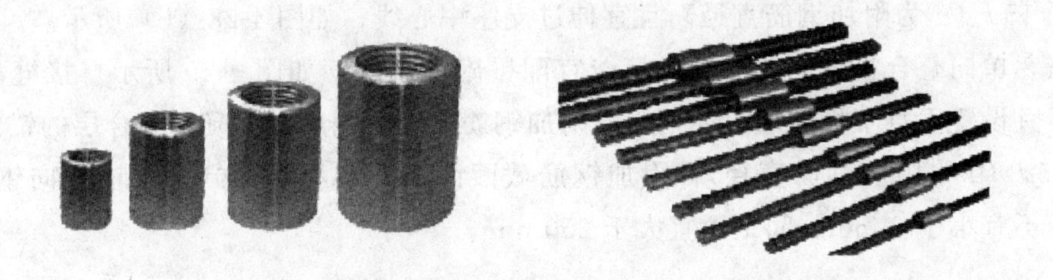

图 4-27　钢筋滚压直螺纹连接

钢筋滚压直螺纹连接主要应用于装配整体式框架结构、装配整体式剪力墙结构、装配整体式框一剪结构中的后浇混凝土内纵向钢筋的连接。

2）构件连接的节点构造及钢筋布设

(1) 混凝土叠合楼（屋）面板的节点构造

混凝土叠合受弯构件是指预制混凝土梁板顶部在现场后浇混凝土而形成的整体受弯构件。装配整体式结构组成中根据用途将混凝土分为叠合构件混凝土和构件连接混凝土。

叠合楼（屋）面板的预制部分多为薄板，在预制构件加工厂完成。施工时吊装就位，现浇部分在预制板面上完成。预制薄板作为永久模板又作为楼板的一部分承担使用荷载，具有施工周期短、制作方便、构件较轻的特点，其整体性和抗震性能较好。

叠合楼（屋）面板结合了预制和现浇混凝土各自的优势，兼具现浇和预制楼（屋）面板的优点，能够节省模板支撑系统。

①叠合楼（屋）面板的分类。主要有预应力混凝土叠合板、预制混凝土叠合板、桁架钢筋混凝土叠合板等。

②叠合楼（屋）面板的节点构造应注意四个方面。

第一，预制混凝土与后浇混凝土之间的结合面应设置粗糙面。粗糙面的凹凸深度不应小于 4 mm，以保证叠合面具有较强的粘结力，使两部分混凝土共同有效地工作。

预制板厚度由于脱模、吊装、运输、施工等因素，最小厚度不宜小于 60 mm。后浇混凝土层最小厚度不应小于 60 mm，主要考虑楼板的整体性以及管线预埋、面筋铺设、施工误差等因素。当板跨度大于 3 m 时，宜采用桁架钢筋混凝土叠合板，可增加预制板的整体刚度和水平抗剪性能；当板跨度大于 6 m 时，宜采用预应力混凝土预制板，降低工程造价；板厚大于 180 mm 的叠合板，其预制部分采用空心板，空心板端空腔应封堵，可减轻楼板自重，提高经济性能。

第二，叠合板支座处的纵向钢筋应符合下列规定：

端支座处，预制板内的纵向受力钢筋宜从板端伸出并锚入支撑梁或墙的后浇混凝土中，锚固长度不应小于 5 d（d 为纵向受力钢筋直径），且宜伸过支座中心线，如图 4-28（a）所示。

叠合板的板侧支座处，当板底分布钢筋不伸入支座时，宜在紧邻预制板顶面的后浇混凝土叠合层中设置附加钢筋，附加钢筋截面面积不宜小于预制板内的同向分布钢筋面积，间距不宜大于 600 mm，在板的后浇混凝土叠合层内锚固长度不应小于 15 d，在支座内锚固长度不应小于 15d（d 为附加钢筋直径）且宜伸过支座中心线，如图 4-28（b）所示。

第三，单向叠合板板侧的分离式接缝宜配置附加钢筋，如图 4-29 所示。接缝处紧邻预制板顶面宜设置垂直于板缝的附加钢筋，附加钢筋伸入两侧后浇混凝土叠合层的锚固长度不应小于 15d（d 为附加钢筋直径）；附加钢筋截面面积不宜小于预制板中该方向钢筋面积，钢筋直径不宜小于 6 mm、间距不宜大于 250 mm。

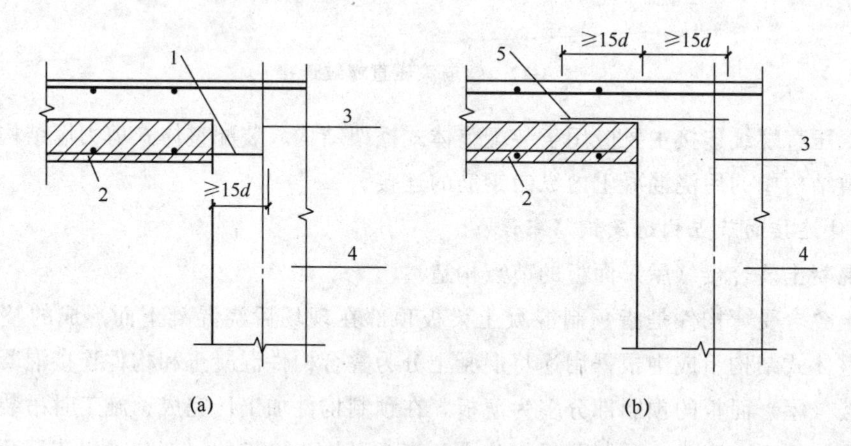

图 4-28 叠合板端及板侧支座构造示意

（a）板端支座；（b）板侧支座

1—纵向受力钢筋；2—预制板；3—支座中心线；4—支座梁或墙；5—附加钢筋

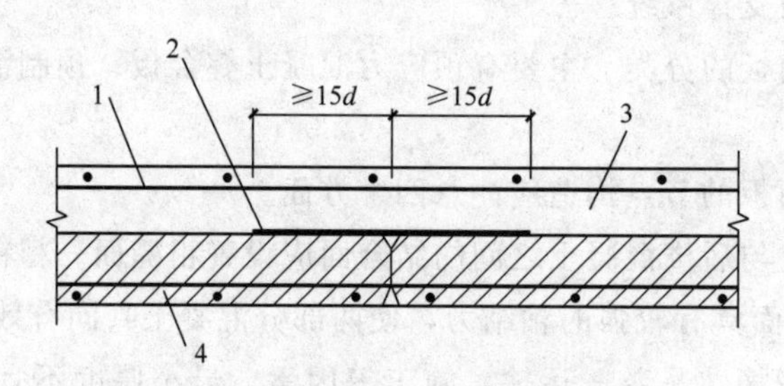

图 4-29 单向叠合板板侧分离式接缝构造示意

1—后浇层内钢筋；2—附加钢筋；3—后浇混凝土叠合层；4—预制板

第四，双向叠合板板侧的整体式接缝处由于有应变集中情况，宜将接缝设置在叠合板的次要受力方向上且宜避开最大弯矩截面，如图 4-30 所示。接缝可采用后浇带形式，并应符合下列规定：后浇带宽度不宜小于 200 mm；后浇带两侧板底纵向受力钢筋可在后浇带中焊接、搭接连接、弯折锚固。

当后浇带两侧板底纵向受力钢筋在后浇带中弯折锚固时，应符合下列规定：叠合板厚度不应小于 10 d（d 为弯折钢筋直径的较大值），且不应小于 120 mm；垂直于接缝的板底纵向受力钢筋配置量宜按计算结果增大 15%配置；接缝处预制板侧伸出的纵向受力钢筋应在后浇混凝土叠合层内锚固，且锚固长度不应小于 l_a；两侧钢筋在接缝处重叠的长度不应小于 10d，钢筋弯折角度不应大于 30°，弯折处沿接缝方向应配置不少于 2 根通长构造钢筋，且直径不应小于该方向预制板内钢筋直径。

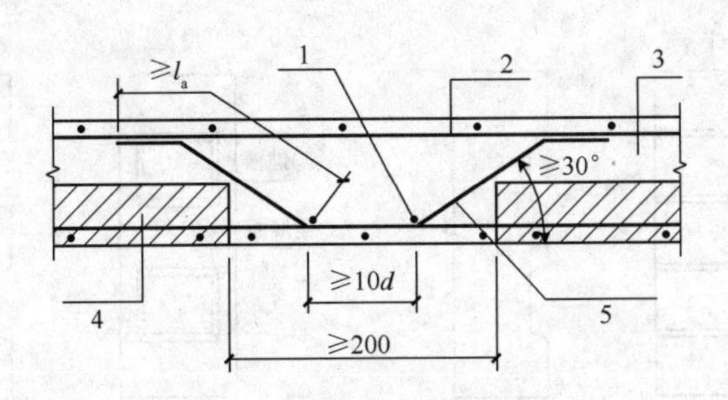

图 4-30　双向叠合板板侧整体式接缝构造示意

1—通长构造钢筋；2—后浇层内钢筋；3—后浇混凝土叠合层；

4—预制板；5—纵向受力钢筋

(2) 叠合梁（主次梁）、预制柱的节点构造

①叠合梁的节点构造。在装配整体式框架结构中，常将预制梁做成矩形或 T 形截面。首先在预制厂内做成预制梁，在施工现场将预制楼板搁置在预制梁上（预制楼板和预制梁下需设临时支撑），安装就位后，再浇注梁上部的混凝土使楼板和梁连接成整体，即成为装配整体式结构中分两次浇捣混凝土的叠合梁。它充分利用了钢材的抗拉性能和混凝土的受压性能，结构的整体性较好，施工简单方便。

混凝土叠合梁的预制梁截面一般有两种，分为矩形截面预制梁和凹口截面预制梁。

装配整体式框架结构中，当采用矩形截面预制梁时，预制梁端的粗糙面凹凸深度不应小于6 mm，框架梁的后浇混凝土叠合层厚度不宜小于 150 mm，如图 4-31（a）所示，次梁的后浇混凝土叠合板厚度不宜小于 120 mm；当采用凹口截面预制梁时，凹口深度不宜小于 50 mm，凹口边厚度不宜小于 60 mm，如图 4-31（b）所示。

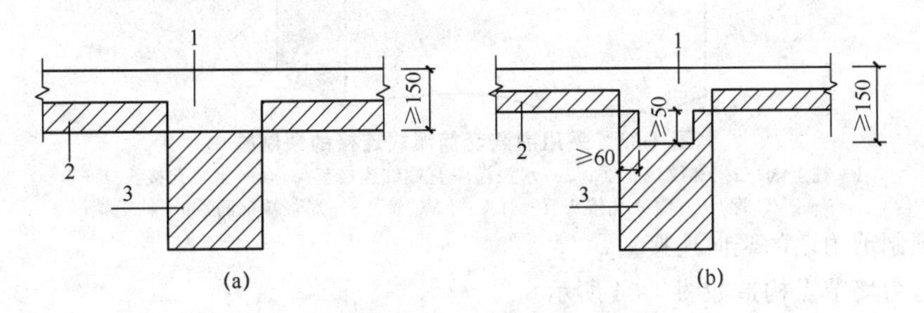

图 4-31　叠合框架梁截面示意

(a) 矩形截面预制梁；(b) 凹口截面预制梁

1—后浇混凝土叠合层；2—预制板；3—预制梁

为提高叠合梁的整体性能，使预制梁与后浇层有效地结合为整体，预制梁与后浇混凝土、灌浆料、坐浆材料的结合面应设置粗糙面，预制梁端面应设置键槽，如图 4-32 所示。

预制梁端的粗糙面凹凸深度不应小于 6 mm，键槽尺寸和数量应按《装配式混凝土结构技术规程》(JGJ 1—2014) 第 7.2.2 条的规定计算确定。

键槽的深度 t 不宜小于 30 mm，宽度不宜小于深度的 3 倍且不宜大于深度的 10 倍；键槽可贯通截面，当不贯通时槽口距离截面边缘不宜小于 50 mm，键槽间距宜等于键槽宽度，键槽端部斜面倾角不宜大于 30°；粗糙面的面积不宜小于结合面的 80%。

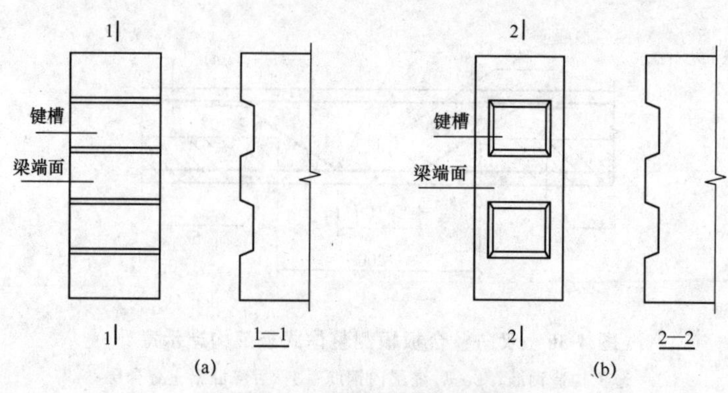

图 4-32 梁端键槽构造示意

（a）键槽贯通截面；（b）键槽不贯通截面

②预制柱的节点构造。预制混凝土柱连接节点通常为湿式连接，如图 4-33 所示。

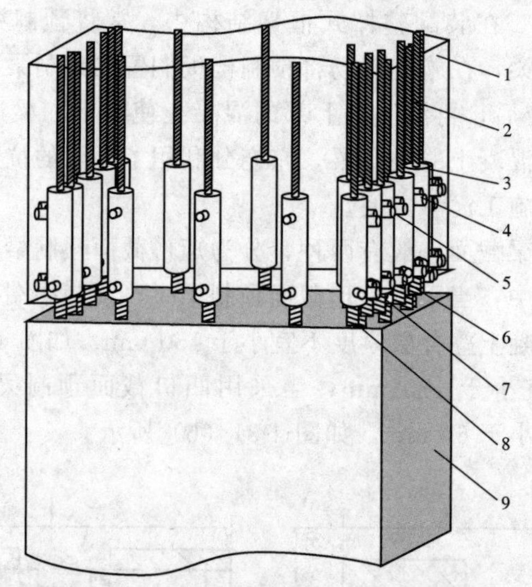

图 4-33 采用灌浆套筒湿式连接的预制柱

1—柱上端；2—螺纹端钢筋；3—水泥灌浆直螺纹连接套筒；4—出浆孔接头 T—1；5—PVC 管；6—灌浆孔接头 T—1；7—PVC 管；8—灌浆端钢筋；9—柱下端

（3）预制剪力墙的竖向连接

预制剪力墙节点构造如图 4-34 所示。

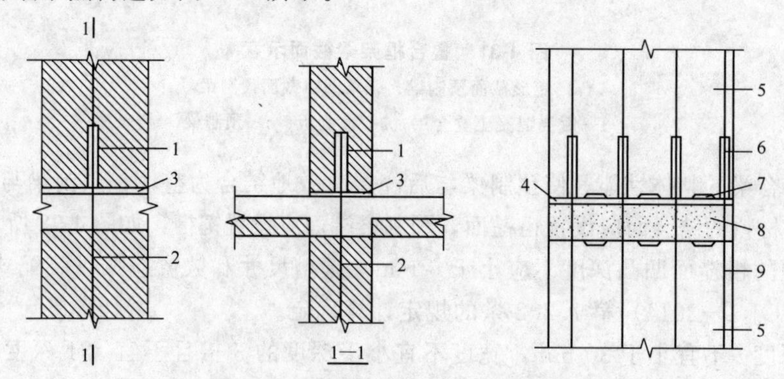

图 4-34 预制剪力墙板上下节点连接

1—钢筋套筒灌浆连接；2—连接钢筋；3—坐浆层；4—坐浆；5—预制墙体；6—浆锚套筒连接或浆锚搭接连接；7—键槽或粗糙面；8—现浇圈梁，9—竖向连接筋

第二节　装配式建筑施工技术

一、构件安装

1. 预制柱施工技术要点

①预制框架柱吊装施工流程如图 4-35 所示。

②施工技术要点。

根据预制柱平面各轴的控制线和柱框线校核预埋套管位置的偏移情况，做好记录。

检查预制柱进场的尺寸、规格，混凝土的强度是否符合设计和规范要求，检查柱上预留套管及预留钢筋是否满足图纸要求、套管内是否有杂物；同时做好记录，并与现场预留套管的检查记录进行核对，无问题方可进行吊装。

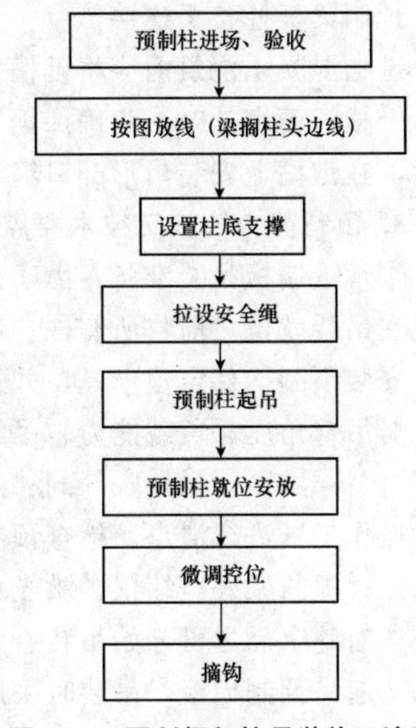

图 4-35　预制框架柱吊装施工流程

吊装前在柱四角放置金属垫块，以利于预制柱的垂直度校正，按照设计标高，结合柱子长度对偏差进行确认。用经纬仪控制垂直度，若有少许偏差可运用千斤顶等进行调整。

柱初步就位时应将预制柱钢筋与下层预制柱的预留钢筋初步试对，无问题后准备进行固定。

预制柱接头连接采用套筒灌浆连接技术。

柱脚四周采用坐浆材料封边，形成密闭灌浆腔，保证在最大灌浆压力（约 1 MPa）下密封有效。

如所有连接接头的灌浆口都未被封堵，当灌浆口漏出浆液时，应立即用胶塞进行封堵牢固；如排浆孔事先封堵胶塞，应摘除其上的封堵胶塞，直至所有灌浆孔都流出浆液并已封堵后，等待排浆孔出浆。

一个灌浆单元只能从一个灌浆口注入，不得同时从多个灌浆口注浆。

2. 预制梁施工技术要点

①预制梁吊装施工流程如图 4-36 所示。

②施工技术要点。

测出柱顶与梁底标高误差，在柱上弹出梁边控制线。

在构件上标明每个构件所属的吊装顺序和编号，便于吊装工人辨认。

梁底支撑采用立杆支撑＋可调顶托＋100 mm×100 mm 木方，预制梁的标高通过支撑体系的顶丝来调节。

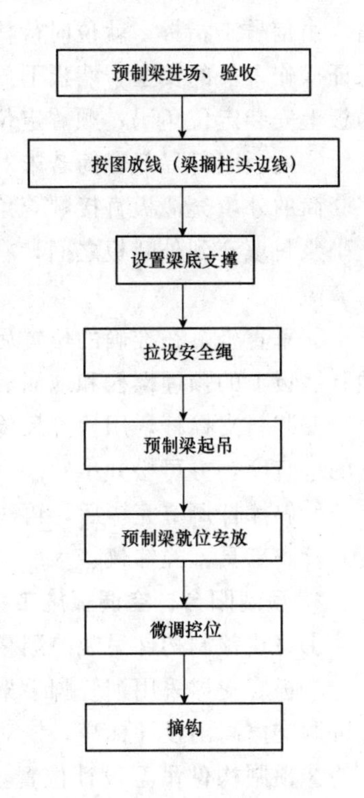

图 4-36　预制梁吊装施工流程

梁起吊时，用吊索钩住扁担梁的吊环，吊索应有足够的长度以保证吊索和扁担梁之间的角度≥60°。

当梁初步就位后，借助柱头上的梁定位线将梁精确校正，在调平的同时将下部可调支撑上紧，这时方可松去吊钩。

主梁吊装结束后，根据柱上已放出的梁边和梁端控制线，检查主梁上的次梁缺口位置是否正确，如不正确，需做相应处理后方可吊装次梁，梁在吊装过程中要按柱对称吊装。

预制梁板柱接头连接。

键槽混凝土浇筑前应将键槽内的杂物清理干净，并提前 24 h 浇水湿润。

键槽钢筋绑扎时，为确保钢筋位置的准确，键槽预留 U 形开口箍，待梁柱钢筋绑扎完成后，在键槽上安装∩形开口箍与原预留 U 形开口箍双面焊接 $5d$（d 为钢筋直径）。

3. 预制剪力墙施工技术要点

①承重墙板吊装准备：由于吊装作业需要连续进行，所以吊装前的准备工作非常重要，首先在吊装就位之前将所有柱、墙的位置在地面弹好墨线，根据后置埋件布置图，采用后钻孔法安装预制构件定位卡具，并进行复核检查；同时对起重设备进行安全检查，并在空载状态下对吊臂角度、负载能力、吊绳等进行检查，对吊装困难的部件进行空载实际演练（必须进行），将导链、斜撑杆、膨胀螺栓、扳手、2 m 靠尺、开孔电钻等工具准备齐全，操作人员对操作工具进行清点。检查预制构件预留灌浆套筒是否有缺陷、杂物和油污，保证灌浆套筒完好；提前架好经纬仪、激光水准仪并调平。填写施工准备情况登记表，施工现场负责人检查核对签字后方可开始吊装。

②起吊预制墙板：吊装时采用带八字链的扁担式吊装设备，加设缆风绳。

③顺着吊装前所弹墨线缓缓下放墙板，吊装经过的区域下方设置警戒区，施工人员应撤离，由信号工指挥，就位时待构件下降至作业面 1 m 左右高度时施工人员方可靠近操作，以保证操作人员的安全。墙板下放好垫块，垫块保证墙板底标高的正确（注：也可提前在预制墙板上安装定位角码，顺着定位角码的位置安放墙板）。

④墙板底部局部套筒若未对准时可使用八字链将墙板手动微调，重新对孔。底部没有灌浆套筒的外填充墙板直接顺着角码缓缓放下墙板。垫板造成的空隙可用坐浆方式填补。为防止坐浆料填充到外叶板之间，在苯板处补充 50 mm×20 mm 的保温板（或橡胶止水条）堵塞缝隙。

⑤垂直坐落在准确的位置后使用激光水准仪复核水平方向是否有偏差，无误差后，利用预制墙板上的预埋螺栓和地面后置膨胀螺栓（将膨胀螺栓在环氧树脂内蘸一下，立即打入地面）安装斜支撑杆，用检测尺检测预制墙体垂直度及复测墙顶标高后，利用斜撑杆调节好墙体的垂直度，方可松开吊钩。

⑥斜撑杆调节完毕后，再次校核墙体的水平位置和标高、垂直度，以及相邻墙体的平整度。检查工具：经纬仪、水准仪、靠尺、水平尺（或软管）、铅锤、拉线。

4. 预制阳台、空调板施工技术要点

①每块预制构件吊装前测量并弹出相应周边（隔板、梁、柱）控制线。

②板底支撑采用钢管脚手架＋可调顶托＋100 mm×100 mm 木方，板吊装前应检查是否有可调支撑高出设计标高，校对预制梁及隔板之间的尺寸是否有偏差，并做相应调整。

③预制构件吊至设计位置上方 3～6 cm 后，调整位置使锚固筋与已完成结构预留筋错开，便于就位，构件边线基本与控制线吻合。

④当一跨板吊装结束后，要根据板周边线、隔板上弹出的标高控制线对板标高及位置进行精确调整，误差控制在 2 mm 以内。

5. 预制外墙挂板施工技术要点

1）外墙挂板施工前准备

每层楼面轴线垂直控制点不应少于 4 个，楼层上的控制轴线应使用经纬仪由底层原始点直接向上引测；每个楼层应设置 1 个高程控制点；预制构件控制线应由轴线引出，每块预制构件应有纵横控制线 2 条；预制外墙挂板安装前应在墙板内侧弹出竖向与水平线，安装时应与楼层上该墙板控制线相对应。当采用饰面砖作为外装饰时，饰面砖竖向、横向砖缝应引测。贯通到外墙内侧来控制相邻板与板之间、层与层之间饰面砖砖缝对直；预制外墙挂板垂直度测量，4 个角留设的测点为预制外墙挂板转换控制点，用靠尺以此 4 个点在内侧进行垂直度校核和测量；应在预制外墙挂板顶部设置水平标高点，在上层预制外墙挂板吊装时，应先垫垫块或在构件上预埋标高控制调节件。

2）外墙挂板的吊装

预制构件应按照施工方案吊装顺序预先编号，严格按照编号顺序起吊；吊装应采用慢起、稳升、缓放的操作方式，应系好缆风绳控制构件转动；在吊装过程中，应保持稳定，不得偏斜、摇摆和扭转。预制外墙挂板的校核与偏差调整应按以下要求进行。

①预制外墙挂板侧面中线及板面垂直度的校核，应以中线为主调整。

②预制外墙挂板上下校正时，应以竖缝为主调整。

③墙板接缝应以满足外墙面平整为主，内墙面不平或翘曲时，可在内装饰或内保温层内调整。

④预制外墙挂板山墙阳角与相邻板的校正，以阳角为基准调整。

⑤预制外墙挂板接缝平整的校核，应以楼地面水平线为基准调整。

3）外墙挂板底部固定、外侧封堵

外墙挂板底部坐浆材料的强度等级不应小于被连接构件的强度，坐浆层的厚度不应大于 20 mm，底部坐浆强度检验以每层为一个检验批，每个工作班组应制作一组且每层不应少于 3 组边长为 70.7 mm 的立方体试件，标准养护 28 d 后进行抗压强度试验。为了防止外墙挂板外侧坐浆料外漏，应在外侧保温板部位固定 50 mm（宽）×20 mm（厚）的具备 A 级保温性能的材料进行封堵。

预制构件吊装到位后应立即进行下部螺栓固定并做好防腐防锈处理。上部预留钢筋与叠合板钢筋或框架梁预埋件焊接。

4）预制外墙挂板连接接缝施工

预制外墙挂板连接接缝采用防水密封胶，施工时应符合下列规定。

①预制外墙挂板连接接缝防水节点基层及空腔排水构造做法应符合设计要求。

②预制外墙挂板外侧水平、竖直接缝的防水密封胶封堵前，侧壁应清理干净，保持干燥。嵌缝材料应与挂板牢固粘结，不得漏嵌和虚粘。

③外侧竖缝及水平缝防水密封胶的注胶宽度、厚度应符合设计要求，防水密封胶应在预制外墙挂板校核固定后嵌填，先安放填充材料，然后注胶。防水密封胶应均匀顺直，饱满密实，表面光滑连续。

二、钢筋套筒灌浆技术

1. 灌浆套筒钢筋连接注浆工序如图 4-37 所示

钢筋套筒灌浆技术是装配式混凝土工程的一个重要连接方式和质量要点。

2. 套筒灌浆连接的工作机理

套筒灌浆连接可视为一种钢筋机械连接，但与直螺纹等接头的工作机理不同，套筒灌浆接头依靠材料间的粘结来达到钢筋锚固连接作用。当钢筋受拉时，拉力通过钢筋—灌浆料结合面的粘结作用传递给灌浆料，灌浆料再通过其与套筒内壁结合面的粘结作用传递给套筒。

套筒灌浆接头的理想破坏模式为套筒外钢筋被拉断破坏，接头起到有效的钢筋连接作用。除此之外，套筒灌浆接头也会受其他因素影响形成破坏模式：钢筋—灌浆料结合面在钢筋拉断前失效，会造成钢筋拔出破坏，这种情况下应增大钢筋锚固程度以避免此类破坏；灌浆料—套筒结合面在钢筋拉断前失效，会造成灌浆料拔出破坏，可在套筒上适当配置剪力墙以避免此类破坏；灌浆强度不够，会导致接头钢筋拉断前发生灌浆料劈裂破坏；套筒强度不够，会导致接头钢筋拉断前发生套筒拉断破坏。

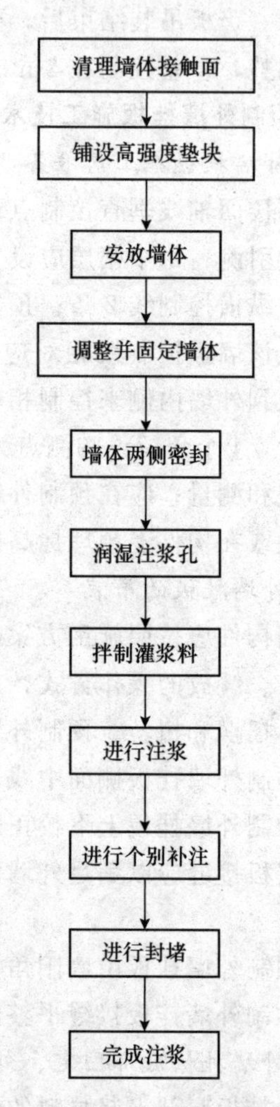

图 4-37 灌浆套筒钢筋连接注浆工序

3. 施工注意事项

1）清理墙体接触面

墙体下落前应保持预制墙体与混凝土接触面无灰渣、无油污、无杂物。

2）铺设高强度垫块

采用高强度垫块将预制墙体的标高找好，使预制墙体标高得到有效的控制。

3）安放墙体

在安放墙体时应保证每个注浆孔通畅，预留孔洞满足设计要求，孔内无杂物。

4）调整并固定墙体

墙体安放到位后采用专用支撑杆件进行调节，保证墙体垂直度、平整度在允许误差范围内。

5）墙体两侧密封

根据现场情况，采用砂浆对两侧缝隙进行密封，确保灌浆料不从缝隙中溢出，减少浪费。

6）润湿注浆孔

注浆前应用水将注浆孔进行润湿，避免因混凝土吸水导致注浆强度达不到要求，且与灌浆孔连接不牢靠。

7）拌制灌浆料

搅拌完成后应静置 3～5 min，待气泡排除后方可进行施工。灌浆料流动度在200～300 mm间为合格。

8）进行注浆

采用专用的注浆机进行注浆，该注浆机使用一定的压力，将灌浆料由墙体下部注浆孔注入，灌浆料先流向墙体下部 20 mm 找平层，当找平层注满后，注浆料由上部排气孔溢出，视为该孔注浆完成，并用泡沫塞子进行封堵。至该墙体所有上部注浆孔均有浆料溢出后视为该面墙体注浆完成。

9）进行个别补注

完成注浆半个小时后检查上部注浆孔是否有因注浆料的收缩、堵塞不及时、漏浆造成的个别孔洞不密实情况。如有，则用手动注浆器对该孔进行补注。

10）进行封堵

注浆完成后，通知监理进行检查，合格后进行注浆孔的封堵，封堵要求与原墙面平整，并及时清理墙面上、地面上的余浆。

三、后浇混凝土

1. 竖向节点构件钢筋绑扎

1）现浇边缘构件节点钢筋

①调整预制墙板两侧的边缘构件钢筋，构件吊装就位。

②绑扎边缘构件纵筋范围内的箍筋，绑扎顺序是由下而上，然后将每个箍筋平面内的甩出筋、箍筋与主筋绑扎固定就位。由于两墙板间的距离较为狭窄，制作箍筋时将箍筋做成开口箍状，以便于箍筋绑扎，如图 4-38 所示。

③将边缘构件纵筋范围以外的箍筋套入相应的位置，并固定于预制墙板的甩出钢筋上。

④安放边缘构件纵筋并将其与插筋绑扎固定。

⑤将已经套接的边缘构件箍筋安放调整到位，然后将每个箍筋平面内的甩出筋、箍筋与主筋绑扎固定就位。

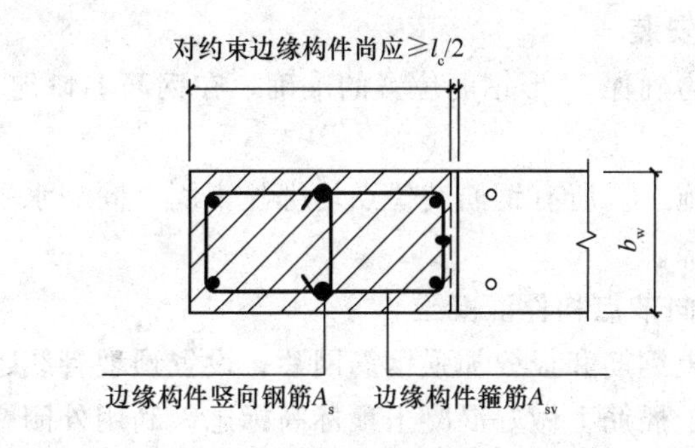

图 4-38　箍筋绑扎示意

2）竖缝处理

在绑扎节点钢筋前先将相邻外墙板间的竖缝封闭，如图 4-39 所示（与预制墙板的竖缝处理方式相同）。

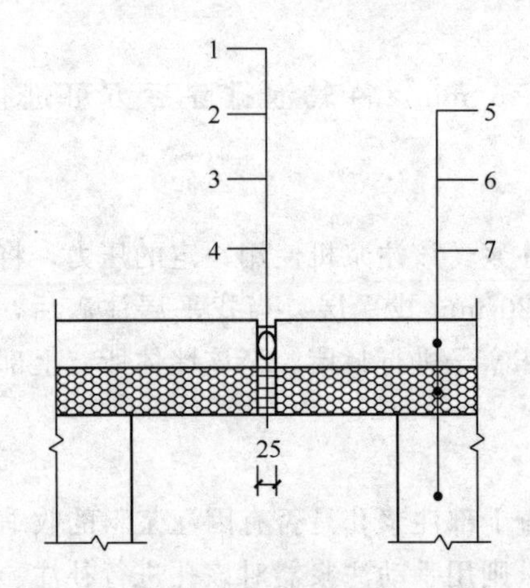

图 4-39 竖缝处理示意

1—灌浆料密实；2—发泡芯棒；3—封堵材料；4—后浇段；5 外叶墙板；
6—夹心保温层；7—内叶剪力墙板

外墙板内缝处理：在保温板处填塞发泡聚氨酯（待发泡聚氨酯溢出后，视为填塞密实），内侧采用带纤维的胶带封闭。

外墙板外缝处理（外墙板外缝可以在整体预制构件吊装完毕后再行处理）：先填塞聚乙烯棒，然后在外皮打建筑耐候胶。

2. 支设竖向节点构件模板

支设边缘构件及后浇段模板。充分利用预制内墙板间的缝隙及内墙板上预留的对拉螺栓孔充分拉模以保证墙板边缘混凝土模板与后支钢模板（或木模板）连接紧固好，防止胀模。支设模板时应注意以下两点。

①节点处模板应在混凝土浇筑时不产生明显变形漏浆，且不宜采用周转次数较多的模板。为防止漏浆污染预制墙板，模板接缝处粘贴海棉条。

②采取可靠措施防止胀模。设计时按钢模考虑，施工时也可使用木模，但要保证施工质量。

3. 叠合梁板上部钢筋安装

①键槽钢筋绑扎时，为确保 U 形钢筋位置的准确，在钢筋上口加 $\phi6$ 钢筋，卡在键槽当中作为键槽钢筋的分布筋。

②叠合梁板上部钢筋施工。所有钢筋交错点均绑扎牢固，同一水平直线上相邻绑扣呈八字形，朝向混凝土构件内部。

4. 浇筑楼板上部及竖向节点构件混凝土

①绑扎叠合楼板负弯矩钢筋和板缝加强钢筋网片，设置预埋管线、埋件、套管、预留洞等。浇筑时，在露出的柱子插筋上做好混凝土顶标高标志，利用外圈叠合梁上的外侧预埋钢筋固定边模专用支架，调整边模顶标高至板顶设计标高，浇筑混凝土，利用边模顶面和柱插筋上的标高控制标志控制混凝土厚度和混凝土平整度。

②当后浇叠合楼板混凝土强度符合现行国家及地方规范要求时，方可拆除叠合板下临时支撑，以防止叠合梁发生侧倾或混凝土因过早承受拉力而使现浇节点出现裂缝。

四、装配式建筑全寿命周期管理中 BIM 与 RFID 的应用

1. BIM 与 RFID 技术

1）BIM 的概念及其特点

BIM 有两个含义，狭义的概念是指包含建筑对象各种信息的数字化模型，广义的概念则是在项目生命周期内生产和管理数据的过程。BIM 的出现是建设工程领域自应用 CAD 带来的“甩图板”革命后的又一次革命，与传统 CAD 图纸单纯由点、线、面组成的二维图形相比，BIM 模型具有以下特点。

①建设工程项目中的单一构件作为基本图元元素，每个元素都是数据的集合，数据保持一致性并可全局共享。

②构件的几何信息，材料、结构属性，与其他构件的拓扑关系等各种信息集成化，形成一个数据化的建筑图元，包含着更为丰富的项目信息。

③模型信息相互关联，模型变化，与之关联的所有对象随之更新，并可以生成相应的图形、文档。

2）RFID 技术

RFID 是一种非接触的自动识别技术，一般由电子标签、阅读器、中间件、软件系统四部分组成，它的基本特点是电子标签与阅读器不需要直接接触，而是通过空间磁场或电磁场耦合来进行信息交换。

RFID 的优点是非接触式的信息读取，不受覆盖遮挡的影响（但金属材质会产生一定的影响），穿透性好；阅读器可以同时接收多个电子标签的信息；抗污染能力和耐久性好；可重复使用。目前，RFID 在建筑行业主要用于物流和仓储管理，以及运营维护阶段的设备安防监控、门禁一卡通系统等，近年来，由于其信息读取的便捷性，有研究者对使用 RFID 监控钢结构施工进度的可行性和方法进行了探讨和研究。

2. BIM 与 RFID 在建设工程全寿命周期管理的应用

1）BIM 是建设工程全寿命管理的技术核心

建设工程全寿命周期管理（Building Lifecycle Management，BLM），是指将项目生命各阶段结合，统一管理的方式和策略。如果从信息和物质投入产出的角度来看待项目生命周期，可将其分为信息的过程与物质的过程两个方面。在项目的决策、设计阶段，主要是项目各种设计信息、投资信息的生产处理、传递应用的过程；施工、竣工阶段的重点虽然是物质生产（人、材、机的投入，项目实体的产出），但同时也伴随产生新的信息（材料、设备的明细资料等）；运营维护阶段实际上也是一个信息指导物质使用（空间利用、设备维护保养等）和物质使用产生新的信息（空间租用信息、设备维修保养信息等）的过程。因而要实行 BIM，有效的信息交流是一个必要的条件，而以往的工程项目中，其生命周期各阶段间缺少信息的传递，设计、施工和运营各阶段相互隔绝，零碎化的信息形成信息孤岛，无法整合共享，阻碍工程建设行业信息交流。

BIM 的产生有望改变这一局面，参数化的模型及数据的统一性和关联性使得 BIM 项目寿命周期不同阶段内各参与方之间的信息保持较高程度的透明性和可操作性，实现了信息的共享和共同管理。上游信息及时、无损传递到周边和下游阶段，而下游和周边的信息反馈后又对上游的工程活动做出控制。BLM 理念要真正在工程实践中应用，必须应用 BIM 作为其

技术核心。

2）BIM 与 RFID 技术融合对 BLM 的影响

影响建设项目按时、按价、按质完成的因素，基本上分为两大类：一是由于设计规划过程没有考虑到施工现场问题（如管线碰撞、可施工性差、工序冲突等），导致现场窝工、怠工；二是施工现场的实际进度和计划进度不一致，传统手工填写报告的方式导致管理人员无法得到现场的实时信息，信息的准确度也无法验证，问题的发现解决不及时，进而影响整体效率。

BIM 与 RFID 的配合可以很好地解决这些问题：对第一类问题，在设计阶段，BIM 模型可以很好地对各专业工程师的设计方案进行协调，对方案的可施工性和施工进度进行模拟，解决施工碰撞等问题。对第二类问题，将 BIM 和 RFID 配合应用，使用 RFID 进行施工进度的信息采集工作，即时将信息传递给 BIM 模型，进而在 BIM 模型中表现实际与计划的偏差。如此，可以很好地解决施工管理中的核心问题——实时跟踪和风险控制。

3. 装配式建筑全寿命周期管理中 BIM 和 RFID 应用的系统架构

装配式建筑与现浇建筑相比，多出一个构件生产制造的阶段，此阶段也是 RFID 标签置入的阶段，因此生产制造阶段也要纳入装配式建筑寿命周期管理的范围内。

1）规划设计阶段的管理

此阶段主要是 BIM 发挥作用，其参数化、相互关联、协同一致的理念使得项目在设计规划阶段就由多方共同参与，在传统模式下由于业主对建筑产品不满意或者由于各专业设计冲突而造成的设计变更等问题，可以得到很好的解决。

（1）BIM 模型的建立及图纸绘制

参数化的 BIM 模型中，每个模型图元都有实际工程含义，模型中包含了构件的空间尺寸，拓扑关系、材料属性等。协同一致是参数化特性的衍生，当所有构件都是由参数加以控制时，就实现了模型的关联性。如果模型中的某个对象发生变化，与之关联的所有对象都会随之更新，同时，模型的修改都会反映在对应图纸中，其设计和修改方式都十分便捷，不必像传统方式那样分别修改平、立、剖图，提高了工作效率，并解决了长期以来图纸之间的错、漏、缺而导致的信息不一致的问题。

参数化的设计方式还可以建立构件的信息资料库，如在 Autodesk 公司的 BIM 软件 RevitArchitecture 中，参数化构件被称为“族”，无需任何编程语言或代码就可以创建装配式建筑的构件（例如墙、梁、柱等），并通过改变具体的尺寸、材料属性等来逐步深化设计，建立的构件数据保存在 BIM 模型之中并可被各方共同使用，为后续各阶段工作打下良好的基础。

（2）协同工作及施工冲突检查

BIM 提供了工程建设行业三维设计信息交互的平台，通过使用相同的数据交换标准（一般国际上通用 IFC 标准）将不同专业的设计模型在同一个平台上合并，使得各参与方、各专业协同工作成为可能。例如，当结构工程师修改结构图时，如果对水电管线造成不利影响，在 BIM 模型中能立刻体现出来。另外，业主和施工方也能够在早期参与到设计工作中，对设计方案提出合理化的建议，将因设计失误和业主对建筑产品不满意而造成的设计变更降至最低，解决传统设计中因信息流通不畅造成的设计冲突问题。

(3) 工程量统计与造价管理

使用CAD图纸的情况下，造价人员需要花费50%～80%的时间统计工程量，而在BIM中，工程量可以由计算机根据模型中的数据直接测算，并通过API接口、开放式数据库或IFC等公开或不公开的各类标准以数据文件的形式与造价软件相关联，提升了造价管理水平。同时，配合项目进度管理软件，可根据进度计划安排对施工过程进行模拟，对建设项目有更直观地了解和认识。

2) 规划设计阶段的管理

(1) 预制构件RFID编码体系的设计

在构件的生产制造阶段，需要对构件置入RFID标签，标签内包含有构件单元的各种信息，以便于在运输、存储、施工吊装的过程中对构件进行管理。RFID标签的编码原则是：唯一性，保证构件单元对应唯一的代码标识，确保其生产、运输、吊装施工中信息准确；可扩展性，应考虑多方面的因素，预留扩展区域，为可能出现的其他属性信息保留足够的容量；有含义性，确保编码卡的操作性和简单性，不同于普通商品无含义的“流水码”，建筑产品中构件的数量种类都是提前预设的，且数量不大，使用有含义编码可加强编码的可阅读性，在数据处理方面有优势。

(2) 构件的生产运输规划

运用RFID技术有助于实现精益建造中零库存、零缺陷的理想目标。根据现场的实际施工进度，可以迅速将信息反馈到构件生产工厂，调整构件的生产计划，减少待工待料发生几率。在生产运输规划中主要应考虑3个方面的问题：

①根据构件的大小规划运输车次，某些特殊或巨大的构件单元要做好充分的准备；

②根据存储区域的位置规划构件的运输路线；

③根据施工顺序规划构件运输顺序。

3. 建造施工阶段的管理

装配式建筑的施工管理过程中，应当重点考虑构件入场的管理和构件吊装施工中的管理两方面的问题。在此阶段，以RFID技术为主追踪监控构件存储吊装的实际进程，并以无线网络即时传递信息，同时将RFID与BIM结合，信息准确丰富，传递速度快，减少了人工录入信息可能造成的错误。如在构件进场检查时，甚至无需人工介入，直接设置固定的RFID阅读器，只要运输车辆速度满足条件，即可采集数据。BIM和RFID在现场进度跟踪、质量控制等应用中有较好的表现形式。

第五章 超高层建筑绿色施工技术

第一节 超高层建筑地下工程绿色施工技术

一、发展历程

随着中国超高层建筑施工技术的不断发展，目前超高层建筑的建造已逐渐由一线城市向二、三线城市扩展。打造绿色超高层建筑，除了合理利用设计及运营关键技术，还需要正确把握现行绿色建筑及绿色施工的标准规程，根据相关要求及评价标准，对应提出地下工程与主体结构施工过程中所使用的绿色施工技术要点，同时根据目前国情对清洁再生能源在施工过程中的应用提出设想。

据美国刊物 2011 年 1 月的统计，全球 200 m 以上的建筑为 634 座，其中比较集中的几个国家所占比例见表 5-1。

表 5-1 超高层建筑数量比较

	中国	印度	欧洲	美国
人口数量/亿	13.4	12.2	7.4	3.1
人口占比/%	19.5	17.8	10.7	4.5
200 m 以上建筑数量/座	212	2	24	162
高层建筑占比/%	33.4	0.3	3.8	25.6

从表 5-1 可以看出，截至 2010 年底，中国已经成为拥有 200 m 以上建筑最多的国家，而且还没有放缓的趋势，还在高速发展。

据 2013 年 2 月底的不完全统计数据（包括已立项、设计中、施工中和已建成工程），中国已经成为拥有高度 300 m 以上的超高层建筑最多的国家，见表 5-2。

表 5-2 300 m 以上建筑数量比较

建筑高度	全世界	中国大陆	中国港台地区
600 m 以上	31	17	0
500 m 以上	56	33	1
400 m 以上	107	71	3
300 m 以上	295	195	10

近十多年来超高层建筑发展出现了井喷之势，在不久的将来我们将进入一个“超高层时代”。

二、顺作法与逆作法

地下工程的顺作法是在施工完成基坑四周围护结构后再进行地下结构的施工。由于全部基坑已经开挖完成，给地下结构施工留下了较大的施工作业面，使得施工过程相对简单，造价较低，工作质量也易于控制。但由于顺作法多适用于浅基础的施工，对多处于城市建筑较密集处的超高层建筑深基坑开挖来说，若全部使用顺作法进行地下结构施工，基坑开挖深度深、面积大，施工周期长，施工作业面小，同时可能会造成对周围环境的不可逆影响。

逆作法施工技术是目前最先进的高层建筑物施工技术方法。逆作法先沿建筑物地下室轴线或周围施工地下连续墙或其他支护结构施工，同时在建筑物内部的有关位置浇筑或打下中间支承桩和柱，作为施工期间于底板封底之前承受上部结构自重和施工荷载的支撑。然后施工地面一层的梁板楼面结构作为地下连续墙刚度很大的支撑，逐层向下开挖土方和浇筑各层地下结构，直至底板封底。同时，由于地面一层的楼面结构已完成，为上部结构施工创造了条件，所以可以同时向上逐层进行地上结构的施工。如此地面上、下同时进行施工，直至工程结束。逆作法能够减小支护结构的变形量，保护周边环境；同时逆作法在地下室一层顶板施工完成后再挖土，还能够有效减少场地扬尘与施工噪声。

三、施工部署与绿色环保

目前超高层建筑多建于房屋密集区，对深基坑开挖和地下结构施工进行合理的施工部署，不仅能节省施工用地，减少施工对周边区域环境的影响，还能使地下结构尽早完工，降低地下结构施工对既有建筑物地基扰动、地面沉降等不可逆转的环境破坏的风险。

在实际的工程施工过程中，由于基坑平面尺寸大，地下结构规模大，为了使控制工期的主楼地下部分尽早施工完成，基坑施工常采用顺逆结合的开挖方式，即主楼的地下结构采用顺作法施工，裙房的地下结构采用逆作法施工。这样裙楼基坑的施工不会影响到主楼，还能为主楼结构施工提供较大的地面施工空间，节省施工用地。

四、水资源保护

在地下水位较高的地区，地下工程的施工必须要考虑基坑开挖时地下水的浪费，利用尽可能少的成本来有效减少地下水的浪费，是在地下工程中实现水资源保护的关键。目前常用的技术有基坑封闭降水技术和基坑水回收利用技术。

基坑封闭降水技术主要是利用在基坑周边设置渗透系数较小的封闭止水帷幕，有效阻止地下水向基坑内部渗流，并抽取开挖范围内的少量地下水来控制地下水的浪费。一般的封闭止水帷幕包括深层水泥土搅拌桩、高压旋喷桩、地下连续墙和一些可兼作止水帷幕的支护结构。同时，在降水期间以及降水后一段时期内，还应对地下水位的变化、抽水量、基坑周边的地面沉降以及邻近建筑物和管线的变形等一系列数据持续监测。

基坑水回收利用技术由基坑施工降水回收利用技术以及雨水回收利用技术 2 部分组成。基坑降水回收利用技术可概况为“一引一排”2 类。一引：将上层滞水引渗至下层潜水层中，使基坑水回灌至地下；一排：将降水抽取的基坑水集中存放，可用作洗漱、冲刷厕所等生活用水及现场扬尘控制用水，若该水体经过处理或水质达到要求，还可用作结构养护用水以及基坑支护用水。雨水回收利用技术是指施工过程中收集的雨水经过渗蓄、沉淀等处理后集中存放，用于施工现场降尘绿化，也可经过处理作为结构养护用水和基坑支护用水。

第二节　超高层建筑结构施工的模板脚手架施工技术

一、整体提升钢平台体系

1. 整体提升钢平台体系的基本组成

1）钢平台

钢结构平台亦称工作平台。现代钢结构平台结构形式多样，功能也一应俱全。其结构最大的特点是全组装式结构，设计灵活，在现代的存储中应用较为广泛。由钢材制成的工程结构，通常由型钢和钢板等制成的梁、柱、板等构件组成；各部分之间用焊缝、螺丝或铆钉等连接。

（1）钢平台的分类

①按使用要求可分为室内和室外平台，承受静力荷载和动力荷载平台、生产辅助平台，以及中、重型操作平台等。

②按照支座处理方式的不同，平台结构还可分为。

直接搁在厂房柱的三角架或牛腿上的平台，功能通常为安全通道或为一种简单的中型操作平台。

一侧支撑于厂房柱或建筑物墙体，另一侧设独立柱的平台。

支撑于大型设备上的平台。

全部为独立的平台。

（2）平台结构的布置

①满足工艺生产操作的要求，保证通行和操作的净空。一般通行净高度不应小于1.8 m,平台四周一般均应设置防护栏杆，栏杆高度一般为1 m。当平台高度大于2 m时，尚应在防护栏杆下设置高度为100～150 mm的踢脚板。平台应设置供上下通行的梯子，梯子的宽度不宜小于600 mm。

②确定平台结构的平面尺寸、标高、梁格及柱网，布置时除满足使用要求外，梁、柱的布置尚应考虑平台上的设备荷载和其他较大的集中荷载的位置以及大直径工业管道的吊挂等。

③平台结构的布置，应力求做到经济合理，传力直接明确。梁格的布置应与其跨度相适应。当梁的跨度较大时，其间距也宜增大。充分利用铺板的允许跨距，合理布置梁格，以求得较好的经济效果。

2）格构柱

格构柱，截面一般为型钢或钢板设计成双轴对称或单轴对称的截面。

钢格构柱根据墙体的厚度，选择格构柱的截面大小，并且按照其承受荷载及施工要求布置格构柱的间距。钢格构柱一般由等边角钢及缀板组成。钢平台在使用过程中，通过承重销将钢平台系统的整体荷载传递至钢格构柱。升板机在提升整体钢平台脚手模板系统时，安装在格构柱顶部，通过承重销将荷载传递至格构柱。

格构柱用作压弯构件，多用于厂房框架柱和独立柱，截面一般为型钢或钢板设计成双轴对称或单轴对称截面。格构体系构件由肢件和缀材组成，肢件主要承受轴向力，缀材主要抵抗侧向力（相对于肢体轴向而言）。格构柱缀材形式主要有缀条和缀板。格构柱的结构特点是，将材料面积向距离惯性轴元的地方布置，能保证相同轴向抗力条件下增强构件抗弯性能，并且节省材料。

3）升板机

升板机（又名落板机，全自动垛砖机）。液压升降落板机置与切坯机前，用于传送从切坯机切割成型的砖坯，并配备液压升降装置配合液压升降运坯车。

在钢平台提升到位后，钢平台搁置于承重销上，升板机通过丝杆反向旋转顶升升板机，将升板机顶升至合适位置，准备下一次提升钢平台。

4）大模板

大模板为一块大尺寸的工具式模板，一般是一块墙面用一块大模板。

大模板由面板、加劲肋、支撑桁架、稳定机构等组成。面板多为钢板或胶合板，亦可用小钢模组拼；加劲肋多用槽钢或角钢；支撑桁架由槽钢和角钢组成。

大模板是采用专业设计和工业化加工制作而成的一种工具式模板，一般与支架连为一体。由于它自重大，施工时需配以相应的吊装和运输机械，用于现场浇筑混凝土墙体。它具有安装和拆除简便、尺寸准确、板面平整、周转使用次数多等优点。

采用大模板进行建筑施工的工艺特点是：以建筑物的开间、进深、层高为基础进行大模板设计、制作，以大模板为主要施工手段，以现浇钢筋混凝土墙体为主导工序，组织有节奏的均衡施工。这种施工方法工艺简单，施工速度快，工程质量好，结构整体性强，抗震能力好，混凝土表面平整光滑，可以减少抹灰湿作业。由于它的工业化、机械化施工程度高，综合技术经济效益好，因而受到普遍欢迎。

2. 整体提升钢平台的绿色施工技术特点

①整体钢平台体系一般采用全封闭设计，保证了高空作业的安全性。

②整体钢平台体系一般采用大操作面设计，为大量施工材料、设备堆放提供空间，也保证了垂直运输的进度要求。

③整体钢平台体系采用自动提升、顶升模架或工作平台，自动化水平较高，节省人力。

④整体钢平台体系采用的施工平台及脚手架系统可周转使用，支撑体系也由单一的内筒外架支撑体系不断发展至格构柱支撑体系，同时考虑支撑体系的周转使用率和一次性投入的成本，不断自主创新形成新型支撑体系，如系劲性钢柱支撑体系、钢柱筒架交替式支撑体系等。

二、液压爬模体系

1. 液压爬模体系的基本组成

液压爬模体系由爬升器、液压顶升系统、爬升导轨、爬架和模板系统 5 部分组成。液压爬模体系以达到一定强度（10 MPa 以上）的剪力墙为承载体，通过液压顶升系统和上下 2 个防坠爬升器分别提升导轨和架体（模板与架体相对固定），来实现架体与导轨的互爬，再利用后移装置实现模板的水平进退，然后合模来浇筑核心筒混凝土墙体，同时配合组合大模板来浇筑楼板。

2. 液压爬模体系的绿色施工技术特点

1）液压爬模体系安全系数高

由上至下全部封闭防护，平台临边采用钢管栏杆，外墙爬模架体外侧面使用菱形钢板安全网，内衬密目安全网，同时在爬模平台与墙体之间使用两道翻板封闭，以防坠物。

2）液压爬模体系效率高

液压爬模体系采用的组合大模板可定型，模数统一，模板刚度好，面板平整光滑，因此周转使用次数多，一般能够满足工程一次组装、使用到顶的要求。

3）液压爬模体系操作方便

液压爬模体系采用自动提升、顶升模架或工作平台，自动化水平较高，节省人力。

三、对固体废弃物的处理以及噪声、扬尘的控制

1. 对固体废弃物的处理

绿色施工对固体废弃物的处理主要遵循全循环的原则。由于超高层建筑的模板体系为多次周转材料，这里讨论的主要为浇筑混凝土过程中的固体废弃物，其中关键的绿色施工技术有超高压水洗技术以及高压泵管余料回收技术。

超高层建筑的高压泵管由于输送线路较长，混凝土浇筑完成后，泵管管线中仍存有大量的混凝土，而回收泵管余料可根据泵送高度选择传统水洗（200 m以下）和气洗（100 m以下）2 种方式。传统的水洗方法以清水作为介质泵送混凝土余料，通过放置于管道内的海绵球将混凝土挤出，但由于海绵球无法阻止水的渗透，使大量的水穿过海绵球并进入混凝土，从而将混凝土中的砂浆冲走，导致剩下的粗骨料因失去流动性而引起堵管。因此将 1～2 m^3 的砂浆代替海绵球进行第一道泵送清洗，然后再加入清水进行第二道泵送清洗。在水与混凝土之间有一段砂浆过渡，避免了混凝土中的砂浆被冲离，保证了水洗的正常进行。而气洗方法由于以空气为媒介，不需要大量的水，因此只要满足一定的空气压力即可将余料顺利泵送，但需要在管路的末端安装安全盖，施工人员也要远离出口方向。利用气洗或水洗方法回收的混凝土余料还可以与现场钢筋短料制作成绿色路面，通过循环铺设现场施工道路和堆料场地，减少资源浪费和固体垃圾数量。

2. 对噪声的控制

绿色施工对噪声的控制主要从来源、传播途径和接受者 3 个环节着手，即从来源上减小甚至消除噪声的发生，在噪声传播过程中尽量增大其损耗，在必要的时候还需要建立具有吸收或反射噪声能力的保护屏障。一般高层建筑主体结构施工过程中的主要噪声来源有模板工程、钢筋工程中的材料加工以及混凝土工程中的混凝土泵送与振捣。

由于超高层建筑施工时通常会选用之前所述的整体钢平台体系或液压爬模体系，这些模板体系多次周转使用降低了模板拆除过程中的噪声影响。因此模板工程中的主要噪声来源为液压设备工作，主要控制措施包括经常清空油管中的空气，以及更换老化零件。

钢筋工程中的主要噪声来源为钢筋加工过程中机械设备工作和焊接钢筋过程中产生的噪声。因此，在选择钢筋加工棚的位置时，应选用场地内远离噪声敏感点的位置并加设隔音棚。同时，钢结构部分可多采用工厂化生产，把部分现场施工作业转移至工厂制作，钢筋的连接方式也可由直螺纹套筒连接取代现场焊接。

混凝土工程中的主要噪声来源为混凝土的泵送和振捣过程。主要控制措施有混凝土泵的全封闭处理，先用带骨架的木板外罩进行封闭，再在外部加盖一层隔音布降低噪声外溢；同时，还需要合理安排主体结构混凝土的浇筑时间，尽量安排在白天进行作业。

3. 对扬尘的控制

超高层建筑施工过程中建筑材料的运输、装卸、堆积、作业过程都会产生扬尘。因此，施工现场应采取全封闭围挡施工，并定期进行洒水降尘。合理控制扬尘的关键绿色施工技术有高空喷雾防扬尘技术、洗车槽循环水再利用技术、喷雾式花洒防尘技术等。

高空喷雾防扬尘技术的关键是合理布置喷淋管道，可以利用硬防护或楼层外沿作喷洒平台，从水泵房布置一根镀锌钢管至主楼，由楼层的水管井上引至硬防护所在楼层或设定的喷洒楼层。然后，将主管从最近点引至硬防护并沿着硬防护绕一圈。最后利用回收后的雨水和基坑降水，对施工现场进行智能化喷淋降尘，减少大量的人工成本。

洗车槽循环水再利用技术也是利用回收后的雨水和基坑降水为驶出施工现场的运输车辆在入口的洗车槽处进行泥尘清理，以防止运输车辆的车轮及车身附着的泥尘污染沿线环境。另外，建筑材料、垃圾和渣土的运送车辆应有遮盖和防护措施，避免运输中颠簸、风吹等情况造成飞扬、流溢或抛洒，同时严禁运输物超载增加泼洒的风险。

四、超高层建筑施工中的太阳能光伏发电技术

1. 太阳能光伏发电系统

太阳能光伏发电系统主要是由太阳能电池板、充电控制器、逆变器和蓄电池 4 部分组成。太阳能光电板捕获太阳能并生成直流电，再由逆变器将直流电转换成交流电，这样便可直接和城市电网相连接，用以运行多种常用电器和设备。

太阳能光伏发电系统的核心技术为太阳能电池板的选择。太阳能电池板利用了半导体的光伏效应将太阳能直接转化为电能，目前常用的有晶体硅电池、非晶体硅电池以及薄膜电池 3 类。晶体硅电池单位面积产能高，初期成本投入也较高，当太阳辐射较强时，背板的温度会比较高，因此应注意散热；非晶体硅电池在辐射弱和电池温度较高时，比晶体硅发电能力强，初期投入少，适合以幕墙的构件形式布置在立面上，但也要防止建筑过热；薄膜电池轻薄、易于安装，而且在阴雨天仍然可以收集太阳能，但目前技术还没有趋于稳定，可能会成为未来实现集成光伏建筑一体化的关键技术。

2. 临时施工用房的利用

一般的临时施工用房多为低矮房屋，在屋顶布置太阳能光电板对太阳能的利用率较高。

需要通过合理布置光电板来保证太阳能的充分利用，注意事项有以下几点。

①应将光电板放置于利用效率最高的倾角。当地纬度，产生全年最大能量；纬度－15°，产生夏季峰值（东南）；纬度＋15°，产生冬季峰值（北）。

②确认对光电板的遮挡在最低范围，尽可能保证长时间的太阳辐射。

③避免水平放置光电阵板，表面积灰或积雪会影响光电板的利用效率。

④临时施工用房多为平屋顶，因此可采用屋架式支撑结构光电板，但应随时备有光电板在大风、雷电、暴雨、冰雹等恶劣天气时的应急保护措施。

3. 主体结构施工时的利用

超高层建筑的主体结构施工周期长，主体结构高度突出，在太阳能辐射资源较为充沛的

条件下，若能合理利用光伏发电系统可为施工提供大部分电力供给。考虑到施工过程中光伏系统的安装拆卸，本文设想了以下几种可能。

1）永久一体化太阳能电池板

根据建筑外围结构设计、外立面设计的需求，确定电池板的基本规格，进行标准模块采集器的定制和批量生产，或经过加工车间预制装配成组合模块集热器。幕墙即为太阳能电池板，主体结构先行向上施工，下部幕墙紧接着施工，安装后的太阳能电池板将为后续施工工序的设备照明供电。主体结构施工完成后，装饰装修用电可继续由整体外立面太阳能幕墙供电；建筑投产后，太阳能外墙将继续为建筑运营供电。

2）临时太阳能电池板

利用主体结构施工作业面来布置光电板，可从外界面所在的施工作业面和与外界面垂直施工作业面两方面考虑。幕墙式光伏系统既在外界面所在平面，还可以考虑在整体钢平台上（与外界面垂直方向上的施工作业面）布置支架式或屋面式光伏系统，也可以在钢平台围护周围（外界面所在施工作业面上）布置支架式或架空式光伏系统。当施工平台上升至某一高度将影响所放置太阳能光电板性能及安全性后，可将其拆除。若施工高度满足要求，可在主体结构施工完成后，连同整体钢平台一同拆除。

3）注意事项

支架式光电板需要集中布置，防止电缆连接过长，增大能耗损失；架空式或屋面式光电板可以通过气流降低光伏电池背面的温度，减少发电效率损失，但随着主体结构高度增长，还应考虑风荷载的影响，谨慎采用；施工作业时，应尽量避免灰尘，光电板表面积灰过多会影响其工作效率；光电板的安装与屋面支架或墙面支架（架空）的光伏系统布置类似，但在施工验算时，由于增加了施工临时荷载，应考虑光伏系统的荷载对钢平台进行结构验算；由于超高层建筑的主体结构高度大，光伏系统的外置设备应做好防雷措施，包括安装避雷针，将屋顶电池组件的钢结构与屋顶建筑的防雷网相连，发电组件与逆变器间加入防雷接线箱等；对太阳能电池组件、长期暴露在外的接线接点进行定期检查维护。

第六章 BIM与绿色施工技术

第一节 BIM在工程施工中的应用

一、概述

绿色施工这个概念的提出已经有十几年了，应该说近几年绿色施工有了突飞猛进的发展，第一个主要标志是，越来越多的建设企业、施工企业对绿色施工的认识达成共识，推进的积极性提高了。2010年，第一次申报绿色施工示范工程只有11个项目，2012年有80个项目，2013年有500多个申报项目，2014年申报的项目已经达到800多个，说明企业推进绿色施工的积极性很高，认识到了绿色施工于国于民有益。第二个标志是，通过相关人员的努力，已经形成了相对系统、针对绿色施工的标准体系。目前已经建立两个国家标准，《建筑工程绿色施工规范》（GB/T 50905—2014）和《建筑工程绿色施工评价标准》（GB/T 50640—2010），这两大标准作为国标已经发布，应该说绿色施工已经具备了标准支撑。第三个标志是，从与项目的接触来看，项目部在实施绿色施工方面已经取得了很大突破。绿色施工不是一个简单的技术推进，而要把它作为一个体系，由项目经理或者企业最高层亲自把关，将绿色施工作为一个系统工程来抓，只有上升到如此高度，绿色施工才能取得实质性进展。

BIM技术的出现也打破了业主、设计、施工、运营之间的隔阂和界限，实现了对建筑全生命周期管理。绿色建筑目标的实现离不开设计、规划、施工、运营等各个环节的绿色，而BIM技术则是助推各个环节向绿色指标靠得更近的先进技术手段。

随着BIM（建筑信息模型）技术的快速发展和基于BIM技术的工具软件的不断完善，BIM作为一种新兴的项目管理工具正逐渐被中国的工程界人士认识与应用，也必将带来建筑领域的一次绿色革命。

二、工程施工BIM应用的整体实施方案

纵观当前工程施工中的BIM应用现状，清华大学研发的建筑施工BIM建模系统和基于BIM的4D管理系列软件不仅填补了当前国内BIM施工软件的空白，而且经过多个大型工程项目的实际应用，已经形成了包括BIM应用技术架构、系统流程和应对措施的整体实施方案。

1. 工程施工BIM应用的技术架构

1）接口层

利用自主研发的BIM数据接口与交换引擎，提供了IFC格式文件导入导出、IFC格式

模型解析、非 IFC 格式建筑信息转化、BIM 数据库存储及访问、BIM 访问权限控制以及多用户并发访问管理等功能，可将来自不同数据源和不同格式的模型及信息传输到系统，实现了 IFC 格式模型和非 IFC 格式信息的交换、集成和应用。其中，数据源包括自主开发的建筑施工 BIM 建模系统 BIMMS，Revit 等软件创建的 BIM 模型，AutoCAD 等软件创建的 3D 模型，MS Project 等进度管理软件产生的进度信息等。

2）数据层

施工阶段的工程数据可分为结构化的 BIM 数据、非结构化的文档数据以及用于表达工程数据创建的组织和过程信息。其中 BIM 数据采用基于 IFC 标准的数据库存储和管理；文档数据采用文档管理系统进行存储；组织和过程信息存储于相应的数据库中。通过建立 BIM 对象模型与关系型数据模式的映射关系和转换机制，BIM 数据库可利用 SQL Sever 等关系型数据库创建。

3）平台层

包括自主开发的 BIM 数据集成与管理平台（简称 BIMDISP）和基于网络的 4D 可视化平台。BIMDISP 用于实现 BIM 数据的读取、保存、提取、集成、验证，非结构化数据管理以及组织和过程信息控制，可构建面向专业应用的子信息模型，支持基于 BIM 的相关施工软件应用。基于网络的 4D 可视化平台提供了基于 OpenGL 的视图变换、图形控制、动态漫游等模型管理功能，实现了 4D 施工管理的网络化，可支持工程项目的信息交换。

4）模型层

通过 BIM 数据集成平台，可针对不同应用需求生成相应的子信息模型，如施工进度子信息模型、施工资源子信息模型、施工安全子信息模型等，向应用层的各施工管理专业软件提供模型和数据支持。

5）应用层

由自主开发基于 BIM 的 4D 施工管理系列软件组成，包括基于 BIM 的工程项目 4D 动态管理系统、基于 BIM 的建筑工程 4D 施工安全与冲突分析系统、基于 BIM 的施工优化系统、基于 BIM 的项目综合管理系统等。提供了基于 BIM 和网络的 4D 施工进度、资源、质量、成本和场地管理，4D 安全与冲突分析，设计与施工碰撞检测以及施工过程优化和 4D 模拟等功能。

2. 工程施工 BIM 应用系统整体结构及主要功能

整个应用系统由基于 BIM 的 4D 施工管理系列软件系统和项目综合管理系统两大部分组成，分别设置为 C/S 架构和 B/S 架构。两者通过系统接口无缝集成，建立了管理数据与 BIM 模型双向链接，实现了基于 BIM 数据库的信息交换与共享。各应用系统具有如下主要功能和技术特点。

1）建筑施工的 BIM 建模系统

（1）3D 几何建模与项目组织浏览

按照 IFC 进行建筑构件定义和空间结构的组织，提供各种规则和不规则的建筑构件以及模板支撑体系等施工设施的 3D 建模，并利用项目浏览器实现对构件模型的组织、分类、关联和 3D 浏览。

（2）施工信息创建、编辑与扩展

实现包括材料、进度、成本、质量、安全等施工属性的创建、查询、编辑以及与模型相互关联，同时提供属性扩展功能。

(3) BIM模型导入导出模块

通过导入其他IFC格式的BIM设计模型或3D几何模型，快速创建BIM施工模型。可将包含工程属性的施工BIM模型导出为IFC文件，提供给基于BIM的施工管理系统和运营维护系统使用。

2) 基于BIM的工程项目4D动态管理系统

(1) 4D施工进度管理

利用系统的WBS编辑器和工序模板，可快捷完成施工段划分、WBS和进度计划创建，建立WBS与Microsoft Project的双向链接；通过Project或4D模型，对施工进度进行查询、调整和控制，使计划进度和实际进度既可以用甘特图或网络图表示，也可以以动态的3D图形展现出来，实现施工进度的4D动态管理；可提供任意WBS节点或3D施工段及构件工程信息的实时查询、多套施工方案的对比和分析、计划与实际进度的追踪和分析等功能，自动生成各类进度报表。

(2) 4D资源动态管理

通过可设置工程计价清单或多套定额的资源模板，自动计算任意WBS节点或3D施工段及构件的工程量以及相对施工进度的人力、材料、机械消耗量和预算成本；进行工程量完成情况、资源及成本计划和实际消耗等多方面的统计分析和实时查询；自动生成工程量表以及资源用量表，实现施工资源的4D动态管理。

(3) 4D施工质量安全管理

施工方、监理方可即时录入工程质检和安全数据，系统将质量、安全信息或检验报告与4D信息模型相关联，可以实时查询任意WBS节点或3D施工段及构件的施工安全质量情况，并可自动生成工程质量安全统计分析报表。

(4) 4D施工场地管理

可进行3D施工场地布置，自动定义施工设施的4D属性。点取任意设施实体，可查询其名称、类型、型号以及计划设置时间等施工属性，并可进行场地设施的信息统计等，将场地布置与施工进度对应，形成4D动态的现场管理。

(5) 4D施工过程模拟

对整个工程或选定WBS节点进行4D施工过程模拟，可以以天、周、月为时间间隔，按照时间的正序或逆序模拟，可以按计划进度或实际进度实现工程项目整个施工过程的4D可视化模拟，并具有三维漫游、材质纹理、透明度、动画等真实感模型显示功能。

3) 基于BIM的建筑工程4D施工安全与冲突分析系统

(1) 时变结构和支撑体系的安全分析

通过模型数据转换机制，自动由4D施工信息模型生成结构分析模型，进行施工期时变结构与支撑体系任意时间点的力学分析计算和安全性能评估。

(2) 施工过程进度/资源/成本的冲突分析

通过动态展现各施工段的实际进度与计划的对比关系，实现进度偏差和冲突分析及预警；指定任意日期，自动计算所需人力、材料、机械、成本，进行资源对比分析和预警；根据清单计价和实际进度计算实际费用，动态分析任意时间点的成本及其影响关系。

(3) 场地碰撞检测

基于施工现场4D时空模型和碰撞检测算法，可对构件与管线、设施与结构进行动态碰撞检测和分析。

4) 基于BIM的建筑施工优化系统

建立进度管理软件P3/P6数据模型与离散事件优化模型的数据交换，基于施工优化信息模型，实现了基于BIM和离散事件模拟的施工进度、资源和场地优化和过程模拟。

(1) 基于BIM和离散事件模拟的施工优化

通过对各项工序的模拟计算，得出工序工期、人力、机械、场地等资源的占用情况，对施工工期、资源配置以及场地布置进行优化，实现多个施工方案的比选。

(2) 基于过程优化的4D施工过程模拟

将4D施工管理与施工优化进行数据集成，实现了基于过程优化的4D施工可视化模拟。

5) 基于BIM的项目综合管理系统

系统主要功能如下。

(1) 业务管理

为各职能部门业务人员提供项目的合同管理、进度管理、质量管理、安全管理、采购管理、支付管理、变更管理以及竣工管理等功能，将业务管理数据与BIM的相关对象进行关联，实现各项业务之间的联动和控制，并可在4D管理系统进行可视化查询。

(2) 实时控制

为项目管理人员提供实时数据查询、统计分析、事件追踪、实时预警等功能，可按多种条件进行实时数据查询、统计分析并自动生成统计报表。通过设定事件流程，对施工中发生的安全、质量情况等进行跟踪，到达设定阈值将实时预警，并自动通过邮件和手机短信通知相关管理人员。

(3) 决策支持

提供工期分析、台账分析以及效能分析等功能，为决策人员的管理决策提供分析依据和支持。

3. 工程施工BIM系统应用流程与应对措施

1) 系统应用流程

(1) 应用主体方

首先提供项目的技术资料、基本数据和系统运行所需要的软硬件及网络环境；协调各职能部门和相关参与方，根据工作需求安装软件系统、设置用户权限；各部门业务人员和管理、决策人员按照其工作任务、职责和权限，通过内网客户端或外网浏览器进入软件系统，完成日常管理和深化设计等工作。

(2) 应用参与方

通过外网浏览器进入项目综合管理系统，按照应用主体方的要求，填报施工进度、资源、质量、安全等实际工程数据，也可进行施工信息查询，辅助施工管理。

(3) BIM团队

目前BIM团队多由主体应用方外聘，主要承担BIM应用方案策划、系统配置、BIM建模、数据导入、技术指导、应用培训等工作。在本应用实施中，清华大学BIM团队还辅助应用方利用BIM设计软件，进行了项目的结构管线综合和深化设计。

(4) 设计方

配合应用主体方实施BIM应用，提交设计图纸及相关技术资料，如果具有BIM设计或建模能力，应提交项目的BIM或3D模型，以避免重复建模，降低BIM使用成本。

2) 组织应对措施

(1) 理念知识

与以往建设领域信息技术的推广应用一样，BIM应用单位的领导层、管理层和业务层必须对BIM技术及其应用价值具有足够的认识，对应用BIM的管理理念、方法和手段应进行相应转变。通过科研合作、技术培训、人才引进等多种方式，使技术与管理人员尽快掌握BIM技术和相关软件的应用知识。

(2) 团队组织

BIM引入和应用的初期，可借助外聘BIM团队共同实施。但着眼于企业自身发展，还是应该根据企业具体情况，采取设立专业部门或培训技术骨干等不同方式，建立自己的BIM团队；并通过技术培训和应用实践，逐步实现BIM技术和软件的普及与应用。

(3) 流程优化

结合BIM应用重新梳理并优化现有工作流程，改进传统项目管理方法，建立适合BIM应用的施工管理模式，制定相应的工作制度和职责规范，使BIM应用能切实提高工作效率和管理水平。

(4) 应用环境

根据实际需求制订BIM应用实施方案，购置相应计算机硬件和网络平台。通过外购商品软件、合作开发等方式，配置工程施工BIM应用软件系统，构建BIM应用环境。

(5) 成果交付

规范施工各阶段BIM应用成果的形式、内容和交付方式，提供可供项目各参与方交流、共享的阶段性成果，形成工程项目竣工验收时集中交付的最终BIM应用成果，包括采用数据库或标准文件格式存储的全套BIM施工模型、工程数据及电子文档资料等，可支持项目运营维护阶段的信息化管理，实现基于BIM的信息共享。

三、工程施工BIM应用情况

1. 工程项目应用特点

1) 应用项目具有代表性

应用项目均为近几年国内的大型、复杂工程，应用方包括业主、工程总承包商和施工项目部，表明本项目应用及成果具有代表性。

2) 突破了BIM在施工管理方面的应用

随着工程实际应用的不断积累、系统功能的逐渐完善，其不仅涵盖了当前国外同类软件的施工过程模拟、碰撞检测功能，而且基于BIM技术提供了包括施工进度、人力、材料、设备、成本、安全和场地布置的4D集成化动态管理功能。首次研发并应用了基于BIM和Web的项目综合管理系统，突破了当前BIM技术在施工项目管理方面的应用。

3) 扩展了BIM应用范围

当前国内外BIM的施工应用对象主要为建筑工程，本应用项目不仅包括建筑工程，还推广应用于桥梁、高速公路和设备安装工程。

4）系统更具实用性

本系统的研发完全是基于我国国情，可满足我国施工管理的实际需求，与国外同类软件相比，其适用性和实用性具有明显优势。

2. 应用效果及价值

①基于 BIM 的集成化施工管理有效提高了项目各参与方之间的交流和沟通；通过对 4D 施工信息模型的信息扩展、实时信息查询，提高了施工信息管理的效率。

②利用建筑结构、设备管线 BIM 模型，进行构件及管线综合的碰撞检测和深化设计，可提前发现设计中存在的问题，减少错、缺、漏、碰和设计变更，提高设计效率和质量。

③通过直观、动态的施工过程模拟和重要环节的工艺模拟，可比较多种施工及工艺方案的可实施性，为方案优选提供决策支持。基于 BIM 的施工安全与冲突分析有助于及时发现并解决施工过程和现场的安全隐患与矛盾冲突，提高工程的安全性。

④精确计划和控制每月、每周、每天的施工进度，动态分配各种施工资源和场地，可减少或避免工期延误，保障资源供给。相对施工进度对工程量及资源、成本的动态查询和统计分析，有助于全面把握工程的实施进展以及成本的控制。

⑤施工阶段建立的 BIM 模型及工程信息可用于项目运营维护阶段的信息化管理，为实现项目设计、施工和运营管理的数据交换和共享提供支持。

第二节　BIM 技术在绿色施工中的应用

一座建筑的全生命周期应当包括建筑原材料的获取，建筑材料的制造、运输和安装，建筑系统的建造、运行、维护以及最后的拆除等全过程。所以，要想使绿色建筑的全生命周期更富活力，就要在节地、节水、节材、节能及施工管理、运营及维护管理五个方面深入拆解这一全生命周期，不断推动整体行业向绿色方向行进。

一、节地与室外环境

节地不仅仅是施工用地的合理利用，建筑设计前期的场地分析、运营管理中的空间管理也同样包含在内。

1. 场地分析

场地分析是研究影响建筑物定位的主要因素，是确定建筑物的空间方位和外观、建立建筑物与周围景观联系的过程。BIM 结合地理信息系统（Geographic Information System，简称 GIS），对现场及拟建的建筑物空间数据进行建模分析，结合场地使用条件和特点，做出最理想的现场规划、交通流线组织关系。利用计算机可分析出不同坡度的分布及场地坡向、建设地域发生自然灾害的可能性，可区分适宜建设与不适宜建设区域，对前期场地设计可起到至关重要的作用。

2. 土方开挖

利用场地合并模型，在三维中直观查看场地挖填方情况，对比原始地形图与规划地形图得出各区块原始平均高程、设计高程、平均开挖高程，然后计算出各区块挖、填方量。

3. 施工用地

建筑施工是一个高度动态的过程，随着建筑工程规模不断扩大、复杂程度不断提高，施工项目管理也变得极为复杂。施工用地、材料加工区、堆场也随着工程进度的变换而调整，BIM的4D施工模拟技术可以在项目建造过程中合理制订施工计划、精确掌握施工进度，优化使用施工资源以及科学地进行场地布置。

4. 空间

空间管理是业主为节省空间成本、有效利用空间、为最终用户提供良好工作生活环境而对建筑空间所做的管理。BIM可以帮助管理团队记录空间的使用情况，处理最终用户要求空间变更的请求，分析现有空间的使用情况并合理分配建筑物空间，确保空间资源的最大利用率。

二、节水与水资源利用

BIM技术在节水方面的应用体现在协助土方量的计算，模拟土地沉降、场地排水设计，以及分析建筑的消防作业面，设置最经济合理的消防器材。设计规划每层排水地漏位置及雨水等非传统水源收集，循环利用。

三、节材与材料资源利用

从绿色"材料"到BIM应用，当科技与现实更具创新地、更实在地结合于一体之际，绿色建筑已经不是一个梦。

1. 管线综合

管线综合设计及管网综合排查，目前功能复杂、大体量的建筑、摩天大楼等机电管网错综复杂，在大量的设计面前很容易出现管网交错、相撞及施工不合理等问题，以往人工检查图纸比较单一，不能同时检测平面和剖面的位置。BIM软件中的管网检测功能为工程师解决了这个问题。检测功能可生成管网三维模型，并基于建筑模型中显示。系统可自动检查出"碰撞"部位并标注，这样使得复杂的检查工作变得简单。空间净高是与管线综合相关的一部分检测工作，基于BIM信息模型对建筑内不同功能区域的设计高度进行分析，查找不符合设计规划的缺失，将情况反馈给施工人员，以此提高工作效率，避免错、漏、碰、缺的出现。

2. 复杂工程预加工预拼装

BIM技术最拿手的是复杂形体设计及建造应用，可针对复杂形体进行数据整合和验证，使得多维曲面的设计得以实现。应用信息技术系统及设备，现代建筑师可以充分直观地展示新时代的设计理念和建筑美学，可以尽情地表达大胆的创意和神奇的构思，塑造并优化创作成果，使其创作成果达到传统创作方式无法企及的新境界。而工程师可利用计算机对复杂的建筑形体如曲面幕墙及复杂钢结构，进行拆分后利用三维信息模型进行解析，在电脑中进行预拼装，分成网格块编号，进行模块设计，然后送至工厂按模块加工，再送到现场拼装即可。同时数字模型也可提供大量建筑信息，包括曲面面积统计、经济形体设计及成本估算等。

3. 物料跟踪

随着建筑行业标准化、工厂化、数字化水平的提升，以及建筑使用设备复杂性的提高，越来越多的建筑及设备构件根据BIM中得出的进度计划，提前计算出合理的物料进场数目，通过工厂加工并运送到施工现场进行高效的组装。BIM结合施工计划和工程量造价，可以实现 5D（三维模型＋成本）应用，做到“零库存”施工。

四、节能与能源利用

以 BIM 技术推进绿色建筑节约能源、降低资源消耗和浪费、减少污染是建筑发展的方向和目的，是绿色建筑发展的必由之路。节能在绿色环保方面具体有两种体现。一是帮助建筑形成资源的循环使用，这包括水能循环、风能流动、自然光能的照射，科学地根据不同功能、朝向和位置选择最适合的构造形式。二是实现建筑自身的减排，构建时，以信息化手段减少工程建设周期，运营时，在满足使用需求的同时，还能保证最低的资源消耗。

1. 方案论证

在方案论证阶段，项目投资方可以使用 BIM 来评估设计方案的布局、视野、照明、安全、人体工程学、声学、纹理、色彩及规范的遵守等情况。BIM 甚至可以做到建筑局部的细节推敲，迅速分析设计和施工中可能需要应对的问题。BIM 可以包含建筑几何形体以外的很多专业信息，其中也包括许多用于执行生态设计分析的信息，利用 Revit 创建的 BIM 模型通过三维桥梁可以很好地将建筑设计师和生态设计紧密联系在一起，设计将不单单是体量、材质、颜色等，而是动态的有机的。Auotdesk Ecotect Analysis 是市场上比较全面的概念化建筑性能分析工具，软件提供了许多即时性分析功能，如光照、日光阴影、太阳辐射、遮阳、热舒适度、可视度分析等，而得到的分析结果往往是实时的、可视化的，很适合建筑师在设计前期把握建筑的各项性能。

2. 建筑系统分析

建筑系统分析是对照业主使用需求及设计规定来衡量建筑物性能的过程，包括机械系统如何操作和建筑物能耗分析、内外部气流模拟、照明分析、人流分析等涉及建筑物性能的评估。BIM 结合专业的建筑物系统分析软件避免了重复建立模型和采集系统参数。通过 BIM 可以验证建筑物是否按照特定的设计规定和可持续标准建造的，通过这些分析模拟，最终确定、修改系统参数甚至系统改造计划，以提高整个建筑的性能，建立智能化的绿色建筑。

五、施工及运营管理

施工单位惯常的“重建轻管”使绿色目标难以实现，真正的效益是建筑节能技术和管理三七开的。

1. 建筑策划

BIM 能够帮助项目团队在建筑规划阶段，通过对空间进行分析来理解复杂的空间。特别是在客户讨论需求、选择以及分析最佳方案时，能借助 BIM 及相关分析数据，做出关键性的决定。在过去，一座建筑的诞生是由设计人员将脑中的三维建筑构想用二维的图纸表现出来，再经由施工人员读取二维的图纸来构建三维建筑的过程。而 BIM 是由三维立体模型表述，从初始就是可视化的、协调的，直观形象地表现出建筑建成后的样子，然后根据需要从模型中提取信息，将复杂的问题简单化。

2. 施工进度模拟

当前建筑工程项目管理中经常用于表示进度计划的甘特图，专业性强，可视化程度低，无法清晰描述施工进度以及各种复杂关系，难以准确表达工程施工的动态变化过程。通过将 BIM 与施工进度计划相连接，将空间信息与时间信息整合在一个可视的 4D（3D＋Time）模型中，可以直观、精确地反映整个建筑的施工过程，对整个工程的施工进度、资源和质量进行统一管理和控制，以缩短工期、降低成本、提高质量。此外借助4D模型，施工企业在工程项目投标中将获得竞标优势，BIM可以协助评标专家从4D模型中很快了解投标单位对投标项目主要施工的控制方法、施工安排是否均衡、总体计划是否基本合理等，从而对投标单位的施工经验和实力作出有效评估。BIM360使BIM模型可以在网页上调用，配合施工现场的实时监控，使工程师在办公室就可以办公。

3. 运营维护

BIM技术的应用不仅仅体现在建筑的设计、规划、施工等阶段，而且体现在绿色建筑运营阶段。在建筑物使用寿命期内，建筑物结构设施（如墙、楼板、屋顶等）和设备设施（如设备、管道等）都需要不断得到维护。一个成功的维护方案将提高建筑物性能，降低能耗和修理费用，进而降低总体维护成本。BIM模型结合运营维护管理系统可以充分发挥空间定位和数据记录的优势，合理制订维护计划，分配专人专项维护工作，以降低建筑物在使用过程中出现突发状况的概率。对一些重要设备还可以跟踪维护工作的历史记录，以便对设备的适用状态提前作出判断。

4. 灾害应急模拟

利用BIM及相应灾害分析模拟软件，可以在灾害发生前模拟灾害发生的过程，分析灾害发生的原因，制定避免灾害发生的措施，以及发生灾害后人员疏散、救援支持的应急预案。当灾害发生后，BIM模型可以提供给救援人员紧急状况点的完整信息，配合温感探头和监控系统发现温度异常区，获取建筑物及设备的状态信息，通过BIM和楼宇自动化系统的结合，使得BIM模型能清晰地呈现出建筑物内部紧急状况的位置，甚至到紧急状况点最合适的路线，救援人员可以由此做出正确的现场处置，提高应急行动的成效。随着建筑设计的日新月异，规范已经无法满足超高型、超大型或异型建筑空间的消防设计。BIM能数字模拟人员疏散时间、疏散距离、有毒气体扩散时间、建筑材料耐燃烧极限、消防作业面等，使其在实际应用前就研究好最安全的人员疏散方案，在发生意外时减少损失并赢得宝贵时间。

综合上述应用，总结来说可以在建筑建造前做到可持续设计分析，使得控制材料成本、节水、节电、控制建筑能耗减少碳排量等，到后期的雨水收集量计算、太阳能采集量、建筑材料老化更新等工作做到最合理化。在倡导绿色环保的今天，建筑建造需要转向实用更清洁更有效的技术，尽可能减少能源和其他自然资源的消耗，建立极少产生废料和污染物的工艺和技术系统。可以看出BIM的模拟性并不是只能模拟设计出的建筑物模型，还可以模拟不能够在真实世界中进行操作的事物。BIM能进行模拟试验，例如：节能模拟、紧急疏散模拟、日照模拟、热能传导模拟等。在招投标和施工阶段可以进行4D模拟（三维模型加项目的发展时间），也就是根据施工的组织设计模拟实际施工，来确定合理的施工方案来指导施工。同时还可以进行5D模拟（基于3D模型的造价控制），来实现成本控制；后期运营阶段可以模拟日常紧急情况的处理方式的模拟，例如地震人员逃生模拟及上面提到的消防人员疏散模拟等。

第七章 绿色施工管理

第一节 绿色施工创新管理的实施

一、施工管理创新及绿色施工管理必要性

首先，施工管理创新。随着科学技术的发展，我国建筑市场的竞争也越来越激烈，各种类型的施工企业也越来越多，同行之间的竞争也就越来越大，为了在残酷的市场竞争中生存下去，建筑工程行业就要进行施工管理的创新养护改革。企业只有转变观念，进行改革创新，才能高效率、高质量地完成建筑工程施工项目，这样才能在市场中稳定、长远地发展。同时，施工管理的创新不但对企业自身的发展起到良好的作用，还对整个建筑市场起到了正确的导向和规范作用，促使其他企业积极寻找提高自身竞争力的方式，有利于形成良好的竞争环境。同时通过施工管理的创新来实现自身能力的提升，其他建筑企业乃至整个建筑行业都会效仿，从而为建筑行业的施工管理树立一个新的发展方向。

其次，绿色施工管理。随着可持续发展的提出，其已成为市场发展的主要目标，建筑市场也不例外，因此"绿色施工管理将是未来施工管理创新及施工企业发展的方向"。

随着经济发展意识和观念的转变，可持续发展已成为所有发展中的市场主体的目标，其也是建筑工程企业所追求的目标，因此"绿色施工管理将是未来施工管理创新及施工企业发展的方向"。当前，我国经济虽然发展速度比较快，但是正面临着资源紧缺的问题，同时，经济的发展对环境所造成的危害越来越大，环境对人类的报复活动正在逐年加剧，这些现象的存在都成为了我国经济发展道路中的阻碍，国家必然会采取宏观措施进行调整，而从最近几年的政策形势上来看，绿色事业的推动和发展就是国家所采取的调整措施之一。因此，建筑工程企业要积极进行绿色施工管理，优化利用资源，让施工与自然的要求相协调才能够实现自身的可持续发展。

二、建筑施工管理创新措施

建筑施工管理创新措施要根据不同的工程特征而有针对性地进行选择，但是，无论何种创新方式都需要从普遍意义上去发展，而具有普遍性特征的措施有以下几点。

1. 施工管理观念创新

观念一直都是行为的指导者，只有施工管理观念创新了才能够推动管理行为的创新。而观念创新的关键在于施工管理者要认识到创新的重要性和实际意义，所以，首先要提升管理

者的认识度。其次，要适当投入资金进行创新观念的教育和培训，要不断把最新的管理思维引用到施工管理中，并要树立创新意识。管理观念的创新要求就是施工管理不要再把自身的经济利益放在首位，而是要把市场的需求、工程的客观实际情况、自身的经济利益等内容综合起来进行分析。

2. 推动施工技术创新

“市场竞争中最具实力和最有生命力的优势是技术优势”，因此，施工单位为了提高竞争力也要进行技术的创新。技术创新的方式有两种，一种是采用激励机制鼓励内部施工技术创新，把先进的施工经验同现代的施工要求相结合，寻找到有效的施工技术，这种内部创新的方式有利于工程技术的直接使用。另一种是积极从外部引进先进的新工艺和新技术，并同相关企业进行合作，形成一种以企业为中心的技术创新体系，积极实行技术联盟，在施工中还要把先进的技术与施工中工程项目的实际特征相结合，提高新工艺、新技术的适应性，这样就能够形成具有各自特点的施工技术体系。

3. 创新管理组织机构

目前我国建筑施工中的管理组织机构都是以项目经理代替企业的方式进行工程的管理。施工管理中总是会把工程项目作为合同来进行签订，合同签订完成，“项目经理部”就随之而产生，其主要是在工程施工期间代替企业进行施工管理，会随着合同的终止而结束职能。但是这种以项目经理代表企业对施工状况进行管理的方式存在着一定的弊端，毕竟其并没有独立的法人资格，在管理责任的承担上也就没有责任，同时，管理方式上缺少综合性和全面性，管理行为单纯地从企业的经济利益出发，管理行为同工程的其他部分缺少必要的协调。虽然项目经理具有一定的决策指挥和财物的处置权，但是由于企业对其的制约不足，实际的管理效果并不是非常理想，在多个项目同时施工时，管理的协调性就会显得不足。以上种种问题的存在都客观上要求了创新管理组织结构，以提高施工管理的实效性。

三、绿色施工管理有效措施

绿色发展观念在我国的发展时间并不是很长，虽然在各个行业中都在强调绿色生产、绿色发展，但是实际上的行为并没有真正达到“绿色”的要求。而在建筑工程施工管理中要想实现绿色施工就应该从以下几个方面着手。

1. 加强能源、资源管理

在建筑施工现场的绿色管理包括两个方面。首先是能源管理，能源管理的主要目的第一个是要节约能源，第二个就是要减少能源使用对环境所造成的污染，而具体的控制措施则需要从施工工艺和设备着手。在工艺和设备选择过程中一定要优先选择绿色环保的施工工艺，也要选择能源消耗量少的机械设备，对于出现故障的机械设备要及时进行检修和保养，以节省能源的消耗。其次是资源管理，资源管理主要是指对施工现场水资源的保护和防止污染，要注意对水源的保护，控制用水量，要善于利用和收集污水和雨水，对这些废水进行沉淀处理，可以应用于对水质要求不高的施工中，这样就能够节省水资源。

2. 优选绿色环保施工材料

在建筑施工中总是考虑材料的价格和质量多一些，对材料的成分关注得比较少，而在有些材料中尤其是一些价格低廉的材料中所含有的有害物质和污染物质都比较多，比如“甲醛、氨、苯、氯”等。因此，绿色施工管理也应该包括对施工材料进行管理，以减少施工材料对人体和环境所造成的危害。在工程设计过程中要根据国家相关标准进行，尽量选择绿色环保的施工建材。在施工中也要加强管理，要保证工程施工是严格根据施工方案和施工图纸进行的，确保所使用的各种材料符合国家环保标准，比如可以采用替代的方式取缔含有污染性质的材料，可以“用有机溶剂做稀释剂、用水溶性涂料取代溶剂型涂料、使用商品混凝土取代现场搅拌混凝土等”，这样就能够真正地实现“绿色施工”。

3. 加强施工污染控制

建筑工程的污染控制可以从以下几个方面着手。第一，对泥浆进行控制。泥浆控制就要从基础工程开始，在施工过程中最好是固结泥浆，避免泥浆流入道路而影响市容市貌。第二，对尘土污染的控制。施工现场中的扬尘现象非常严重，造成了当地的空气污染，给人们的生活和健康都造成了不良影响，而为了实现绿色施工我们可以通过淋水加湿、硬化施工现场道路、尽量使用清洁型燃料等方法，这样就能够在一定程度上控制扬尘造成的污染。第三，控制施工噪声。当前噪声污染防治已经成为人们普遍关注的问题，噪声的来源主要是施工机械所造成的，而特点就具有位置不定、时间集中等特征，对其进行控制的方式可以采用减少夜间施工量、从优选择机械设备等方式来实现。从以上的分析中我们看到，一个工程施工对于人们的生活环境会造成粉尘、道路、噪声等不同方面和形式的污染，所以，要实现绿色施工就需要对施工过程进行全方位管理。建筑施工除了带来以上几种主要的污染之外还有很多我们平常关注度并不高的污染，这就需要求实际施工管理中，相关人员对现场情况要实事求是地进行分析，从绿色建筑和绿色施工管理多个方面进行环保施工。

第二节 绿色施工组织与管理

一、绿色施工组织与管理标准化方法

1. 绿色施工组织与管理标准化方法建立基本原则

①绿色施工组织与管理标准化方法建立应通过多管理体系融合确保标准落地执行。绿色工程施工组织与管理标准化不单单是指绿色施工的组织和管理，还包括建筑工程施工中的质量管理、工期管理、成本管理、安全管理等。在制定绿色施工组织与管理标准化方法的同时还应考虑到工程的质量、施工安全、工期和施工成本等的要求，将各种目标控制的管理体系和保障体系与绿色施工管理体系相融合，以实现工程项目建设的总体目标。

②绿色施工组织与管理标准化方法建立应以企业岗位责任制为基础。绿色施工组织与管理的标准化方法是一项重要的企业制度，企业及项目部的相关管理机构和管理人员是绿色施工组织与管理标准化的实施主体，作为一种运行模式，标准化管理不会因机构和管理岗位的人员变化而产生变化。因此，绿色施工组织与管理标准化方法应该建立在施工企业管理机构和管理人员的岗位、权限、角色、流程等明晰的基础上，当新员工入职时，与标准化管理配套的岗位手册可以作为员工培训的材料，为员工提供业务执行的具体依据，这也是有效解决企业管理的重要举措。

③绿色施工组织与管理标准化方法建立应与施工企业现状结合。标准化管理方法的建设基础是施工企业的流程体系。建筑施工企业的流程体系建立是在健全的管理制度、明确的责任分工、严格的执行能力、规范的管理标准、积极的企业文化等基础上的，因此，构建标准

化的绿色施工组织与管理方法必须依托正规的特大或大型建筑施工企业，这类企业往往具有管理体系明确、管理制度健全、管理机构完善、管理经验丰富等特点，且企业所承揽的工程项目数量较多，实施标准化管理能够产生较大的经济效益。

2. 绿色施工组织与管理一般规定

1）组织管理机构

组织管理就是设计并建立绿色施工管理体系，通过制定系统完善的管理制度和绿色施工整体目标，将绿色施工有关内容分解到管理体系目标中去，使参建各方在建设单位的组织协调下各司其职地参与到绿色施工过程中，使绿色施工规范化、标准化。

绿色施工组织管理机构设置一般实行三级管理，成立相应的领导小组和工作小组，领导小组一般由公司领导组成，其职责主要是从宏观上对绿色施工进行策划、协调、评估等；工作小组一般由分公司领导组成，其主要职责是组织实施绿色施工、保证绿色施工各项措施的落实、进行日常的检查考核等；操作层则是项目管理人员和生产工人，主要职责是落实绿色施工的具体措施。

组织机构的设置可因工程而异。如图 7-1 和图 7-2 所示分别为 A 地和 B 地某工程的绿色施工组织机构图。从组织机构设定的情况来看，二者均实现了三级管理，但从组织机构构建思路来看差别较大。图 7-1 的机构设置更接近传统工程的施工组织机构情况，没有突出绿色施工管理的特点；图 7-2 的机构设置紧紧跟绿色施工中的“四节一环保”和绿色施工资料管理相适应，突出了绿色施工的要求。此外，图 7-2 中的组织机构设有“绿色施工课题研究小组”，这是与工程开展的实际密切相关的，便于对绿色施工经验进行总结。当然，到底采取何种绿色施工组织机构要与工程实际相结合，不能只强调组织机构的形式构成，而应通过组织机构的建立对绿色施工进行科学的组织管理，组织机构的设置要能够满足绿色施工管理的要求，并与施工企业的机构设置情况结合。根据国内大型或特大型施工企业管理机构设置的情况，尤其是结合中建系统机构设置情况，建议标准绿色施工组织管理机构的设置如图 7-3 所示，具体采用时可根据企业及工程具体情况进行取舍。

以项目经理为首的决策层即绿色施工项目的领导小组，一般来说领导小组的主要职能如下。

①贯彻执行国家、地方政府、公司以及上级单位有关绿色施工的法律、法规、标准和规章制度，组织各部门及分包单位开展绿色施工工作。

②组织制定项目的绿色施工目标、管理制度和工作计划。

③督促检查各部门、各分包单位绿色施工责任制的落实情况。

④每月由项目经理组织召开一次小组会议，研究、协调和解决重大绿色施工问题，并形成决定方案和措施。

管理层中的各组织机构职责如下。

①商务部：负责绿色施工经济效益的分析。

②技术部：负责绿色施工的策划、分段总结及改进推广工作；负责绿色施工示范工程的过程数据分析、处理，提出阶段性分析报告；负责绿色施工成果的总结与申报。

③动力部：负责按照水电布置方案进行管线的敷设、计量器具的安装；对现场临水、临电设施进行日常巡查及维护工作；定期对各类计量器具的数据进行收集。

④工程部：负责绿色施工实施方案具体措施的落实；过程中收集现场第一手资料，提出

建设性的改进意见；持续监控绿色施工措施的运行效果，及时向绿色施工管理小组反馈。

⑤物资部：负责组织材料进场的验收；负责物资消耗、进出场数据的收集与分析。

⑥安监部：负责项目安全生产、文明施工和环境保护工作；负责项目职业健康安全管理计划、环境管理计划和管理制度并监督实施。

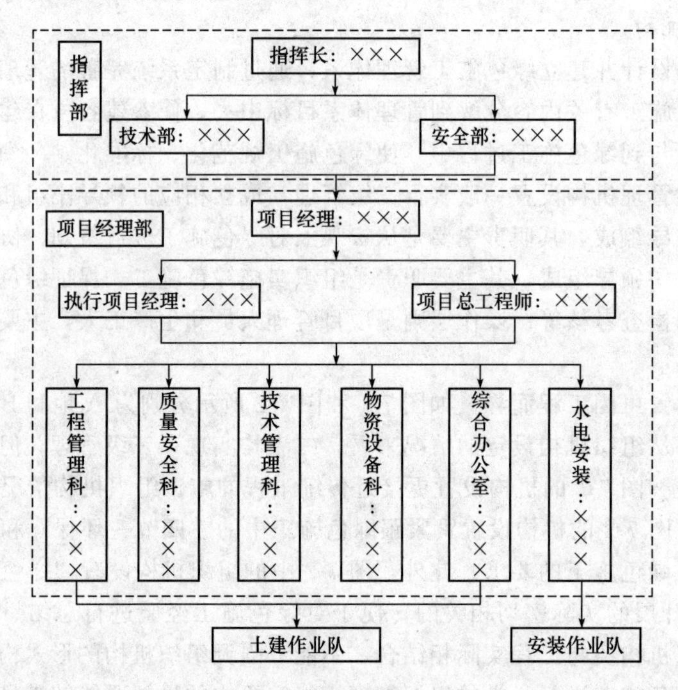

图 7-1　A 地某工程绿色施工组织机构

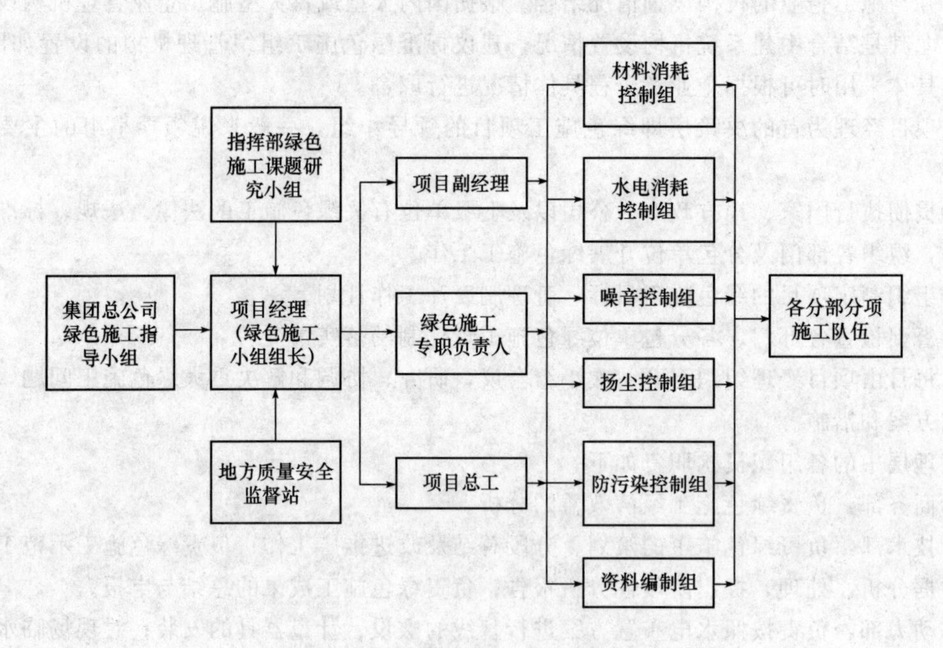

图 7-2　B 地某工程绿色施工组织机构

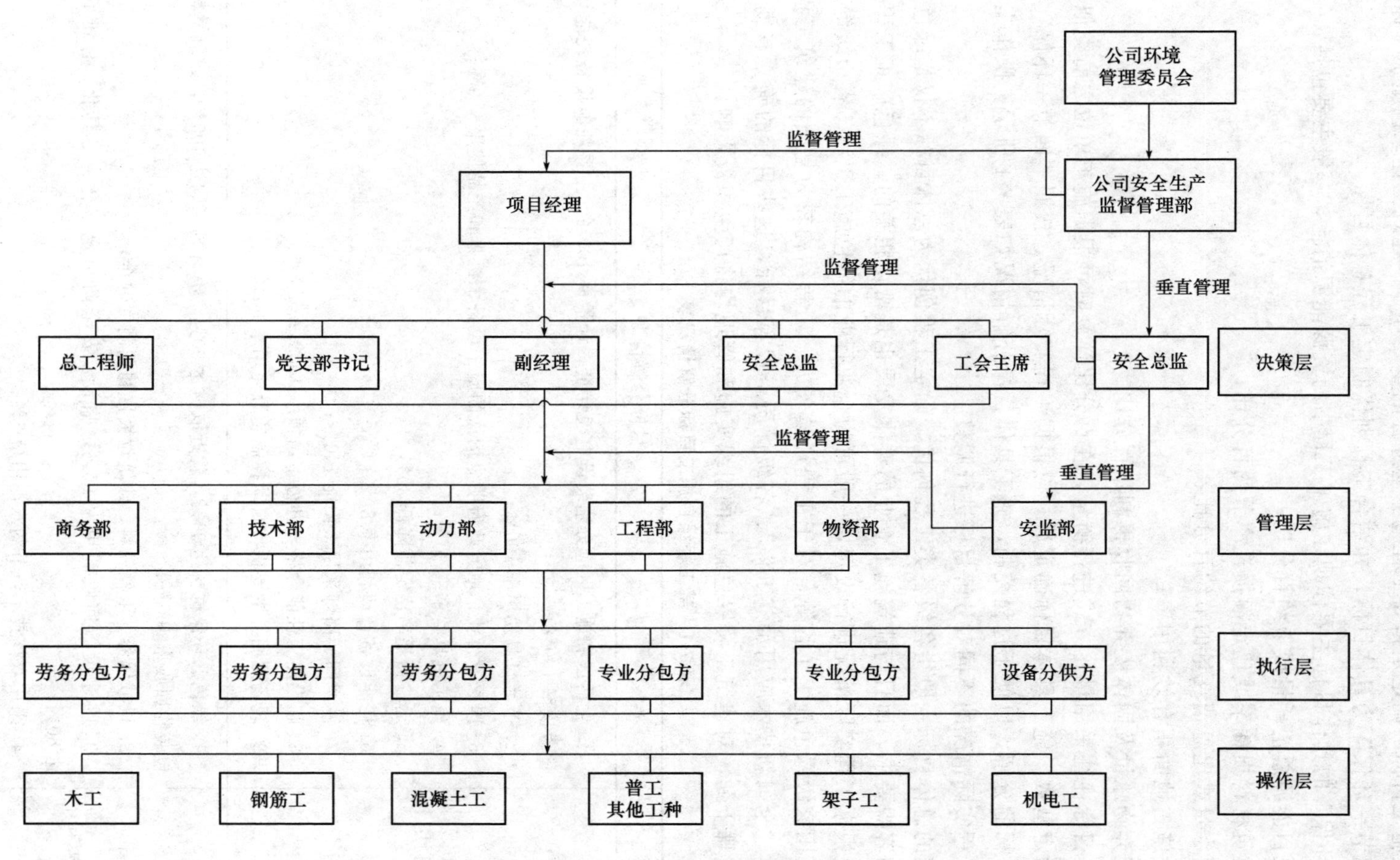

图 7-3　标准绿色施工组织机构

2）目标管理

建筑工程施工目标的确定是指导工程施工全过程的重要环节。建筑工程绿色施工目标的制定要以“四节一环保”为具体目标，并结合工程创优制定工程总体目标。

“四节一环保”的具体目标主要体现在施工工程中的资源能源消耗，一般主要包括：

①建设项目能源总消耗量或节约百分比；

②主要建筑材料损耗率或比定额损耗率节约百分比；

③施工用水量或比总消耗量的节约百分比；

④临时设施占地面积有效利用率；

⑤固体废弃物总量及固体废弃物回收再利用百分比。

这些具体目标往往采用量化方式进行衡量，在百分比计算时可根据施工单位之前类似工程的情况来确定基数。施工具体目标确定后，应根据工程实际情况，按照“四节一环保”进行施工具体目标的分解，以便于过程控制，施工具体目标分解情况如表7-1所示。操作工程中，可根据工程实际情况的不同对分解目标进行调整。

建设工程的总体目标一般指各级各类工程创优，确定工程创优为总体目标不仅是绿色施工项目自身的客观要求，而且与建筑施工企业的整体发展也是密切相关的。绿色施工工程创优目标设定应根据工程实际情况进行设定，一般可为企业行业的绿色施工工程、省市级绿色施工工程乃至国家级绿色施工工程等，对于工程规模较大、工程结构较为复杂的建筑工程，也可制定创建“全国新技术应用示范工程”、各级优质工程等目标，这些目标的确立有助于统一思想、鼓舞干劲，对建筑工程绿色施工的组织实施和管理均将产生积极影响。

表7-1　某工程绿色施工目标分解情况表

项目	目标分解情况
节能与能源利用	1. 生活区和施工区应分别装设电表计量，计量率100%，主要耗能设备耗能计量考核率100%； 2. 节能灯具使用率100%； 3. 国家、行业、地方政府明令淘汰的施工设备、机具和产品使用率0%； 4. 施工机具共享率30%； 5. 运输损耗率比定额降低30%； 6. 耗能设备合理利用率80%； 7. 淋浴间、路灯采用太阳能100%； 8. 临设热工性能合格，办公室吊顶率100%； 9. 现场照明、主要机械自动控制装置使用率80%
节材与材料资源利用	1. 绿色、环保材料达90%，就近取材达90%，有计划采购达100%，建筑材料包装物回收率100%； 2. 机械保养、限额领料、建筑垃圾再利用制度健全； 3. 临建设施回收利用率90%，临设、安全防护定型化、工具化、标准化达80%； 4. 采用双掺技术，节约水泥用量5%； 5. 管件合一脚手架、支撑体系使用率100%； 6. 运输损耗率比定额降低30%；

续表 7-1

项目	目标分解情况
节材与材料资源利用	7. 材料损耗率比定额降低 30%； 8. 采用"四新技术"，高效钢筋使用率 90%、直径大于 20 的钢筋连接直螺纹使用率 90%、加气砼砌块使用率 90%、减少粉刷面积 80%； 9. 模板、脚手架体系周转率提高 20%，模板周转次数提高 50%； 10. 周转材料回收率 100%，再利用率 80%； 11. 砼、落地灰回收再利用率 100%，钢筋余料再利用率 60%； 12. 纸张双面使用率 80%，废纸回收率 100%； 13. 推广网络化办公，尽量做到无纸化办公
节水与水资源利用	1. 分包、劳务合同含节水条款 100%； 2. 施工现场办公区、生活区的生活用水采用节水器具配备率 100%； 3. 施工现场对生活用水与工程用水计量率 100%； 4. 利用施工降水、先进施工工艺、循环用水节水 30%； 5. 商品砼和预拌砂浆使用率 100%
节地与施工用地保护	1. 合理布置施工场地，实施动态管理，分三个阶段规划现场平面布置； 2. 施工现场布置合理，组织科学，占地面积小且满足使用功能； 3. 商品砼使用率 100%； 4. 职工宿舍采用租赁方式，管理方便，满足使用要求； 5. 土方开挖减少开挖面积 15%
环境保护	1. 施工标牌、环保、节能、警示标识等在醒目位置悬挂到位，现场配套设施齐全； 2. 场地树木得到有效保护； 3. 与相邻工地降水统筹考虑减少抽取地下水 5%，采用先进工艺减少抽取地下水 30%，调整水泵功率及安装疏水井减少抽取地下水 5%； 4. 工地食堂办理卫生许可证，厨师持证上岗，定人定时保洁，定期消毒，燃料一律使用液化气，移动厕所配备率 100%，厕所每天消毒； 5. 医务室、人员健康应急预案完善，每年 1 次对现场人员体检，建立健康档案，生活区有专人负责，消暑、保暖措施齐备，作业时间安排合理，操作人员正确佩戴防护用具，操作环境通风畅通； 6. 沉淀池、隔油池、化粪池设置达 100%，专人定期清理，雨污分流率 100%，污水达标排放； 7. 主要道路硬化率 100%，现场目测无粉尘； 8. 裸露土地、集中堆放的土方绿化率 100%； 9. 建筑垃圾减少 40%，再利用率达到 40%，生活垃圾分类率 100%，集中堆放率 100%，定期处理，回填土石方、路基、临设砌筑及粉刷利用挖方 100%； 10. 施工现场立面围护率 100%，夜间照明灯罩使用率 100%，夜间电焊遮光罩配备率 100%； 11. 严禁现场焚烧垃圾，严禁年检不合格车辆进出现场，运输易扬尘物质车辆覆盖率 100%、车辆冲洗率 100%； 12. 主要噪声源辨识 100%，现场设置噪声监测点，实施动态监测

3）绿色施工信息管理

绿色施工的信息管理是绿色施工工程的重点内容，实现信息化施工是推进绿色施工的重要措施。除传统施工中的文件和信息管理内容之外，绿色施工更为重视施工过程中各类信息、数据、图片、影像等的收集整理，这是与绿色施工示范工程的评选办法密切相关的。我国《全国建筑业绿色施工示范工程申报与验收指南》中明确规定：绿色施工示范工程在进行验收时，施工单位应提交绿色施工综合性总结报告，报告中应针对绿色施工组织与管理措施进行阐述，应综合分析关键技术、方法、创新点等在施工过程中的应用情况，详细阐述“四节一环保”的实施成效和体会建议，并提交绿色施工过程相关证明材料，其中证明材料中应包括反映绿色施工的文件、措施图片、绿色技术应用材料等。

绿色施工资料一般可根据类别进行划分，大体可分为以下几类。

①技术类：示范工程申报表；示范工程的立项批文；工程的施工组织设计；绿色施工方案、绿色施工的方案交底。

②综合类：工程施工许可证；示范工程立项批文。

③施工管理类：地基与基础阶段、主体施工阶段企业自评报告；绿色施工阶段性汇报材料；绿色施工示范工程启动会资料；绿色施工示范工程推进会资料；绿色施工示范工程外宣资料；绿色施工示范工程培训记录。

④环保类：粉尘检测数据台账，按月绘成曲线图，进行分析；噪声监控数据台账，按施工阶段、时间绘成曲线图分析；水质（分现场养护水、排放水）监测记录台账；安全密目网进场台账，产品合格证等；废弃物技术服务合同（区环保），化粪池、隔油池清掏记录；水质（分现场养护水、排放水）检测合同及抽检报告（区环保）；基坑支护设计方案及施工方案。

⑤节材类：与劳务队伍签订的料具使用协议、钢筋使用协议；料具进出场台账以及现阶段料具报损情况分析；钢材进场台账；废品处理台账，以及废品率统计分析；NT浇筑台账，对比分析；现场施工新技术应用总结，新技术材料检测报告。

⑥节水类：现场临时用水平面布置图及水表安装示意图；现场各水表用水按月统计台账，并按地基与基础、主体结构、装修三个阶段进行分析；NT养护用品（养护棉、养护薄膜）进场台账。

⑦节能类：现场临时用电平面布置图及电表安装示意图；现场各电表用电按月统计台账，并按地基与基础、主体结构两个阶段进行分析；塔吊、施工电梯等大型设备保养记录；节能灯具合格证（说明书）等资料、节能灯具进场使用台账；食堂煤气使用台账，并按月进行统计、分析。

⑧节地类：现场各阶段施工平面布置图，含化粪池、隔油池、沉淀池等设施的做法详图，分类形成施工图并完善审批手续；现场活动板房进出场台账；现场用房、硬化、植草砖铺装等各临建建设面积（按各施工阶段平面布置图）。

4）绿色施工管理流程

管理流程是绿色施工规范化管理的前提和保障，科学合理地制定管理流程，体现企业或项目各参与方的责任和义务是绿色施工流程管理的核心内容。根据前述的绿色施工组织机构设置情况，对工程项目绿色施工管理、工程项目绿色施工策划、分包单位绿色施工管理、项目绿色施工监督检查等方面的工作制定了建议性管理流程，依次如图7-4～7-7所示。在具体管理流程采用时，可根据工程项目和企业机构设置不同对流程进行调整。

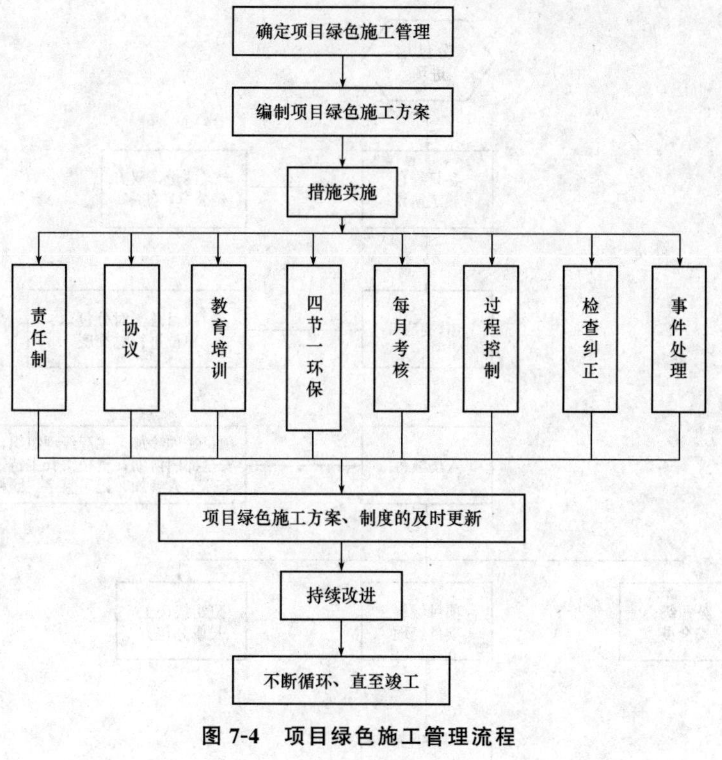

图 7-4　项目绿色施工管理流程

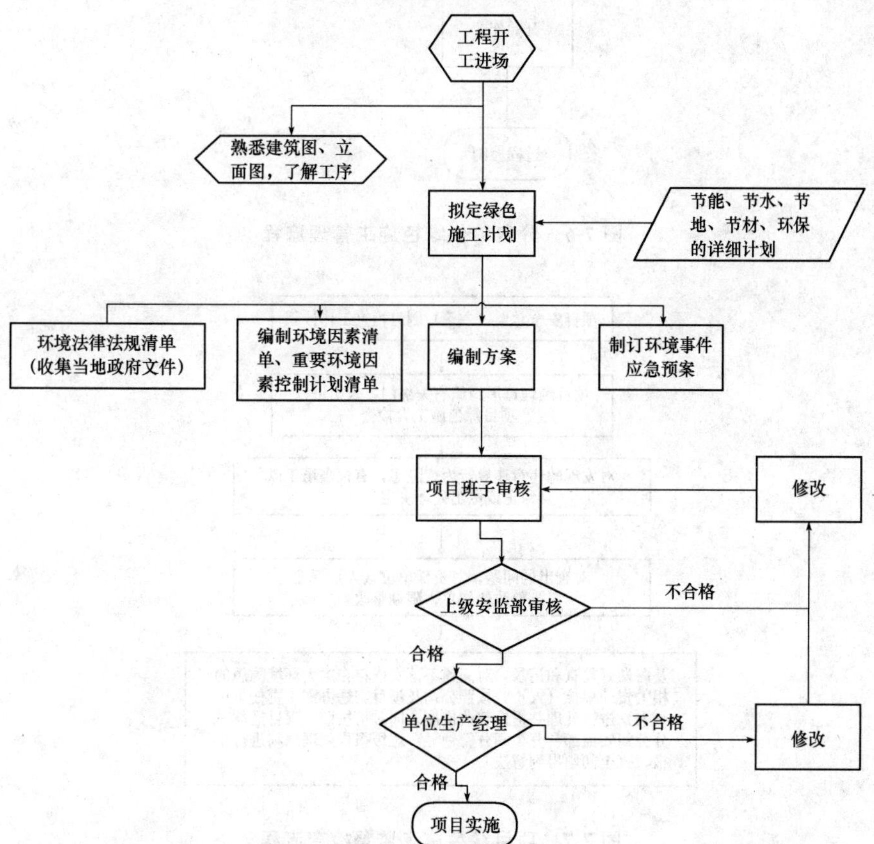

图 7-5　项目绿色施工策划流程

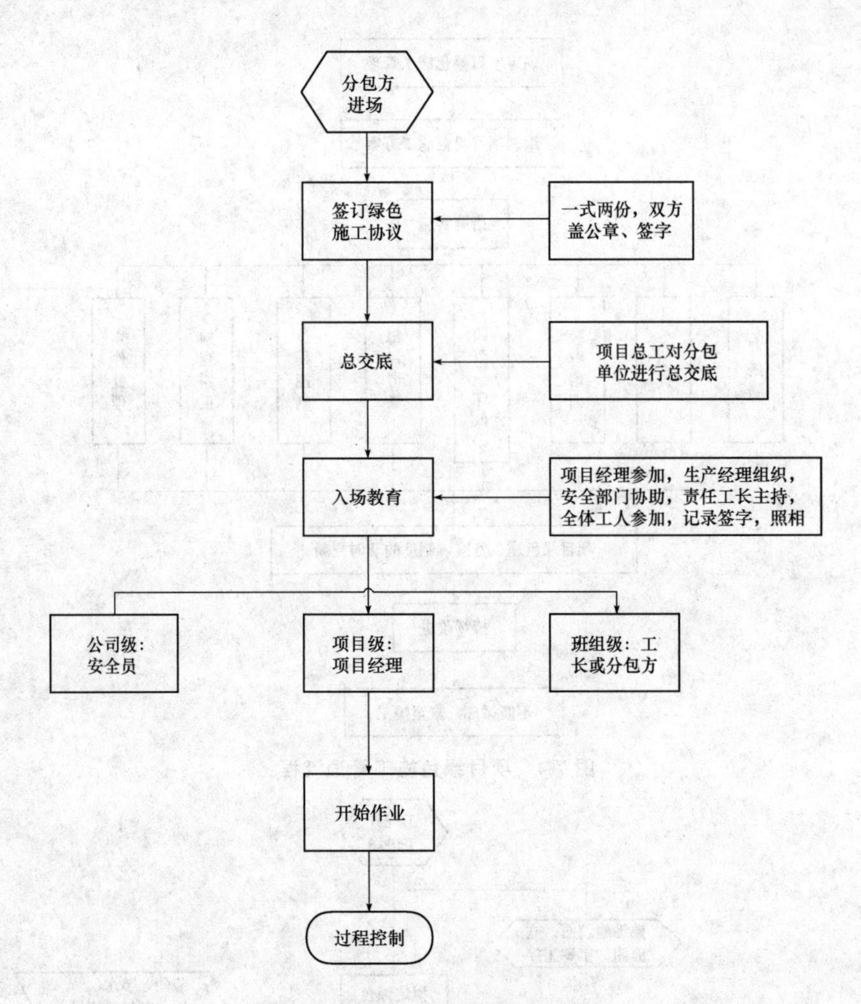

图 7-6 分包单位绿色施工管理流程

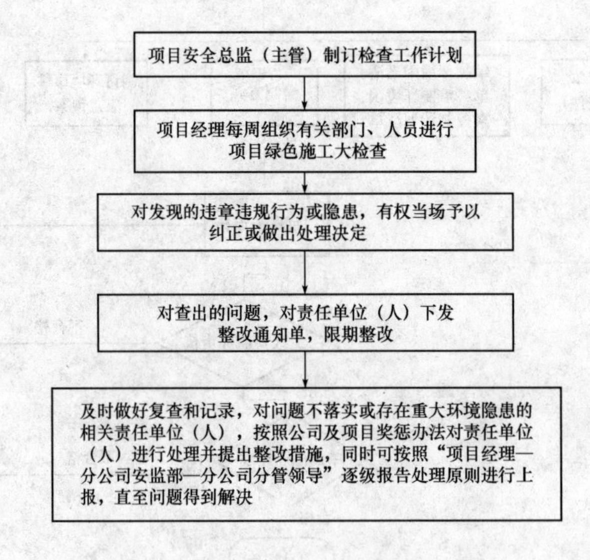

图 7-7 项目绿色施工监督检查流程

二、绿色施工责任分配

1. 公司绿色施工责任分配见表 7-2

①第一责任人为总经理。

②绿色施工专项管理工作的牵头人为总工程师或副总经理。

③以工程科技管理部门为主，其他各管理部室负责与其工作相关的绿色施工管理工作，并配合协助其他部室工作。

表 7-2 公司绿色施工管理职能分配表

公司领导、部门 绿色施工相关工作	总经理	绿色施工牵头人	人力资源管理部门	成本核算管理部门	工程科技管理部门	材料设备管理部门	市场经营管理部门
公司总目标	▲	△	△	△	▲	△	△
公司总策划	△	▲	△	△	▲	△	△
人力资源配备	△	▲	▲	△	△	△	△
教育与培训	△	▲	▲	△	△	△	△
直接经济效益控制	△	▲	△	▲	△	△	△
绿色施工方案审核	△	▲	△	△	▲	△	△
项目间协调管理	△	▲	△	△	▲	△	△
数据收集与反馈	△	▲	△	△	▲	△	△
专项检查	△	▲	△	△	▲	△	△
绿色建材数据库的建立与更新	△	▲	△	△	△	▲	△
绿色施工机械、机具数据库的建立与更新	△	▲	△	△	△	▲	△
监督项目限额领料制度的制定与落实	△	▲	△	△	△	▲	△
监督项目机械管理	△	▲	△	△	△	▲	△
合同评审	△	▲	△	△	△	△	▲
……							

注：▲主控，△相关。

2. 项目绿色施工责任制见表 7-3

①第一责任人为项目经理。

②项目技术负责人、分管副经理、财务总监以及建设项目参与各方代表等组成绿色施工管理机构。

③绿色施工管理机构开工前制订绿色施工规划，确定拟采用的绿色施工措施并进行管理任务分工。

表 7-3 项目主要绿色施工管理任务分工表

部门 任务	绿色施工管理机构	质量	安全	成本	后勤	……
施工现场标牌包含环境保护内容	决策与检查	参与	参与	参与	执行	
制定用水定额	决策与检查	参与	参与	执行	参与	
……						

④管理任务分工，其职能主要分为四个：决策、执行、参与和检查。一定要保证每项任务都有管理部门或个人负责决策、执行、参与和检查。

⑤项目主要绿色施工管理任务分工表制定完成后，每个执行部门负责填写《绿色施工措施规划表》（表 7-4）报绿色施工专职管理员，绿色施工专职管理员初审后报项目部绿色施工管理机构审定，作为项目正式指导文件下发到每一个相关部门和人员。

⑥在绿色施工实施过程中，绿色施工专职管理员应负责各项措施实施情况的协调和监控。同时在实施过程中，针对技术难点、重点，可以聘请相关专家作为顾问，保证实施顺利。

表 7-4 绿色施工措施规划表

措施类别	措施内容	实现方式	收集资料	拟落实负责人
环境保护	建筑垃圾应分类收集、集中堆放	修建建筑垃圾回收池；制定建筑垃圾管理制度；制定建筑垃圾分类管理登记表并监督执行	建筑垃圾管理制度、分类管理登记表、外运记录表等文字资料；相关照片、影像资料等	×××
……				

第三节 绿色施工规划管理

一、总体方案编制实施

建设项目总体方案的优劣直接影响到管理实施的效果，要实现绿色施工的目标，就必须将绿色施工的思想体现到总体方案中去。同时，根据建筑项目的特点，在进行方案编制时，应该考虑各参建单位的因素。

①建设单位应向设计、施工单位提供建设工程绿色施工的相关资料，并保证资料的真实性和完整性；在编制工程概算和招标文件时，建设单位应明确建设工程绿色施工的要求，并提供包括场地、环境、工期、资金等方面的保障，同时应组织协调参建各方的绿色施工管理

等工作。

②设计单位应根据建筑工程设计和施工的内在联系，按照建设单位的要求，将土建、装修、机电设备安装及市政设施等专业进行综合，使建筑工程设计和各专业施工形成一个有机统一的整体，便于施工单位统筹规划，合理组织一体化施工。同时，在开工前设计单位要向施工单位作整体工程设计交底，明确设计意图和整体目标。

③监理单位应对建设工程的绿色施工管理承担监理责任，审查总体方案中的绿色专项施工方案及具体施工技术措施，并在实施过程中做好监督检查工作。

④实行施工总承包的建设工程，总承包单位应对施工现场绿色施工负总责，分包单位应服从总承包单位的绿色施工管理，并对所承包工程的绿色施工负责。实行代建制管理的，各分包单位应对管理公司负责。

1. 公司规划

工程确定实施绿色施工管理后，实施公司要对其进行总体规划，规划内容如下。

①材料设备管理部门从《绿色建材数据库》中筛选距工程 500 km 范围内绿色建材供应商数据供项目选择。从《绿色施工机械、机具数据库》中结合工程具体情况，提出机械设备选型建议。

②工程科技管理部门收集工程周边在建项目信息，对工程临时设施建设需要的周转材料、临时道路路基建设需要的碎石类建筑垃圾以及因工程有前期拆除工序而产生的建筑垃圾就近处理等提出合理化建议。

③根据工程特点，结合类似工程经验，对工程绿色施工目标设置提出合理化建议和要求。

④对绿色施工要求的执证人员、特种人员提出配置要求和建议；对工程绿色施工实施提出基本培训要求。

⑤在全司范围内（有条件的公司可以在一定区域范围内），从绿色施工“四节一环保”的基本原则出发，统一协调资源、人员、机械设备等，以求达到资源消耗最少、人员搭配最合理、设备协同作业程度最高、最节能的目的。

2. 项目规划

在进行绿色施工专项方案编制前，项目部应对以下因素进行调查并结合调查结果做出绿色施工总体规划。

1）工程建设场地内原有建筑分布情况

①原有建筑需拆除：要考虑对拆除材料的再利用。

②原有建筑需保留，但施工时可以使用：结合工程情况合理利用。

③原有建筑需保留，施工时严禁使用并要求进行保护：要制定专门的保护措施。

2）工程建设场地内原有树木情况

①需移栽到指定地点：安排有资质的队伍合理移栽。

②需就地保护：制定就地保护专门措施。

③需暂时移栽，竣工后移栽回现场：安排有资质的队伍合理移栽。

3）工程建设场地周边地下管线及设施分布情况

制定相应的保护措施，并考虑施工时是否可以借用，以避免重复施工。

4）竣工后规划道路的分布和设计情况

施工道路的设置尽量跟规划道路重合，并按规划道路路基设计进行施工，避免重复施工。

5）竣工后地下管网的分布和设计情况

特别是排水管网，建议一次性施工到位，施工中提前使用，避免重复施工。

6）本工程是否同为绿色建筑工程

如果是，考虑某些绿色建筑设施，如雨水回收系统等提前建造，施工中提前使用，避免重复施工。

7）距施工现场 500 km 范围内主要材料分布情况

虽然有公司提供的材料供应建议，但项目部仍需要根据工程预算材料清单，对主要材料的生产厂家进行摸底调查，距离太远的材料考虑运输能耗和损耗，在不影响工程质量、安全、进度、美观等前提下，可以提出设计变更建议。

8）相邻建筑施工情况

施工现场周边是否有正在施工或即将施工的项目，从建筑垃圾处理、临时设施周转材料衔接、机械设备协同作业、临时或永久设施共用、土方临时堆场借用甚至临时绿化移栽等方面考虑是否可以合作。

9）施工主要机械来源

根据公司提供的机械设备选型建议，结合工程现场周边环境，规划施工主要机械的来源，尽量减少运输能耗，以最高效使用为基本原则。

10）其他

①设计中是否有某些构配件可以提前施工到位，在施工中运用，避免重复施工。例如，高层建筑中消防主管提前施工并保护好，用作施工消防主管，避免重复施工；地下室消防水池在施工中用作回收水池，循环利用楼面回收水等。

②卸土场地或土方临时堆场：考虑运土时对运输路线环境的污染和运输能耗等，距离越近越好。

③回填土来源：考虑运土时对运输路线环境的污染和运输能耗等，在满足设计要求前提下，距离越近越好。

④建筑、生活垃圾处理：联系好回收和清理部门。

⑤构件、部品工厂化的条件：分析工程实际情况，判断是否可能采用工厂化加工的构件或部品；调查现场附近钢筋、钢材集中加工成型，结构部品化生产，装饰装修材料集中加工，部品生产的厂家条件。

3. 绿色施工方案编制实施

在总体方案中，绿色施工方案应独立成章，将总体方案中与绿色施工有关的内容进行细化。

①应以具体的数值明确项目所要达到的绿色施工具体目标，比如材料节约率及消耗量、资源节约量、施工现场环境保护控制水平等。

②根据总体方案，提出建设各阶段绿色施工控制要点。

③根据绿色施工控制要点，列出各阶段绿色施工具体保证实施措施，如节能措施、节水措施、节材措施、节地与施工用地保护措施及环境保护措施等。

④列出能够反映绿色施工思想的现场各阶段的绿色施工专项管理手段。

二、绿色施工专项方案

在进行充分调查后，项目部应对绿色施工制订总体规划，并根据规划内容编制绿色施工专项方案。

1. 绿色施工专项方案主要内容

绿色施工专项方案是在工程施工组织设计的基础上，对绿色施工有关的部分进行具体和细化，其主要内容应包括：

①绿色施工组织机构及任务分工；

②绿色施工的具体目标；

③绿色施工针对“四节一环保”的具体措施；

④绿色施工拟采用的“四新”技术措施；

⑤绿色施工的评价管理措施；

⑥工程主要机械、设备表；

⑦绿色施工设施购置（建造）计划清单；

⑧绿色施工具体人员组织安排；

⑨绿色施工社会经济环境效益分析；

⑩施工现场平面布置图等。

其中：

绿色施工针对“四节一环保”的具体措施，可以参照《建筑工程绿色施工评价标准》(GB/T 50640—2010) 和《绿色施工导则》的相关条款，结合工程实际情况，选择性采用。

绿色施工拟采用的“四新”技术措施可以是《建筑业十项新技术》、“建设事业推广应用和限制禁止使用技术公告”、“全国建设行业科技成果推广项目”以及本地区推广的先进适用技术等，如果是未列入推广计划的技术，则需要另外进行专家论证。

主要机械、设备表需列清楚设备的型号、生产厂家、生产年份等相关资料，以方便审查方案时判断是否为国家或地方限制、禁止使用的机械设备。

绿色施工设施购置（建造）计划清单，仅包括为实施绿色施工专门购置（建造）的设施，对原有设施的性能提升，应只计算增值部分的费用；多个工程重复使用的设施，应计算其分摊费用。

绿色施工具体人员组织安排应具体到每一个部门、每一个专业、每一个分包队伍的绿色施工负责人。

施工现场平面布置图应考虑动态布置，以达到节地的目的，多次布置的应提供每一次的平面布置图，布置图上要求将噪声监测点、循环水池、垃圾分类回收池等绿色施工专属设施标注清楚。

2. 绿色施工专项方案审批要求

绿色施工专项方案要求严格按项目、公司两级审批。一般由绿色施工专职施工员进行编制，项目技术负责人审核后，报公司总工程师审批，只有审批手续完整的方案才能用于指导施工。

绿色施工专项方案有必要时，考虑组织进行专家论证。

第四节 绿色施工实施管理

一、施工过程的管理

实施管理是指绿色施工方案确定之后，在项目的实施管理阶段，对绿色施工方案实施过程进行策划和控制，以达到绿色施工目标。

1. 绿色施工目标控制

建设项目随着施工阶段的发展必将对绿色施工目标的实现产生干扰。为了保证绿色施工目标顺利实现，可以采取相应措施对整个施工过程进行控制。

1）目标分解

绿色施工目标包括绿色施工方案目标、绿色施工技术目标、绿色施工控制要点目标以及现场施工过程控制目标等，可以按照施工内容的不同分为几个阶段，将绿色施工策划目标的限值作为实际操作中的目标值进行控制。

2）动态控制

在施工过程中收集各个阶段绿色施工控制的实测数据，定期将实测数据与目标值进行比较，当发现偏离时，及时分析偏离原因、确定纠正措施、采取纠正行动，实现 PDCA 循环控制管理，将控制贯穿到施工策划、施工准备、材料采购、现场施工、工程验收等各阶段的管理和监督之中，直至目标实现为止。

2. 施工现场管理

建设项目环境污染和资源能源消耗浪费主要发生在施工现场，因此施工现场管理的好坏，直接决定绿色施工整体目标能否实现。绿色施工现场管理应包含的内容如下。

①明确绿色施工控制要点结合工程项目的特点，将绿色施工方案中的绿色施工控制要点进行有针对性的宣传和交底，营造绿色施工的氛围。

②制订管理计划明确各级管理人员的绿色施工管理责任，明确各级管理人员相互间、现场与外界（项目业主、设计、政府等）间的沟通交流渠道与方式。

③制定专项管理措施，加强一线管理人员和操作人员的培训。

④监督实施：对绿色施工控制要点要确保贯彻实施，对现场管理过程中发现的问题进行及时详细的记录，分析未能达标的原因，提出改正及预防措施并予以执行，逐步实现绿色施工管理目标。

二、营造绿色施工的氛围

目前，绿色施工理念还没有深入人心，很多人并没有完全接受绿色施工理念，绿色施工实施管理，首先应该纠正职工的思想，努力让每一个职工把节约资源和保护环境放到一个重要的位置上，让绿色施工成为一种自觉行为。要达到这个目的，必须结合工程项目特点，有针对性地对绿色施工作相应的宣传，通过宣传营造绿色施工的氛围非常重要。

绿色施工要求在现场施工标牌中增加环境保护的内容，在施工现场醒目位置设置环境保护标识。

三、增强职工绿色施工意识

施工企业应重视企业内部的自身建设，使管理水平不断提高，不断趋于科学合理，并加强企业管理人员的培训，提高他们的素质和环境意识。具体应做到以下两点。

①加强管理人员的学习，然后由管理人员对操作人员进行培训，增强员工的整体绿色意识，增加员工对绿色施工的承担与参与。

②在施工阶段，定期对操作人员进行宣传教育，如黑板报和绿色施工宣传小册子等，要求操作人员严格按已制定的绿色施工措施进行操作，鼓励操作人员节约水电、节约材料、注重机械设备的保养、注意施工现场的清洁，文明施工，不制造人为污染。

第五节 绿色施工评价管理

一、绿色施工评价指标体系设置的基本原则

为了建立有效的绿色施工评价指标体系，除了遵循 Globerson 所提出的构建任何评价体系的八大原则外，还应遵循下述原则。

1. 清洁生产原则

符合清洁生产的思路，即通过生产全过程控制，减少甚至消除了污染物的产生和排放，强调在污染产生之前就予以削减，体现污染预防的思想，指标体系的设置完全不考虑末端治理。

2. 科学性与实践性相结合原则

在选择评价指标及构建评价模型时，要力求科学，能够真实地反映绿色施工“四节一环保”（节能、节地、节水、节材料和环境保护）等诸多特点；评价指标体系的繁简也要适宜，不能过多过细，避免指标之间相互重叠、交叉；也不能过少过简，导致指标信息不全面而最终影响评价结果。目前，施工方式的特点是粗放式生产，资源和能源消耗量大、废弃物多，对环境、资源造成了严重的影响，建立评价指标体系必须从这个实际出发。

3. 针对性和全面性原则

这里的针对性原则体现在两个方面：首先，指标体系的确定必须针对整个施工过程，并联系实际因地制宜适当取舍；其次，针对典型施工过程或施工方案设定评价指标。

4. 指标体系结构要具有动态性

把绿色施工评价看作一个动态的过程，评价指标体系结构的内容应有不同工程、不同地点及评估指标、权重系数、计分标准发生变化的特性。同时，随着科学进步，要不断调整和修订标准或另选其他标准，并建立定期的重新评价制度，使评价指标体系与技术进步相适应。

5. 前瞻性、引导性原则

绿色施工评价指标应具有一定的前瞻性，与绿色施工技术经济的发展方向相吻合；评价指标的选取要对绿色施工未来的发展具备一定的引导性，尽可能反映出绿色施工今后的发展趋势和发展重点。通过这些前瞻性、引导性指标的设置，引导承包商施工的发展方向，促使承包商、建设单位在施工过程中重点考虑“四节一环保”。

6. 可操作性原则

指标体系中的指标一定要具有可度量性和可比较性，以便于比较。一方面对于评价指标中的定性指标，应该通过现代定量化的科学分析方法使之量化。另一方面评价指标应使用统一的标准衡量，尽量消除人为的可变因素的影响，使评价对象之间存在可比性，进而确保评价结果的准确性。此外，评价指标的数据在实际中也应方便易得。

总之，在进行绿色施工评价时，我们必须选取有代表性、可操作性强的要素作为评价指标。我们所选择的单个评价指标，虽仅反映绿色施工的一个侧面或某一方面，但整个评价指标体系却能够细致反映绿色施工水平的全貌。

二、绿色施工评价指标体系的确定

评价指标体系的选择和确定是评价研究内容的基础和关键，直接影响到评价的精度和结果。体系的建立主要遵循上述的原则，结合绿色施工的特点进行。该指标体系的基本框架见表 7-5。

表 7-5　绿色施工评价指标、权重、标准值

指标项			指标权重	
一级指标	权重	二级指标	单项指标权重	总权重
环保技术	0.21	施工机械装备	0.42	0.09
		绿色施工新技术	0.25	0.05
		施工现场管理技术	0.33	0.07
环境污染	0.2	噪声污染	0.17	0.03
		大气污染	0.25	0.05
		固体废弃物污染	0.13	0.03
		水污染	0.12	0.02
		光污染	0.12	0.02
		生态环境	0.22	0.04
资源消耗	0.23	材料消耗量	0.38	0.09
		能源消耗量	0.25	0.06
		水资源消耗量	0.25	0.06
		临时用地	0.13	0.03
资源再利用	0.15	建筑垃圾的综合利用	0.50	0.08
		水资源的再利用	0.50	0.08
绿色施工环境评价	0.13	环境管理机制	0.42	0.05
		有关认证达标率	0.25	0.03
		生态环境恢复	0.33	0.04
社会评价	0.08	工地所在社区居民的评价	1	0.08

1）环保技术指标

（1）机械装备指标

根据日本的统计资料，由于施工机械引起的投诉，在振动公害投诉案中占53.1%；在噪声公害投诉案中，施工机械引起的占25.5%，采用的施工机械直接决定着施工过程对环境的影响。如采用低能耗、低噪声、环境友好型机械，不但可提高施工效率，而且能直接为绿色施工做出贡献。在本指标体系中主要考虑在施工中采用的环境友好型机械及一体化作业工程机械的使用情况。

（2）绿色施工新技术

施工新技术的推广应用不仅能够产生较好的经济效益，而且往往能够减少施工过程对环境的污染，创造较好的社会效益和环保效益。

（3）施工现场管理技术

施工现场管理技术能够从根本上解决施工过程中具体的噪声、粉尘等环境因素的污染问题，主要包括施工工艺选择（结合气候、尊重基地环境）、工地围栏、防尘措施、防治水污染、大气污染、噪声控制、垃圾回收处理等。

2）环境污染指标

建筑施工具有周期长、资源和能源消耗量大、废弃物产生多等特点，会对环境、资源造成严重的影响，因此环境污染指标应当采取严格的标准。

（1）噪声污染

建筑施工噪声主要是由施工机械产生的，此外还有脚手架装卸、安装与拆除，模板支拆、清理与修复等工作噪声，是建筑施工中居民反应最强烈和常见的问题。

（2）大气环境污染

施工过程中产生的灰尘固体悬浮物、挥发性化合物及有毒微量有机污染物是造成城市空气污染严重的首要因素。

（3）固体废弃物污染

固体废弃物主要指建筑垃圾。建筑垃圾占城市垃圾的30%～40%，其物流量占全世界物流量的40%，其排放及处理应值得关注。

（4）水污染

该指标主要考虑特殊的施工生产工艺中产生的固体或液体垃圾向水体的投放。建筑施工中产生的废水主要包括钻孔灌注桩施工产生的废泥浆液、井点降水、混凝土浇注废水、骨料冲洗、混凝土养护及拌合冲洗废水等。建筑施工废水如不能得到有效的处理，势必会极大地影响周边环境和居民的生活。

（5）光污染

光污染是继废气、废水、废渣和噪声等污染之后的一种新的环境污染源。施工中产生光污染的来源主要是施工夜间大型照明灯灯光、施工中电弧焊或闪光对接焊工作时所发出的弧光等。

（6）生态环境污染

项目施工期间，用地需要变更原有的地形地貌，植被铲除使大面积的地表裸露。本指标中主要考虑施工过程中对场地土壤环境、周边区域安全及对古树、名木与文物的影响。

3）资源消耗指标

（1）材料消耗量指标

主要考虑节约材料、材料选择及就地取材三个方面，这里的材料包括建筑材料、安装材料、装饰材料及临时工程用材。

（2）能源消耗量指标

主要考虑能源节约和进行能源优化，这里能源包括电、油、燃气等。

（3）水资源消耗量指标

主要考虑在施工过程中水资源的节约和提高用水效率，如工地应该检测水资源的使用，安装小流量的设备和器具。

（4）临时用地指标

主要考虑节约施工临时用地指标。

4）资源综合利用指标

（1）建筑垃圾的综合利用

本指标中将重点考察施工现场是否建立了完善的垃圾处理制度，以及对可重复利用建筑垃圾的再利用情况。

（2）水资源的再利用

在可能的场所采取一定的措施重新利用雨水或施工废水，使工地废水和雨水资源化，进而减少施工期间的用水量，降低水浪费。

5）绿色施工环境管理指标

（1）环境管理机制

工程施工过程中，建设单位（业主）和施工单位都负有绿色施工的责任，建设单位应该在施工招标文件和施工合同中明确施工单位的环境保护责任，并设有现场环境管理的人员、制度与资金保障。施工单位应积极运用 ISO 14000 环境管理体系，把“绿色施工”的创建标准分解到环境管理体系目标中去。建立完善的环境管理体系，并在工程开工前和施工过程中制定相应的环保防治措施和工程计划。

（2）有关认证达标率

主要根据承包商、相关的材料及设备供应商是否通过 ISO 14000 认证进行评价。

（3）生态环境恢复

建筑施工活动对生态环境会造成一定的负面影响（减少森林、植被破坏、地质灾害）。发达国家在修筑公路、广场、水利、水电等基础设施时很重视裸露坡面、地面的生态环境的恢复（种草、栽树），使之成为绿色施工的一道重要工序。本评价指标体系也将生态环境复原作为环境管理的指标之一，主要考察竣工后是否采用土地复垦、植被恢复等生态环境复原方法。

6）社会评价指标

该指标主要考虑工地所在社区居民对工地的评价。

三、指标权重的确定

指标的权重代表着该指标在指标体系中所起的作用不同。各指标权重值大小的确定是建立评价指标体系工作中的重要一环。目前，确定指标权重的方法有主观赋权法和客观赋权法。在考察了用于综合评判的各种方法后，根据绿色施工指标体系的特点，本文建议采用专家打分法进行权重的确定。确定的过程如下。

1. 选择专家

为了增加权重确定的客观性和科学性，专家成员应该包括从事绿色建筑、房地产经济领域的研究学者、开发商、施工企业的管理人员，可以选择10～15名。

2. 专家评分

评分的方法有很多种，为了体现出本指标体系中各个指标之间的相对重要性关系，本文采用04评分法。如资源消耗指标项各分指标权重的确定如表7-6所示。

表7-6　资源消耗指标项权重计算结果

项目	材料消耗量	能源消耗量	水资源消耗量	临时用地	得分	权重
材料消耗量	—	3	3	3	9	0.38
能源消耗量	1	—	2	3	9	0.25
水资源消耗量	1	2	—	3	9	0.25
临时用地	1	1	1	—	3	0.13
合计	—	—	—	—	24	1

四、指标标准值确定

要对绿色施工进行评价，根据各项指标评价的目的和要求，必须合理地确定各评价指标的标准值或临界值。指标的标准值是评价各单体指标实际状况的参照或标尺，只有确定了合理的标准值，才能将实际发生值与标准值进行对比，考察它们之间的差异，从而对建设过程的绿色施工状况进行评价。目前关于指标体系标准值的确定，并没有统一的方法。本文在选定单体指标标准值时，遵循以下四个原则：第一，凡已有国家标准的指标，尽量采用规定的标准值，如一些环境指标：废水排放达标率、雨水利用率等。第二，国家没有控制标准的，参考国内较好工地的一些现状值做趋势外推，确定标准值。第三，参考发达国家的具有良好特色工地现状值或通过专家咨询来确定。第四，依据现有环境与社会、经济协调发展的理论，力求定量化作为标准值。

五、指标分值的计算方法

由于各个指标的计量单位大多不相同，各指标体系的权重值和标准值确定后，要进行综合评价，还要将各类指标的属性值进行无量纲化，转换为评价分值，再根据指标体系的评价模型计算出各指标体系的综合评分值，然后再根据综合评分值的高低来对绿色施工水平进行评价。

1. 单项指标值数计算

单项指标值数（N_i）的计算方法：以该单项指标的标准值为参照值，将其现状值与其相比计算出单项分值。有些单项指标，当指标值越大时，反映绿色施工工作在这个侧面开展得越好，该指标越大越好，$N_i=X_i/S_i$；而有些指标则相反，越小越好，$N_i=S_i/X_i$。式中，X_i为指标的现状值；S_i为指标的标准值。任何指标的最高分值都为1。

2. 综合评价指数

由专家打分法得到各指标的权重和各单项指标值数，利用综合评价指数（q）来评价绿色施工的水平。综合评价指数按下式计算：

$$q = \sum N_j W_j$$

式中，W_j为某指标的权重值。

q值的大小反映绿色施工的水平，若 $q \geqslant 1$，则表明大于或等于评价标准；若 $q < 1$，则表明低于评价标准，q 越低，则说明绿色施工开展得越差。

六、绿色施工项目自评价

项目自评价由项目部组织，分阶段对绿色施工各个措施进行评价的，自评价办法可以参照《建筑工程绿色施工评价标准》（GB/T 50640—2010）进行。

1. 绿色施工要素评价

绿色施工的要素按“四节一环保”分五大部分，绿色施工要素评价就是按这五大部分分别制表进行评价的，参考评价表见表 7-7。

表 7-7 绿色施工要素评价表

<table>
<tr><td colspan="2" rowspan="2">工程名称</td><td rowspan="2"></td><td>编号</td><td></td></tr>
<tr><td>填表日期</td><td></td></tr>
<tr><td colspan="2">施工单位</td><td></td><td>施工阶段</td><td></td></tr>
<tr><td colspan="2">评价指标</td><td></td><td>施工部位</td><td></td></tr>
<tr><td rowspan="2">控制项</td><td colspan="3">采用的必要措施</td><td>评价结论</td></tr>
<tr><td colspan="3"></td><td></td></tr>
<tr><td rowspan="2">一般项</td><td colspan="2">采用的可选措施</td><td>计分标准</td><td>实得分</td></tr>
<tr><td colspan="2"></td><td></td><td></td></tr>
<tr><td rowspan="2">优选项</td><td colspan="2">采用的加分措施</td><td>计分标准</td><td>实得分</td></tr>
<tr><td colspan="2"></td><td></td><td></td></tr>
<tr><td>评价结论</td><td colspan="4"></td></tr>
<tr><td rowspan="2">签字栏</td><td colspan="2">建设单位</td><td>监理单位</td><td>施工单位</td></tr>
<tr><td colspan="2"></td><td></td><td></td></tr>
</table>

填表说明：

1. 施工阶段填“地基与基础工程”“结构工程”或“装饰装修与机电安装工程”。

2. 评价指标填“环境保护”“节材与材料资源利用”“节水与水资源利用”“节能与能源利用”“节地与土地资源保护”。

3. 采用的必要措施（控制项）指该评价指标体系内必须达到的要素，如果没有达到，一票否决。

4. 采用的可选措施（一般项）指根据工程特点选用的该评价指标体系内可以做到的要素，根据完成情况给予打分，完全做到给满分，部分做到适当给分，没有做不得分。

5. 采用的加分措施（优选项）指根据工程特点选用的“四新”技术、经论证的创新技术以及较现阶段绿色施工目标有较大提高的措施，如建筑垃圾回收再利用率大于 50%等。

6. 计分标准建议按 100 分制，必要措施（控制项）不计分，只判断合格与否；可选措施（一般项）根据要素难易程度、绿色效益情况等按 100 分进行分配，这部分分配应该在开工前完成；加分措施（优选项）根据选用情况适当加分。

2. 绿色施工批次评价

将同一时间进行的绿色施工要素评价进行加权统计，得出批次评价的总分，参考评价表见表 7-8。

表 7-8 绿色施工批次评价汇总表

工程名称		编号	
		填表日期	
评价阶段			
评价要素	评价得分	权重系数	实得分
环境保护		0.3	
节材与材料资源利用		0.2	
节水与水资源利用		0.2	
节能与能源利用		0.12	
节地与施工用地保护		0.1	
合计		1	
评价结论	1. 控制项： 2. 评价得分： 3. 优选项： 结论：		
签字栏	建设单位	监理单位	施工单位

填表说明：

1. 施工阶段与进行统计的“绿色施工要素评价表”一致。

2. 评价得分指“绿色施工要素评价表”中“采用的可选措施（一般项）”的总得分，不包括“采用的加分措施（优选项）”得分，该部分在评价结论处单独统计。

3. 权重系数根据“四节一环保”在施工中的重要性，参照《建筑工程绿色施工评价标准》(GB/T 50640—2010)给定。

4. 评价结论栏，控制项填是否全部满足；评价得分根据上栏实得分汇总得出；优选项将五张“绿色施工要素评价表”优选项累加得出。

5. 绿色施工批次评价得分等于评价得分加优选项得分。

3. 绿色施工阶段评价

将同一施工阶段内进行的绿色施工批次评价进行统计，得出该施工阶段的平均分，参考评价表见表 7-9。

表 7-9 绿色施工阶段评价汇总表

工程名称		编号	
		填表日期	
评价阶段			
评价批次	批次得分	评价批次	批次得分
1		9	
2		10	
3		11	
4		12	
5		13	
6		14	
7		15	
8		……	
小计			
签字栏	建设单位	监理单位	施工单位

填表说明：

1. 施工阶段分“地基与基础工程”“结构工程”和“装饰装修与机电安装工程”，原则上每阶段至少进行一次施工阶段评价，且每个月至少进行一次施工阶段评价。

2. 评价阶段 $G=\sum$ 批次评级得分 E/评价批次数。

4. 单位工程绿色施工评价

将所有施工阶段的评价得分进行加权统计，得出本工程绿色施工评价的最后得分，参考评价表见表 7-10。

表 7-10 单位工程绿色施工评价汇总表

工程名称		编号	
		填表日期	
评价阶段	阶段得分	权重系数	实得分
地基与基础			
结构工程			
装饰装修与机电工程			

续表 7-10

合计			
评价结论			
签字栏	建设单位	监理单位	施工单位

填表说明：

根据绿色施工阶段评价得分加权计算，权重系数根据三个阶段绿色施工的结果，参照《建筑工程绿色施工评价标准》（GB/T 50640—2010）确定。

绿色施工自评价也可由项目承建单位根据自身情况设计表格进行。

第六节 绿色施工人员安全与健康管理

绿色施工讲究以人为本。在国内安全管理中，已引入职业健康安全管理体系，各建筑施工企业也都积极地进行职业健康安全管理体系的建立并取得体系认证，在施工生产中将原有的安全管理模式规范化、文件化、系统化地结合到职业健康安全管理体系中，使安全管理工作成为循序渐进、有章可循、自觉执行的管理行为。

一、制度体系与培训教育

1. 制度体系

①绿色施工实施项目应按照国家法律、法规的有关要求，做好职工的劳动保护工作，制订施工现场环境保护和人员安全等突发事件的应急预案。

②制定施工防尘、防毒、防辐射等职业危害的预防措施，保障施工人员的长期职业健康。

③施工现场建立卫生急救、保健防疫制度，在安全事故和疾病疫情出现时提供及时救助。

④现场食堂应有卫生许可证，炊事员应持有效健康证明。

2. 培训教育

1）意识教育

如果一个施工企业上到经理，下到建筑工人，都对抓好施工现场绿色施工不重视或是不认真，那么就不可能把施工现场管理搞好。因此，在工程施工当中，要先提高施工管理人员和工程施工人员的绿色施工意识，才能保证工程绿色施工的顺利进行。所以，公司应定期培训项目管理人员，发放电子课件进行学习，提高绿色施工意识，提升项目管理人员和工程施工人员对绿色施工的自觉能动性。

2）规则教育

公司从两个层面着眼于落实对项目部人员绿色施工意识的形成教育。首先是制定绿色施工规则，指导项目人员对绿色施工规则进行感性上的认识。在项目绿色施工管理过程中，通过教育、交底、违章处罚等方式，从根本上强化大家的绿色施工意识。对于这一层面，公司要求项目人员切实做好以下三个方面：一是在绿色施工管理中，针对工程施工的管理现状，全面建立一套贯穿于整个施工过程的管理制度，包括土方施工中的防尘、结构施工中的防噪、CI布置、场容安全、绿色文明、卫生、机械、临水临电等，保证对施工人员的行为制约；二是系统、细致地做出各种工序的绿色施工交底与安排，设置专人负责，明确奖罚制度等；三是在施工人员中全面确立绿色施工意识，坚决遵守与执行各项协议，强化施工管理人员的执行力，使绿色施工管理工作能够落在实处，持续下去。

其次是在对绿色施工规则感性认识的基础上，从感性认识上升到理性认识，在工程施工的实践中得到自觉有效的执行。这一层面采用绿色施工教育的方法，列举绿色施工事例，让施工人员从机械地执行规章制度，上升到理解执行这些规章制度的必要性，建立绿色施工意识，提高绿色施工管理的科学性。

3）行为教育

在对绿色施工规则的理性认识上，形成自觉的行为规范，把绿色施工意识上升到全体施工人员的自觉能动性。积极发挥施工管理人员和工程施工人员的主观能动性，依靠大家的自觉意识行为，相互提醒、相互督促。

4）安全教育

公司及项目部坚持以《项目管理手册》《项目安全管理手册》和《建筑施工现场安全防护基本标准》管理整个施工过程。通过施工现场合理地布局，即工地大门、洗车池、十牌一图、道路硬化、场地绿化、工人食堂、厕所、卫生间以及垃圾房（施工和生活）的合理布局体现绿色施工及人文理念。这种理念是在实际行动中切实把绿色施工放在首位，把绿色施工问题当作工程施工中的头等大事来抓。

二、施工应急措施及预案

对众多建筑施工企业而言，应急准备和响应还是一件新生事物，从认识理解到具体操作难以迅速到位。作为一项科学严肃的工作，应急准备需要经过周密的策划和不断改进。

1. 应急准备和响应的基本任务

应急准备是针对可能发生的事故，为迅速有效地开展应急救援行动而预先所做的各种准备，包括机构的设立和职责的界定、预案的编制、应急设备的准备和维护、与外部应急力量的衔接和预案的演练等。

应急响应是在事故发生后立即采取的应急与救援行动，包括事故的报警与响应的启动、人员的紧急疏散、急救与医疗、抢险措施、应急决策和外部救援，其目的是抢救受伤人员、保护可能受威胁的人群，减少财产损失，并尽可能控制事故。应急救援行动必须做到迅速、准确和有效。

作为建筑施工项目，一般地处偏远，遇有重大险情，外部救援力量难以短时间内到达，必须立足于本单位的自救行动。应急响应的成败，取决于应急准备的充分与否。

2. 施工现场几种常见应急预案的类型

施工单位应当以现场为目标区域，根据工程特点及现场环境条件，通过危险源辨识、风险评价，针对某种具体、特定类型的重大危险源，制订现场专项应急预案。根据对施工企业职业伤害事故的调查统计分析，常见应急预案的类型有以下几种。

①火灾应急预案。在林区、化工厂施工，应尤其关注。

②防洪渡汛应急预案。水利水电工程施工中应用得最多。

③土方坍塌应急预案。如基坑、隧洞、公路边坡、路基塌方等。

④建筑物倒塌应急预案。

⑤脚手架、集料平台倒塌应急预案。

⑥台风应急预案。沿海地区施工应尤为关注。

⑦食物中毒应急预案。多发生在职工食堂，因自救力量有限，应及时求助于社会救援力量。

⑧气体中毒应急预案。常见于矿山、深基坑、隧洞及人工挖孔桩等项目。

⑨大型起重机倒塌事故应急预案。一些特殊险情，如触电、高空坠落、溺水、烫伤、机车刹车失灵等，事故从发生到结束时间极短，预案难以充分发挥其效用。因此不需建立应急组织机构和编制应急预案，但应做好应急设备的检查和维护，定期演练应急措施。

3. 安全事故应急救援流程

①事故发生初期，事故现场人员应积极采取应急自救措施，同时启动施工现场应急救援预案，实施现场抢险，防止事故的扩大。物资部、机电部等部门应尽快恢复被损坏的道路、水电、通信等有关设施，确保应急救援工作的顺利开展。

②安全事故应急救援预案启动后，应急救援小组立即投入运作，组长及各成员应迅速到位履行职责，及时组织实施相应事故应急救援预案，并随时将事故抢险情况报告上级。

③事故发生后，在第一时间里抢救受伤人员，这是抢险救援的重中之重。保卫部门应加强事故现场的安全保卫、治安管理和交通疏导工作，预防和制止各种破坏活动，维护社会治安，对肇事者等有关人员应采取监控措施，防止逃逸。

④当有重伤人员出现时救援小组应及时提供救护所需药品，利用现有医疗设施抢救伤员，同时拨打急救电话（120）呼叫医疗援助。其他相关部门应做好抢救配合工作。

⑤事故报告，重大安全事故发生后，事故单位或当事人必须将所发生的重大安全事故情况报告事故相关监管部门，其内容包括：

发生事故的单位、时间、地点、位置；

事故类型（火灾、倒塌、触电、爆炸、泄漏、机械伤害等）；

伤亡情况及事故直接经济损失的初步评估；

事故涉及的危险材料性质、数量；

事故发展趋势、可能影响的范围，现场人员和附近人口分布；

事故的初步原因判断；

采取的应急抢救措施；

需要有关部门和单位协助救援抢险的事宜；

事故的报告时间、报告单位、报告人及联络方式。

⑥事故现场保护，重特大安全事故发生后，事故发生地和有关单位必须严格保护事故现场，并迅速采取必要措施，抢救人员和财产。因抢救伤员、防止事故扩大以及疏通交通等原因需要移动现场物件时，必须做出标志、拍照、详细记录和绘制事故现场图，并妥善保存现场重要痕迹、物证等。

4. 应急处理方案

1）突发紧急事件的应急处理

①紧急情况发生时，知情者、目击者应立即以最快捷的方式向应急小组负责人报告，必

须立即采取应急措施进行处理，并按照应急预案的要求将紧急情况、应急措施和当前状况等向公司总部突发事件应急小组报告。当情况严重、自身难于有效处理时，应立即联络总部及社会相关单位进行紧急救援。

②当紧急情况威胁到人身安全时，所在单位的负责人必须首先确保人身安全，组织人员迅速远离危险区域或场所，同时采取应急措施以尽可能地减少对环境和人身的影响。

③发生紧急情况可以采取的措施包括但不限于：疏散人群、报告总部、拨打救援电话等。

④在突发事件应急处理的过程中，有关单位和人员应注意收集、整理有关突发事件应急的工作记录，主要包括但不限于：信息沟通记录、过程控制记录、会议纪要、文件资料、照片等。

2）突发公共卫生事件的应急处理

①突发公共卫生事件，是指突然发生，造成或者可能造成社会公众健康严重损害的重大传染疫情、群体性不明原因疾病、重大食物和职业中毒以及其他严重影响公众健康的事件。

②所有分包单位和个人一旦发现或了解到发生传染病，应在尽可能短的时间内将情况报告经理部突发事件应急小组的日常管理部门即综合管理部，该单位或该个人以及项目经理部都有责任在尽可能短的时间内按照法律法规的要求向附近的医疗保健机构或者卫生防疫机构报告。

③项目经理部成员、分包单位成员、工人及其家属或其亲密接触的人患有或被怀疑患有传染病，该员工应及时向综合管理部门报告情况，立即采取隔离措施，按有关疫病救治程序送指定医院救治。根据《传染病防治法》的规定，对其接触过的环境进行消毒，对其接触过的个人进行观察、隔离、治疗等措施。

④任何单位和个人不得隐瞒谎报或者授意他人隐瞒谎报疫情。项目经理部、所有分包单位和员工必须接受医疗保健机构、卫生防疫结构有关传染病的查询、检查、调查取证以及预防、控制措施，并有权检举控告违反传染病防治法的行为。

⑤公司突发事件应急小组应该按照国家法律法规的规定，向有关单位报告疫情。

⑥设立应急预案和准备金。如果现场出现传染病人或疑似病人，应及时上报并进行隔离；并建立一定数额的防控基金。

⑦改善现场生活区、办公区居住和卫生条件：取消大通铺，设小房间，每间不超过15人，每人平均使用面积不超过2 m^2，每天消毒不少于两次；到地方卫生防疫站办理食堂卫生许可证、职业健康证，为炊事员办理健康证。

⑧施工现场封闭管理、建立出入现场管理制度：施工现场实行全封闭管理，设两个门口，由保卫部门管理；外来者进去现场，首先进行申报和登记，经量测体温合格后方可办理业务。

3）自然灾害的应急处理

①自然灾害包括地震、洪水、暴雨、大风、沙尘暴等。

②自然灾害发生后，项目经理部和公司应当组织各方面力量抢救伤员，并组织开展自救和互救，同时听从突发事件应急小组的安排。

③自然灾害发生后，项目经理部和总部应当迅速与有关部门建立联系，报告疫情，制订抢救方案。

④自然灾害发生后，受灾单位应当首先清点人员伤亡情况，优先抢救人员。

⑤自然灾害发生后，项目经理部和公司总部应该积极安置受灾人员，妥善安排他们的食宿以及其他基本生活条件，保证他们不再受到自然灾害的侵袭。

⑥自然灾害发生后，公司总部和受灾单位应该积极组织灾害重建工作，制订重建方案。

4）劳资纠纷应急措施

①工程劳资事件可能来源于分包商队工人工资的拖欠，事件发生的时间可能集中在春节前夕、春耕时期、秋收时期。为杜绝此类事件的发生，总包方会随时关注分包方支付工人工资情况，一旦发现有拖欠个案发生，总包方会尽快督促分包方付清工人工资，同时督促所有分包方自查劳资状况，对个别分包方恶意拖欠工人工资行为，将予以通报。

②劳资纠纷事件应急工作流程应遵循一定的原则和措施。

③预案启动后，相关责任人要以处理重大紧急情况为压倒一切的首要任务，决不能以任何理由推诿拖延。各部门、各单位之间必须服从指挥、协调配合，共同做好工作。因工作不到位或玩忽职守造成严重后果的，应追究有关人员的责任。

④项目经理部在获悉事件发生后，10 分钟内必须向公司高管层领导和业主报告，报告的内容包括：单位、人员、性质、时间、地点、原因、经过、社会反应及其他已掌握的情况。

⑤处理劳资纠纷事件要注意运用国家法律法规政策，开展耐心细致的解释和思想政治工作，公正处理、妥善解决工人提出的实际问题和合理要求，防止矛盾激化和事态扩大，疏导工人返回工作单位，尽快恢复生产、生活和社会秩序，确保社会政治稳定。

⑥当协商解决不成，有可能诱发暴力破坏时，应及时请公安部门依法采取防范措施，防止事态进一步恶化和扩大。对无理取闹、违反治安处罚条例的人员，应建议公安部门依法处理。

5. 应急演练和培训

应急演练既是检验过程，又是培训过程。一方面检验了应急设备的配备，避免应急事件来临时的相关资源不到位的问题；另一方面检验了程序间的衔接与各应急小组间的协调。通过演练，队员们得到了训练，熟悉了程序任务，同时了解到自己现有的知识和技能与应对紧急事件的差距，从而提前做好补救措施。

1）应急演练的形式

项目应综合考虑演练的成本、时间、场地、人员要求，按适当比例选择演练形式，编制应急演练计划，开展应急演练活动。

（1）实战模拟演习

采用相应的道具，对“真实”情况进行模拟。可根据施工项目的规模、特点来开展单项演习、多项演习和全面综合演习。单项演习是针对应急预案中的某一单科项目而设置的演习，如事故抢险、应急疏散演习等；多项演习是两个或两个以上的单项组合演习，以增加各程序任务间的协调和配合性；全面综合演习是最高一级的演习，重在全面检验和训练各应急救援组织间的协调和综合救援能力。

（2）室外讨论式演练

针对某一具体场景、某一特定应急事件现场讨论，成本较低，灵活机动。组织者描述应急事件的开始，让每一个参与者在应急事件中担当某一特定角色，并口头描述他如何应对、如何与其他角色进行配合。组织者引导参与者的思路，不时增加可变的因素或现场限制条件，将讨论深入下去，重在提高现场应变能力。

(3) 室内口头演练

一般在会议室举行，成本最低，不受时间、场地、人员的限制。特点是对演练情景进行口头表述，重在解决职责划分、程序任务、相互协作问题。

2) 演练结果的评价

演练结束后，应对效果做出评价，提交演练报告。根据演练过程中识别出的缺陷、错误，提出纠正或者改进措施。

6. 应注意的几个问题

①相邻施工单位应尽可能建立应急互助预案，以便在紧急情况下共享资源，高效协调管理。

②项目应立足于现场自救。自身力量不足时，应及时启动社会应急预案。

③响应级别的确定尽可能形成量化指标，减少临时判断时的迟疑不决。

④应急计划根据演练结果改进后，应及时通知预案所有参与人员。

⑤重大事故发生后，不可避免地会引起新闻媒体和公众的关注。应将有关事故的信息、影响、救援工作的进展等情况及时向媒体和公众进行统一发布，以消除公众的恐慌心理，控制谣言。

第八章 绿色施工管理制度与管理表格

第一节 绿色施工管理制度

无论是绿色施工示范工程创建要求，还是项目本身的管理需要，项目在实施绿色施工管理过程中，都必须建立全套管理制度体系。这些制度需要包含绿色施工前期策划、过程管理、实时监督、阶段总结、持续改进等各个方面，应该全过程、全方位地对整个工程绿色施工进行约束。编制以方便操作、紧密结合工程实际为原则，以贯彻实施绿色施工管理为目标。

本章节根据一些工程在实施过程中制定的绿色施工制度，并结合《绿色施工导则》、《建筑工程绿色施工评价标准》（GB/T 50640—2010）、《建筑工程绿色施工规范》(GB/T 50905—2014)进行了汇编整理，仅作为实施绿色施工管理工程的参考。

各工程应根据工程实际情况、施工单位自身发展水平、项目实施期间相关环境以及项目实施的具体要求等，有选择地选取相关制度，并修改、补充具体指标后，形成有针对性的本项目绿色施工管理制度体系。

一、责任管理制度

①项目经理应对施工现场的绿色施工负总责。分包单位应服从项目部的绿色施工管理，并对所承包工程的绿色施工负责。

②项目经理为第一责任人的绿色施工管理体系，制定绿色施工管理责任制度，定期开展自检、考核和评比工作。

③项目部技术负责人应在施工组织设计中编制绿色施工技术措施或专项施工方案，并确保绿色施工费用的有效使用。

④项目部应组织绿色施工教育培训，增强施工人员绿色施工意识。

⑤项目部应定期对施工现场绿色施工实施情况进行检查，做好检查记录。

⑥在施工现场的办公区和生活区应设置明显的有节水、节能、节约材料等具体内容的警示标识，并按规定设置安全警示标志。

⑦施工前，项目部应根据国家和地方法律、法规的规定，制订施工现场环境保护和人员安全与健康等突发事件的应急预案。

⑧按照建设单位提供的设计资料，施工单位应统筹规划，合理组织一体化施工。

二、节地、节能、节水、节材管理制度

1. 节地与施工用地保护管理制度

①建设工程施工总平面规划布置应优化土地利用，减少土地资源的占用。

②施工现场的临时设施建设禁止使用黏土砖。

③土方开挖施工应采取先进的技术措施，减少土方开挖量，最大限度地减少对土地的扰动，保护周边自然生态环境。

2. 节能与能源利用制度

①施工现场应制定节能措施，提高能源利用率，对能源消耗量大的工艺必须制定专项降耗措施。

②临时设施的设计、布置与使用，应采取有效的节能降耗措施，并符合下列规定：

利用场地自然条件，合理设计办公及生活临时设施的体形、朝向、间距和窗墙面积比。

冬季利用日照并避开主导风向，夏季利用自然通风。

临时设施宜选用由高效保温隔热材料制成的复合墙体和屋面，以及密封保温隔热性能好的门窗。

规定合理的温、湿度标准和使用时间，提高空调和采暖装置的运行效率。

照明器具宜选用节能型器具。

③施工现场机械设备管理应满足下列要求：

施工机械设备应建立按时保养、保修、检验制度。

施工机械宜选用高效节能电动机。

220/380 V单相用电设备接入220/380 V三相系统时，宜使用三相平衡，合理安排工序，提高各种机械的使用率和满载率。

④建设工程施工应实行用电计量管理，严格控制施工阶段用电量。

⑤施工现场宜充分利用太阳能。

⑥建筑施工使用的材料宜就地取材。

3. 节水与水资源管理制度

①建设工程施工应实行用水计量管理，严格控制施工阶段用水量。

②施工现场生产、生活用水必须使用节水型生活用水器具，在水源处应设置明显的节约用水标识。

③建设工程施工应采取地下水资源保护措施，新开工的工程限制进行施工降水。因特殊情况需要进行降水的工程，必须组织专家论证审查。

④施工现场应充分利用雨水资源，保持水体循环，有条件的宜收集屋顶、地面雨水再利用。

⑤施工现场应设置废水回收设施，对废水进行回收后循环利用。

4. 节材与资源利用管理制度

①优化施工方案，选用绿色材料，积极推广新材料、新工艺，促进材料的合理使用，节省实际施工材料消耗量。

②根据施工进度、材料周转时间、库存情况等制订采购计划，并合理确定采购数量，避免采购过多，造成积压或浪费。

③对周转材料进行保养维护，维护其质量状态，延长其使用寿命。按照材料存放要求进行材料装卸和临时保管，避免因现场存放条件不合理而导致浪费。

④依照施工预算，实行限额领料，严格控制材料的消耗。

⑤施工现场应建立可回收再利用物资清单，制定并实施可回收废料的回收管理办法，提高废料利用率。

⑥根据场地建设现状调查，对现有的建筑、设施再利用的可能性和经济性进行分析，合理安排工期。利用拟建道路和建筑物，提高资源再利用率。

⑦建设工程施工所需临时设施（办公及生活用房、给排水、照明、消防管道及消防设备）应采用可拆卸、可循环使用材料，并在相关专项方案中列出回收再利用措施。

三、污染管理制度

1. 扬尘污染管理制度

①施工现场主要道路应根据用途进行硬化处理，土方应集中堆放。裸露的场地和集中堆放的土方应采取覆盖、固化或绿化等措施。

②施工现场大门口应设置冲洗车辆设施。

③施工现场易飞扬、细颗粒散体材料，应密闭存放。

④遇有四级以上大风天气，不得进行土方回填、转运以及其他可能产生扬尘污染的施工。

⑤施工现场办公区和生活区的裸露场地应进行绿化、美化。

⑥施工现场材料存放区、加工区及大模板存放场地应平整坚实。

⑦建筑拆除工程施工时应采取有效的降尘措施。

⑧规划市区范围内的施工现场，混凝土浇筑量超过 100 m^3 以上的工程，应当使用预拌混凝土；施工现场应采用预拌砂浆。

⑨施工现场进行机械剔凿作业时，作业面局部应遮挡、掩盖或采取水淋等降尘措施。

⑩市政道路施工铣刨作业时，应采用冲洗等措施，控制扬尘污染。无机料拌合应采用预拌进场，碾压过程中要洒水降尘。

⑪施工现场应建立封闭式垃圾站。建筑物内施工垃圾的清运，必须采用相应容器或管道运输，严禁凌空抛掷。

2. 水土污染管理制度

①施工现场搅拌机前台、混凝土输送泵及运输车辆清洗处应当设置沉淀池。废水不得直接排入市政污水管网，可经二次沉淀后循环使用或用于洒水降尘。

②施工现场存放的油料和化学溶剂等物品应设有专门的库房，地面应做防渗漏处理。废弃的油料和化学溶剂应集中处理，不得随意倾倒。

③食堂应设隔油池，并应及时清理。

④施工现场设置的临时厕所化粪池应做抗渗处理。

⑤食堂、盥洗室、淋浴间的下水管线应设置过滤网，并应与市政污水管线连接，保证排水畅通。

3. 噪声污染管理制度

①施工现场应根据国家标准《建筑施工场地噪声限值》（GB 12523—2011）的要求制定

降噪措施，并对施工现场场界噪声进行检测和记录，噪声排放不得超过国家标准。

②施工场地的强噪声设备宜设置在远离居民区的一侧，可采取对强噪声设备进行封闭等降低噪声措施。

③运输材料的车辆进入施工现场，严禁鸣笛。装卸材料应做到轻拿轻放。

4. 光污染管理制度

①施工单位应合理安排作业时间，尽量避免夜间施工。必要时的夜间施工，应合理调整灯光照射方向，在保证现场施工作业面有足够光照的条件下，减少对周围居民生活的干扰。

②在高处进行电焊作业时应采取遮挡措施，避免电弧光外泄。

四、安全健康管理制度

1. 急救、保健防疫管理制度

为创造良好的工作环境，养成良好的文明施工作风，促进职工身体健康，全面贯彻“以人为本”、“安全第一”的思想，制定本制度。

1）基本规定

①生产区、办公区、生活区分开布置，分别建立责任区，设置责任人，并在各区显眼位置悬挂公示牌。

②办公区、生活区应距离有毒有害物品存放处50 m以外，受场地限制不能满足要求时，必须有隔离措施。

③现场应设立专门的医务室，医务室配备必要的急救药品和器材。

④应组织现场人员学习急救知识，掌握急救措施。

⑤项目部应编制应急预案，公示急救电话，并组织员工进行急救演习。

⑥定期对工人进行身体检查，发现患有法定传染病或病源携带者，应予以及时必要的隔离治疗，直到卫生防疫部门确认其不具有传染性时方可恢复工作。

⑦开工前根据场地情况，确定好需要监控的重点消毒部位，如厕所、排水沟、浴室以及其他阴暗潮湿的地带，并制定好消毒的周期，实施过程中，认真填写相关记录，记录表格可参照《绿色施工厕所、卫生设施、排水沟及阴暗潮湿地带消毒记录表》。

2）生产区卫生急救、保健防疫管理

①施工现场应场地平整、道路通畅、排水顺畅，每天定时有人打扫，确保整洁、无扬尘。

②施工现场严禁随地大小便，发现有随地大小便者将根据项目奖罚制度对实施者和该区责任人给予相应处罚。

③施工现场应修建建筑垃圾分类回收池，建筑垃圾严格分类回收。

④楼内垃圾应用容器吊运或封闭式专用通道清理到楼下。

⑤不能回收再利用的建筑垃圾原则上不超过三天清理一次，严禁长时间在现场堆积。

⑥生产区的厕所（包括移动环保厕所）应有顶、有门、有窗、有纱并做到天天打扫，每周消毒一次或两次。移动环保厕所消毒记录可参照《绿色施工移动环保厕所清理、消毒记录表》。

⑦生产区废水应有处理措施，经处理合格后才能排入市政管网，鼓励中水循环使用。

⑧施工现场应保持供应卫生饮水，有固定的盛水容器和专人管理，并定期消毒。

⑨生产区的卫生定期检查，发现问题及时整改。

⑩施工现场阴暗潮湿区域，如地下室、电梯井等，应定期消毒，并认真填写相关记录，记录表格可参照《绿色施工厕所、卫生设施、排水沟及阴暗潮湿地带消毒记录表》。

3）办公区卫生急救、保健防疫管理

①办公区及公共区域应有专人每天负责卫生打扫，做到整洁干净、无积水、无杂物和垃圾堆积。

②办公室内卫生由使用者轮流值班，负责打扫，做到文具摆放整齐，窗明地净，无蝇、无鼠、无蟑螂。

③办公区垃圾分可回收和不可回收两类，封闭收集，并每天有专人负责清运。

④办公室应通风良好，光照满足使用要求，严禁私接电线。

⑤办公区厕所等阴暗潮湿区域，应定期消毒，并认真做好相关记录，记录表格可参照《绿色施工厕所、卫生设施、排水沟及阴暗潮湿地带消毒记录表》。

4）生活区卫生急救、保健防疫管理

①宿舍区公共区域应有专人每天负责卫生打扫，做到整洁干净、无积水、无杂物和垃圾堆积。

②宿舍区设立专门的晒衣场，严禁私拉绳索随处晾晒。

③宿舍内应有必要的生活设施，保证必要的生活空间，严格按宿舍管理制度，实行轮流值班，值班人员负责打扫，并监督该宿舍内铺上、铺下整齐清洁。被子叠放整齐，鞋子、衣物、水瓶等按要求摆放。

④宿舍区夏季应有降温消暑和灭蚊蝇措施，并进行定期检查，宿舍内严禁私接电线。

⑤生活垃圾分可回收、不可回收、饭菜回收三类进行回收，每天晚饭后专人负责清运。

⑥宿舍区厕所、浴室等阴暗潮湿区域，应定期消毒，并认真填写相关记录，记录表格可参照《绿色施工厕所、卫生设施、排水沟及阴暗潮湿地带消毒记录表》。

5）食堂卫生急救、保健防疫管理

①认真遵守和执行国家食品卫生法，自觉接受卫生部门的监督管理，应向当地卫生部门申请办理卫生许可证。

②食堂工作人员，应定期进行身体健康检查和卫生知识培训，持有效健康证、培训证上岗，食堂工作人员应保持良好的卫生习惯，上岗必须穿戴洁净的工作服帽，并保持个人卫生。

③建立食品卫生管理制度，加工蔬菜要在大洗菜池里反复漂洗，防止农药中毒，禁止购买变质腐烂的食品。

④生、熟食应分开，熟菜应用纱罩防蝇。

⑤存放食品一定要注意使用期限，一旦发现已过期或变质，不得使用。

⑥保持食堂内卫生和清洁，炉灶台面要贴瓷砖，做好灭“四害”措施，做到无异味、无积水、无污物，每天一次大扫除。

⑦积极做好预防和控制食物中毒工作，一旦发生食物中毒应向当地卫生防疫站报告，并保留现场，封存可疑食品，以便查清原因。

⑧做好防暑降温工作，夏季设置茶水服务，保证施工现场卫生饮水供应。

⑨食堂内需配备消毒柜等消毒设施，操作间和仓库不得兼作宿舍使用。

2. 绿色施工职业病危害防治管理制度

根据《中华人民共和国职业病防治法》，为了预防、控制和消除职业病危害，防治职业病保护劳动者健康及其相关权益，实现项目所确定的职业健康安全目标，制定本措施。

1）职业病危害种类

根据施工现场具体情况，确定本项目职业病危害有六大类。

（1）生产性粉尘危害

在建筑施工作业过程中，材料的搬运使用、石材的加工、建（构）筑物的拆除、垃圾的转运等，均会产生大量矿物性粉尘，长期吸入这样的粉尘可导致矽肺病。

（2）缺氧和一氧化碳的危害

在建筑物地下室、深井、密闭环境和室内装修施工时，由于作业空间相对密闭、狭窄、通风不畅，特别是在这些作业环境内进行焊接或切割作业，耗氧量极大，又因缺氧导致燃烧不充分，产生大量一氧化碳，从而造成人员缺氧窒息和一氧化碳中毒。

（3）有机溶剂的危害

建筑施工过程中常接触到多种有机溶剂，如防水施工中常常接触到苯、甲苯、二甲苯、苯乙烯，喷漆作业常常接触到苯，除苯系物外还可接触到醋酸乙酯、氨类、甲苯二氰酸等，这些有机溶剂的沸点低，极易挥发，在使用过程中挥发到空气中的浓度可达到很高，极易发生急性中毒和中毒死亡事故。

（4）焊接作业产生的金属烟雾危害

在焊接作业时可产生多种有害烟雾物质，如电气焊时使用锰焊条，可以产生锰烟、氟化物、臭氧及一氧化碳，长期吸入可导致电气工人尘肺及慢性中毒。

（5）生产性噪声和局部振动危害

建筑行业施工中使用机械工具如钻孔机、电锯、振捣器及一些动力机械都可以产生较强的噪声和局部振动，长期接触噪声会损害职工的听力，严重时可造成噪声性耳聋；长期接触振动能损害职工手的功能，严重时可造成局部振动病。

（6）高温作业危害

长期的高温作业可引起人体水电解质紊乱，损害中枢神经系统，会造成人体虚脱，昏迷甚至休克，易造成意外事故。

2）防护措施

（1）管理防护措施

①根据工程特点，开工前识别并明确本工程职业病危害种类，制定相应的防治措施，可参考填报《绿色施工职业病防治登记表》。

②在确定的职业病危害作业场所醒目位置，设置职业病危害警示标志。

③加强对施工作业人员的职业病危害教育，定期组织培训教育，提高对职业病危害的认识，了解其危害，掌握职业病防治的方法。

④组织从事职业病危害作业的职工定期进行身体健康检查，并将检查报告存档备查，存档可参考《绿色施工职业病防治体检登记表》。

(2) 现场防护措施

①施工现场做封闭式施工，用高度不低于 2 m 的封闭式围挡将现场四周围起来。

②易飞扬和细颗粒建筑材料应封闭存放，余料应及时回收。

③易产生扬尘的施工作业应采取遮挡、抑尘等设施。

④噪声大的施工机械和作业应设置吸声降噪屏或其他降噪措施。

⑤施工现场在进行石材切割加工、建筑物拆除等有大量粉尘的作业时，应配备有效的降尘设施和设备，对施工地点和施工机械进行降尘。

⑥深井、密闭环境、地下室、室内装修施工应有自然通风，受场地限制无法满足自然通风时，应采取强制性通风措施，并在作业时派人巡查。

⑦结构施工期间模板内木屑、碎渣的清理采用大型吸尘器吸尘，防止灰尘的扩散。

⑧楼面清运垃圾必须使用垂直运输工具或封闭式专用垃圾通道运输，严禁从窗口倾倒垃圾。细散颗粒材料的装卸必须要遮盖，施工现场专用道路要定期洒水，把粉尘污染降到最小限度。

3) 个人防护措施

①接触粉尘作业的施工作业人员，在施工中应尽量降低粉尘的浓度，采取不断喷水的措施降低扬尘，作业人员正确佩戴口罩。

②从事防水作业、喷漆作业的施工人员应严格按照操作规程进行施工，施工前要检查作业场所的通风是否畅通、通风设施是否运转正常，作业人员在施工作业中要正确佩戴防毒口罩。密闭空间内进行防水、喷漆作业容易导致一氧化碳中毒，如防护用具不能正常发挥作用时，必须立即撤离现场至通风处，并通知施工现场相关人员在确保自身安全的前提下对该场所进行通风。若已出现中毒症状，应立即报告项目部进行处理。慢性中毒症状不容易被发现，项目部对从事此类作业的施工人员每半年组织一次体检，发现职业病症状立即通知本人并调离岗位，采取必要的治疗措施。

③电气焊作业操作人员在施工中应注意施工作业环境的通风或设置强制通风设施，使作业场所空气中的有害物质浓度控制在国家卫生标准之下；在难以改善通风条件的作业环境中操作时，必须佩戴有效的防毒面具和防毒口罩。

④进行噪声较大的施工作业时，施工人员要正确佩戴防护耳罩，并减少噪声作业时间。如因进行强噪声作业导致头晕、耳鸣等症状，应立即停止作业并通知相关人员进行治疗，症状严重时应送医疗机构进行治疗，项目部应对从事强噪声作业的人员每半年组织一次体检，发现职业病症状立即通知本人并调离岗位，采取必要的治疗措施。

⑤长期从事高温作业的人员，工作时间应严格控制，并有针对性急救措施。

⑥从事电焊作业的人员要正确佩戴防护用具，避免强光伤害。

3. 施工人员健康应急预案管理制度

①项目现场成立以项目经理为组长、绿色施工专职施工员为副组长、其他管理人员为组员的绿色施工人员健康应急预案领导小组。

②绿色施工人员健康应急预案领导小组应进行职责分配，一般由组长负总责，当事故发生时，组长第一时间到达现场，确定事故无法控制后，马上启动应急预案。

③绿色施工人员健康应急预案领导小组至少应设置一人负责组织报警和联系救护医院，向上级汇报，保持通信畅通（一般为组长）；一人负责运送病人，全程提供后勤保障；一人

负责收集汇总现场信息，疏散无关人员，保留现场证据。

④根据工程基本情况，确定人员健康所受的伤害，主要有：中毒、职业病、传染病以及中暑等。

⑤施工现场必须确保 24 h 有人值班，应急小组组长公布联系电话，并保证 24 h 有人接听。

⑥施工现场应修建专门的医务室，配备担架、急救药品、卫生绷带等，并有就近医疗机构的联系电话，发生事故能及时求救。

⑦施工现场应在醒目处公示急救电话、报警电话和火警电话，并在施工中定期举行人员健康急救培训和演习。

⑧一旦发生人员健康事故，由应急小组组长视情况现场急救，并拨打医疗急救电话（120）求救。应争取在最短的时间内，对病人进行有效的急救治疗。

⑨事故发生后，应急小组组长应在 1 h 内向公司汇报。

⑩事故应急处理方法：

食物中毒。立即拨打医疗急救电话（120）求救，并说明中毒人数、症状、可能是何种食物引发等基本情况；保留可能引发中毒的食物，以便医疗机构进行化验取证。

一氧化碳中毒。立即将病人搬到通风良好的地方，并拨打医疗急救电话（120）求救；组织人员对发生一氧化碳中毒的地区进行通风处理。

职业病。职业病一般是慢性病，可以通过定期体检来避免，一旦发生急性职业病，应立即拨打医疗急救电话（120）求救，送病人及时就诊；对诱发该职业病的成因进行分析和整改。

传染病。立即隔离病人，并拨打医疗急救电话（120）求救；对病人接触过的可能是传染途径的用品进行消毒；对病人接触过、可能传染的人进行体检排查；在施工现场全范围进行消毒，预防传染病暴发。

中暑。将病人移到通风、阴凉处，并解开病人衣物，简单降低病人体温，同时拨打医疗急救电话（120）求救；发生中暑的作业环境进行分析调查，寻找中暑原因并制定整改措施。

五、生活临时设施建设管理制度

1. 绿色施工宿舍管理制度

为了搞好员工宿舍，加强治安，保证员工有一个清洁、舒适、安静、秩序良好的住宿生活环境，特规定如下。

①每个职工都应树立以宿舍为家的思想，搞好个人的卫生，要求每个职工在上班前叠好被子，做到整齐有序。

②每间宿舍由班组长指定或推选一名宿舍长，督促指导。每个职工搞好清洁卫生，并且每天轮流值日清扫寝室。

③节约用电，宿舍用电范围为照明、手机或电筒充电、电扇、空调，严禁在宿舍内做饭、烧开水或使用其他大功率用电设备。

④职工必须养成节约用电的习惯，按规定时间开关电灯。白天上班时，最后一位要关灯，不浪费能源。

⑤宿舍严禁私拉电线或违章操作。如确有用电问题，应找工地专业电工出面解决。

⑥节约用水，随手关好水阀，发现有不关水阀造成长流水现象的，可按相关规定予以处罚。

⑦爱护宿舍公共设施，墙面严禁乱钉、乱写、乱画。

⑧严禁乱丢垃圾，生活垃圾必须按要求丢入相应的垃圾桶内。

⑨宿舍严禁使用煤油炉、煤气灶；严禁将易燃、易爆、危险品放入宿舍。

⑩严禁男女混住或带小孩居住宿舍，严禁留非本工地或非本宿舍的人员住宿。

⑪严禁在宿舍内从事酗酒、赌博、非法集会、打架闹事等妨碍社会治安的活动。

⑫宿舍内，各位职工必须保管好自己的钱物，提高警惕，严防小偷。

2. 绿色施工厕所管理制度

为搞好厕所卫生，提高健康水平，减少疾病，制定本制度。

①办公区、生产区厕所由项目部负责，宿舍区厕所由使用班组负责，厕所必须有管理责任人，每天安排人员值班。

②厕所必须有顶、有门、有窗、有纱，每天至少清扫两次，每周消毒一次或两次，由项目部统一安排。

③厕所严禁乱贴、乱画、乱写。

④爱护公共设施，发现损坏公物的，需进行赔偿。

⑤每个职工都有自觉维护厕所卫生的义务，大便要入池，便后要冲水，严禁站在大便坑外小便。

⑥每天值班人员负责检查厕所的使用情况，包括是否长明灯、是否长流水、是否堵塞、设施是否完好等，发现问题及时向项目部汇报，如果值班人员没有做到，项目部将追究其失职责任。

⑦每个职工都有监督、检举和制止不卫生行为的义务，举报成功者项目部将按相关规定给予奖励。

⑧厕所化粪池应定期清理，并有防堵塞措施，清理要有记录，记录参照《绿色施工化粪池、隔油池清理记录表》。

3. 绿色施工浴室管理制度

为搞好浴室卫生，方便职工群众，提高健康水平，减少疾病，制定本制度。

①管理人员浴室由项目部负责，宿舍区浴室由使用班组负责，浴室必须有管理责任人，每天安排人员值班。

②浴室要建筑合理，有通风天窗，符合卫生要求，每天至少清扫一次，每周消毒一次或两次，由项目部统一安排。

③爱护浴室公共设施，发现损坏公物的，需进行赔偿。

④浴室应有固定的开放时间，以方便群众使用为原则。

⑤每个职工有自觉维护浴室卫生的义务，严禁在浴室内大小便，严禁淋浴时洗衣物。

⑥每天值班人员负责检查浴室的使用情况，包括是否长明灯、是否长流水、是否堵塞、设施是否完好等，发现问题及时向项目部汇报，如果值班人员没有做到，项目部将追究其失职责任。

⑦每个职工都有监督、检举和制止不卫生行为的义务，举报成功者项目部将按相关规定给予奖励。

4. 绿色施工食堂管理制度

①食堂应有有效卫生许可证，并在显眼位置张贴公示。

②食堂从业人员应持有有效健康证明，并登记备案，备案可参照《绿色施工食堂从业人员健康证明登记表》。

③食堂从业人员应参加公司每两年举办一次的卫生知识培训，上岗前进行核查，没有培训合格证的人员严禁上岗。

④食堂应设立卫生责任人，每天安排专人值班。

⑤项目部每周组织对食堂进行卫生检查，发现问题责令及时整改。

⑥采购的食品原料及成品必须为合格产品，且在保质期内使用。

⑦食品仓库由专人负责使用，并有防鼠、防蝇、防蟑、防潮、防霉、通风措施。仓库内食品分类、分架、隔墙离地存放，各类食品标识清晰，对有异味、需冷藏或冷冻等特殊要求的食品，严格按要求存放。

⑧食品进出仓库应有登记，设立台账，必须勤进勤出，先进先出。仓库负责人每天检查并定期清仓检查，防止食品过期、变质、生虫。

⑨食品按成品、半成品、原料分开存放，严禁在食品存放处存放药品或其他物品。

⑩食堂应划分专用初加工场地，加工场地防尘、防蝇设施齐全。

⑪蔬菜瓜果加工前应浸泡半小时以上。

⑫食堂从业人员必须穿戴整洁的工作服，戴口罩上岗，保持个人卫生，操作前洗手消毒。

⑬加工工具、食品容器、抹布等用后必须清洁消毒，设专门地方存放。

⑭食堂应配置消毒设施，专人负责，食具配备足够的数量周转。

⑮每天就餐结束后，应对食堂进行彻底清洁。

⑯食堂厨房必须内外环境整洁，上下水通畅，废弃物封闭回收，并做到班产班清。

⑰食堂应修建专用隔油池，并委托专业公司定期清理，保留清理记录，记录可参照《绿色施工化粪池、隔油池清理记录表》。

六、建筑垃圾管理制度

①施工现场建筑垃圾分为九大类：渣土；废混凝土、废砂浆及废砖渣；废旧木材；废金属材料；废塑料；包装材料；玻璃、陶瓷碎片；有污染、含毒性的化学材料；混杂材料。应针对每一类建筑垃圾制订回收、再利用规划。

②各类建筑垃圾回收点应有明显标识（包含颜色、文字、负责人）和堆放区域界限（挡板、围墙）。对于有防水、防雨要求的应加盖顶板，地面设置隔水层；对有毒及有污染的应设专门区域，禁止无关人员进入。

③根据项目实际情况，有针对性地编制填写建筑垃圾管理记录表格，由专人负责收集，并指导填写，定期检查，保持记录的连续性、准确性。

④各类建筑垃圾建议回收再利用途径。

渣土：如施工现场具备堆土条件，可以用于室内外回填土；如果施工现场不具备堆土条件，找到用于回填土的其他地方进行利用或在场外找合格的临时场地堆土，并填写《绿色施工建筑垃圾（渣土）外运登记表》。

废混凝土、废砂浆及废砖渣：将收集分类好的废混凝土、废砂浆、废砖渣，通过专用设备粉碎、筛分，生产出不同粒径、级配的粗细骨料，在现场直接利用。生产过程中注意噪声、粉尘的控制，生产过程应符合施工现场环境相关规定。

再生骨料砂浆技术：根据企业和项目的情况，可选择专业生产线生产预拌砂浆，也可在施工现场拌合砂浆。

再生骨料混凝土及混凝土制品技术：利用部分或全部再生粗细骨料作为骨料配制的混凝土，适宜于配制 C30 及 C30 以下强度等级的混凝土，适用于浇筑混凝土基础垫层和基础等部位。

园林绿化堆山造景：在工程施工中有假山等人造景观设计时，可用含渣土较多的建筑垃圾堆造，上面覆盖土层种植各种观赏植物。

经设计方同意，可用于施工局部回填。

可运出场外，回收给有需要的再生材料生产厂商，用于再生混凝土构件、再生砌体等生产。

直接用于施工现场临时道路路基修建。

无论采取哪种处理方式，均应填写《绿色施工混凝土、砂浆、砖、砌块类建筑垃圾管理记录表》。

⑤废旧木材利用技术。

短方木榫接开梳齿榫接技术：长度 2 m 以上的可以直接在施工中当材料使用。如果长度不够的可以采用专业连接技术，连接满足施工要求。

50 cm～1 m 长度的，可以在施工中当短木枋使用，减少锯长木枋的现象产生。

小于 50 cm 可以经过有回收资质的单位回收，进行专业加工再次利用或现场加工做成垃圾箱等。

小竹胶板可以作为主体结构的护角、生活区花坛外围护、脚手架挡板等。

锯末可以用来给物业公司打扫卫生使用或回收给专业公司。

无论采取哪种处理方式，均应填写《绿色施工可回收建筑垃圾管理记录表》。

⑥废金属材料利用技术：施工当中可用作定位筋、马凳、梯子筋、地沟盖板及地沟过梁筋。如施工当中无法采用的废金属材料经回收钢厂再次回炉利用。无论采取哪种处理方式，均应填写《绿色施工可回收建筑垃圾管理记录表》。

⑦废塑料：可以用来装扣件、楼层内垃圾或必须经过外运的垃圾；可以回收给有回收资质的单位进行加工再利用。无论采取哪种处理方式，均应填写《绿色施工可回收建筑垃圾管理记录表》。

⑧包装材料：在装修施工中包装箱可以保护地面、楼梯等；可以回收给有回收资质的单位进行加工再利用。无论采取哪种处理方式，均应填写《绿色施工可回收建筑垃圾管理记录表》。

⑨玻璃、陶瓷碎片：陶瓷可以做钢筋垫块，可以回收给有回收资质的单位进行加工再利用，并填写《绿色施工可回收建筑垃圾管理记录表》。

⑩有污染、含毒性的化学材料：无毒无害的塑料桶可以回收利用在工地上；有污染、含毒性的化学材料可以回收给有回收资质的单位进行加工再利用，并填写《绿色施工可回收建筑垃圾管理记录表》。

⑪混杂材料：可以在建筑物小的部位补充使用，可以供建筑物在外墙用作防水保护层，可以回收给有回收资质的单位进行加工再利用，并填写《绿色施工可回收建筑垃圾管理记录表》。

不可回收的建筑垃圾由材料部门统一安排外运，并填写《绿色施工建筑垃圾（渣土）外运登记表》。

七、绿色施工机械保养与节能控制管理制度

1. 绿色施工机械保养管理制度

为使机械处于良好运行状态，确保机械对环境影响达标，延长使用寿命，降低使用能耗（油耗），应对机械实行多级定期保养。

1）车辆和机械

①车辆和机械进场时需由设备管理部备案登记，备案可参照《绿色施工进出车辆、机械设备登记表》，对其基本情况和年检要求进行登记，并明确管理责任人。

②设备管理部负责车辆和机械的备案管理，在设备需要年检前通知管理责任人安排年检事宜，并填写年检登记表，表格可参照《绿色施工进出车辆、机械设备年检登记表》。

③设备管理部对车辆及机械的合格使用负责，应定期对车辆及设备的使用情况进行检查，根据车辆及机械的性能要求安排保养。

2）大型机械

①进入现场的大型设备包括塔式起重机、施工电梯、混凝土输送泵、砂浆搅拌机等，均要填写管理台账。台账可参照《绿色施工大型机械管理台账》，对其基本情况、年检要求和保养要求进行登记，并明确管理责任人。

②设备管理部负责对大型设备进行进场安装、调试和验收，合格后才能使用。

③设备管理部根据设备各组成和零、部件的磨损规律，结合使用条件，参照设备说明书的要求，制定机械设备的保养要求，由管理责任人负责落实。

④大型机械的保养分例行和分级保养。例行保养由机械操作人员在上下班或交接班时间进行，重点是清洁、润滑检查，并在交接班记录上做好记录。

分级保养为二级保养。一级保养由机械操作人员执行，主要以润滑、紧固为重点，需要检查、紧固外部紧固件，并按润滑图表加注润滑脂、加添润滑油或更换滤芯。二级保养由设备管理部执行，主要以紧固、调整为重点，除执行一级保养作业项目外，还应检查电气设备、操作系统、传动、制动、变速和行走机构的工作装置，以及紧固所有紧固件。

⑤各级保养均应保证其系统性和完整性，必须按照规定或说明书的要求如期进行，不应有所偏废。

⑥设备管理部门应督促机械管理责任人按要求进行例行保养和一级保养，每月至少安排一次二级保养，并备案登记，备案可参照《绿色施工大型机械保养记录表》。

⑦保养中产生的废油、废弃物，由管理责任人及时清理回收。

2. 绿色施工机械节能控制制度

①选用节能环保型机械，严禁使用国家和地方限制、禁止使用的机械设备。

②根据工程基本情况，结合现场环境，选用最合适的机械数量和型号。

③使用前按节能降耗要求对操作人员进行交底，保留交底记录。

④根据塔式起重机的载重量计算其吊装材料的节能参数，现场设置塔式起重机节能牌，最大限度地利用机械吊运。

⑤塔式起重机吊运物品按种类集中堆放，充分利用运能，尽量满载起吊，避免空载超载起吊，减少运能浪费，有效节约电能。

⑥人货电梯由专人管理，同时运行的两部电梯按单双层分层停靠，充分利用人货电梯的运能，以节约电能。

⑦选用空压机械时，以检测其工作状态噪声为标准，将噪声大、紧固状态差的空压机械排除在外。同时，在布置空压机械时将机械和作业间的距离尽可能缩短，以降低空压输送过程中的损耗，既保证工程进度，又保证节能降耗。

⑧加强机械管理，避免设备使用过程中空转，减少待机时间，节约用电。

⑨所有设备每天完工后全部进行断电，以节约用电。

⑩所有设备严格按要求进行保养和年检。

八、绿色施工限额领料管理制度

为更有效地控制材料的领发，节约使用材料，及时掌握材料限额领用的执行情况，提高项目部成本控制水平，制定本制度。

①由项目成本控制部门负责本制度的实施，材料部门、预算部门、施工部门应积极配合。

②施工部门负责提供施工进度计划；预算部门负责根据施工进度计划计算预算中材料的使用量及损耗比例；成本控制部门负责制定材料的领用计划和限额；材料部门负责材料的进场和限额领用。

③施工部门根据设计图纸、现场情况编制施工组织设计和详细施工进度计划。

④预算部门根据施工部门提供的详细施工进度计划，编制年度和季度物资需用量计划，并在每个季度编制月份物资需用量计划。要求对各个施工部位各种材料分项列出其图纸用量和定额损耗率。

⑤成本控制部门根据预算部门提供的物资需用量计划，结合项目部制定的材料损耗降低目标计算出材料的领用限额。

对钢筋、水泥、砂石料、粉煤灰、外加剂等主要材料的限额制定。

成本控制部门根据预算部门计算的材料需用量和定额损耗，结合施工设计图纸和现场上各计算单位的实际使用情况，制定出合理的材料损耗率，再用公式：领用限额＝图纸用量×(1＋核定损耗率)，计算出该材料的领用限额。

由于各个部位的施工设计图纸和施工条件不同，成本控制部门根据计算出的材料领用限额编制《绿色施工材料限额总表》，经项目经理签字确定后，交给材料部门，作为材料发放的总依据。

对燃油、润滑油、机械配件、火工材料、周转材料等主要消耗材料的限额制定。

预算部门根据预算定额制定出初步的消耗定额，成本控制部门根据现场实际使用的多次试验和反复追踪的经验数据，采用数理统计的方法进行最终核定，制定出合理的领用定额。

成本控制部门制定出各种主要消耗材料领用定额后，编制《绿色施工消耗材料限额表》，经项目经理签字确定后，交给材料部门，作为消耗材料发放的依据。

对于易损易耗及劳保用品等物资的领用限额，成本控制部门可以根据实际需求和管理制度的要求，以满足从业人员生产和生活要求为原则，制定相关物资的发放标准，由材料部门控制发放。

⑥材料部门负责根据各种材料的领用限额进行材料进场安排，应尽可能地减少仓库材料囤积和现场材料二次转运。

⑦对于钢筋、水泥、砂石料、粉煤灰、外加剂等主要材料，材料部门仓库保管员应按照材料限额总表中的领用限额，进行材料发放。对领发次数较多的材料，应使用《绿色施工限额领料单》和领料单在限额范围内领用。其中限额领料单作为数量控制和核算的凭证，领料单作为记账凭证。对使用领料单的，不需要使用限额领料单。对超过限额的材料领用，必须由责任施工员说明原因，经项目经理审批后，方可领用。

⑧对集中供料、自动计量的拌合站，成本控制部门必须派专人统计各个部位或仓位的实际用量和料场出入库数量，与制定的领用限额进行比较。如果超过限额，必须及时查明原因，寻求解决措施，把物料消耗控制在限额内。

⑨对集中加工成型的钢筋，应按照钢筋配料图纸采取最佳的配料方法进行下料，将下料损耗降至最低，且做好钢筋下料日记。领用出库的成品钢筋，应按照钢筋配料图纸进行发放，严禁超额发放。

⑩用料单位对现场的材料必须妥善保管。发生意外损耗时，追究主要负责人的责任并向项目部汇报，并按规定给予罚。分项部位施工完工后，用料单位应及时与材料部门联系，将多余材料办理退库手续。

⑪对燃油、润滑油、机械配件、火工材料、周转材料等主要消耗材料，仓库保管员按照消耗材料限额表中的单位消耗定额和计划工作量计算领用限额进行发放。

对于燃料、火工材料等，成本控制部门根据单位消耗定额和当天计划工作量的乘积，计算消耗限额，以此作为仓库保管员的发放依据。现场施工管理人员每天应及时将各施工队完成的工作量反馈给成本管理部门，由成本控制部门计算出材料实际消耗量，并结合下一个工作日的计划工作量，确定新工作日的材料发放量。成本管理部门必须对单台设备或设备使用单位建立消耗台账，并要求使用个人或单位签字确认，便于统计核算。如果使用个人或单位没有保管条件，应每天将没用完的材料退回仓库保管，并做好记录。

对于润滑油、机械配件等，成本控制部门根据设备保养和维修有关规定制定消耗定额，仓库保管员定期发放。如需要超额发放，使用人员需说明原因，并经设备管理部门审批后，才能另行发放。

对于周转材料，成本控制部门可根据周转材料使用次数和损坏百分率制定损耗定额，仓库保管员定期补充发放，使用单位对损坏材料必须及时回收，上交仓库。仓库根据实际情况，能维修的尽量维修利用；不能维修的，进入报废处理流程。

⑫对易损易耗及劳保用品等物资，成本控制部门根据实际情况制定发放标准，仓库保管员负责按标准发放，做好发放记录。建立个人或部门发放台账，避免重发、漏发。

⑬成本控制部门负责对限额消耗的材料进行成本核算，将领用限额与实际消耗量进行对比，计算差额并分析出现差额的原因。对出现较小差额的，应该继续按原来的管理执行；对出现较大差额的，一定要查明原因，并及时发现各个管理环节上存在的问题，及时向项目部汇报，采取积极有力的措施进行整改。

九、环境影响控制管理制度

①工程开工前，建设单位应组织对施工场地所在地区的土壤环境现状进行调查，制定科学的保护或恢复措施，防止施工过程中造成土壤侵蚀、退化，减少施工活动对土壤环境的破坏和污染。

②建设项目涉及古树名木保护的，工程开工前，应由建设单位提供政府主管部门批准的文件，未经批准，不得施工。

③建设项目施工中涉及古树名木确需迁移的，应按照古树名木移植的有关规定办理移植许可证和组织施工。

④对场地内无法移栽、必须原地保留的古树名木应划定保护区域，严格履行园林部门批准的保护方案，采取有效保护措施。

⑤施工单位在施工过程中一旦发现文物，应立即停止施工，保护现场并通报文物管理部门。

⑥建设项目场址内因特殊情况不能避开地上文物的，应积极履行经文物行政主管部门审核批准的原址保护方案，确保其不受施工活动损害。

⑦对于因施工而破坏的植被、造成的裸土，必须及时采取有效措施，以避免土壤侵蚀、流失，如采取覆盖砂石、种植速生草种等措施。施工结束后，被破坏的原有植被场地必须恢复或进行合理绿化。

十、绿色施工现场与相邻区域内人文景观、基础设施、地下管网等保护制度

1. 开工前勘察

①项目部在开工前，必须对作业点的地下土层、岩层进行勘察，以探明施工部位是否存在地下设施、文物或矿产资源。

②项目部在开工前，对现场地面上以内的古树、大树、人文景观、基础设施进行摸底汇总。

③勘察摸底的结果如果认为施工现场存在基础设施，需保护的古树、大树、人文景观、地下管网、文物或矿产资源等，应向有关单位和部门进行咨询和查询。

④对于已探明的地下设施、文物及矿产资源、古树、大树、人文景观等，应编制专项方案制定针对性保护措施，方案需报请相关部门同意并经监理方、建设方审核同意。

2. 地下文物保护

①施工中如发现地下古墓葬、古居址、古作坊遗址、古桥梁、古井等文物，应当立即停止施工，采取临时性措施保护好现场，并在 4 h 内报告建设单位和文物行政主管部门；建设单位在接到报告后 12 h 内，应当将保护措施报告文物行政主管部门，在接到文物行政主管部门处理意见后方可进一步施工。

②施工现场自发现地下文物至考古发掘开始前，项目部指定专人保护地下文物现场，在考古发掘结束前，不得继续施工。

③教育职工不得擅自挖掘、捡拾、藏匿、转移地下文物；不得阻挠文物行政主管部门和考古发掘单位的工作人员进行调查和考古发掘。

3. 地下管线

①在施工前应对各作业班组进行技术交底，将摸底的管线情况告知每一个作业者。

②施工时，要求有专人在现场负责指导。

③所有作业人员必须听从指挥，禁止野蛮作业。

④在地下管线附近施工时，必须先划出警戒范围，标明地下管线的位置，明确施工的路线。

⑤必须挖动管线时，禁止在管线正上方用力铲土，需从管线两边开挖，以防损坏管线。

⑥管线露出后，要按预先制定的保护措施进行保护，施工后及时恢复。

4. 地上管线

①对地面上的线路、管道等，在施工前必须制定架空、移动、护挡、警戒等相关保护措施，并施工到位。

②施工期间应由专人现场指挥。

③施工时，注意防止车辆碰撞、挂断线路。

④对管线现场位置，设置警戒线，提高警惕，预防事故。

5. 相邻建筑物

①对相邻建筑物应根据其距现场的距离分别制定保护措施。

②基坑施工前，调查相邻建筑物的基础情况。基坑开挖、地下水抽取等施工方案必须经设计方确认对相邻建筑物基础没有影响后才能实施。

③施工期间，在相邻建筑物上设置沉降观测点进行观测，发现沉降问题，立即停止施工、分析原因、采取措施。

④施工期间需对相邻建筑物进行噪声、振动、光污染、水污染、扬尘污染等监控，采取相应措施做到环境污染零投诉。

⑤施工过程中如果破坏了相邻建筑物的公共设施（绿化、道路等），相关施工工序结束后，应立即予以恢复。

第二节 绿色施工管理表格

一、节能与能源利用

1. 绿色施工要素评价表见表8-1

表8-1 绿色施工要素评价表——节能与能源利用

工程名称		编号	1—00 号
		填表日期	
施工单位		施工阶段	地基基础
评价要素	节能与能源利用	施工部位	

续表 8-1

	标准编号及标准要求	评价结论
控制项	8.1.1 对施工现场的生产、生活、办公和主要耗能施工在设备上应设有节能的控制措施	
	8.1.2 对主要耗能施工设备应定期进行耗能计量核算	
	8.1.3 不应使用国家、行业、地方政府命令淘汰的施工设备、机具和产品	

	标准编号及标准要求	计分标准	应得分	实得分
一般项	8.2.1 临时用电设施	1. 措施到位，满足考评指标要求，得2分； 2. 措施基本到位，部分满足考评指标要求，得1分； 3. 措施不到位，不满足考评指标要求，得0分		
	1）应采用节能型设施；		2	
	2）临时用电应设置合理，管理制度应齐全并应落实到位；		2	
	3）现场照明设计应符合现行行业标准《施工现场临时用电安全技术规范》（JGJ 46—2005）的规定		2	
	8.2.2 机械设备			
	1）应采用能源利用效率高的施工机械设备；		2	
	2）施工机具资源应共享；		2	
	3）应定期监控重点耗能设备的能源利用情况，并记录；		2	
	4）应建立设备技术档案，并应定期进行设备维护、保养		2	
	8.2.3 临时设施：			
	1）施工临时设施应结合日照和风向等自然条件，合理采用自然采光、通风和外窗遮阳设施；		2	
	2）临时施工用房应使用热工性能达标的复合墙体和屋面板，顶棚宜采用吊顶		2	
	8.2.4 材料运输与施工			
	1）建筑材料的选用应缩短运输距离，减少能源消耗；		2	
	2）应采用能耗少的施工工艺；		2	
	3）应合理安排施工工序和施工进度；		2	
	4）应尽量减少夜间作业和冬期施工的时间		2	
优选项	8.3.1 应根据当地气候和自然资源条件，合理利用太阳能或其他可再生能源	1. 措施到位，满足考评指标要求，得1分； 2. 措施基本到位，满足部分考	1	
	8.3.2 临时用电设备应采用自动控制装置		1	
	8.3.3 应使用国家、行业推荐的节能、高效、环保的施工设备和机具		1	

续表 8-1

优选项	8.3.4 办公、生活和施工现场采用节能照明灯具的数量应＞80％	评指标要求，得0.5分； 3. 措施不到位，不满足考评指标要求，得0分	1	
	8.3.5 办公、生活和施工现场用电应分别计量		1	
评价得分	控制项符合要求 一般项折算得分：（实得分/应得分）＝（ / ）×100％＝ 分 优选得分： 分 要素得分： 分			
签字栏	建设单位	监理单位	施工单位	
	（盖章）	（盖章）	（盖章）	

上级评价单位：　　　　　　　　专家组组长：　　　　　　　　专家：

注：施工阶段分为地基与基础、结构工程、装饰装修与机电安装3个阶段，此处只以地基与基础阶段为例。

2. 目标值见表8-2，实施情况见表8-3

表 8-2 节能与能源利用目标值

主要指标	目标值	
办公、生活区	耗电量…kW·h	耗油量…L
生产作业区	耗电量…kW·h	耗油量…L
整个施工区	耗电量…kW·h	耗油量…L
节点设备（设施）配置率	节点设备（设施）配置率…％	
可再生能源利用	省电…kW·h	

注：耗油目标仅用于市政、土木工程和工业建设项目能源消耗中油比重较大项目。

表 8-3 节能与能源利用目标实施情况

主要指标	目标值	实际值
办公、生活区	耗电量…kW·h	…kW·h
生产作业区	耗电量…kW·h	…kW·h
整个施工区	耗电量…kW·h	…kW·h
节点设备（设施）配置率	节点设备（设施）配置率…％	…％

续表 8-3

主要指标	目标值	实际值
可再生能源利用	省电…kW・h	省电…kW・h
基础施工、结构施工、安装装饰装修三个阶段用电比例为：…：…：…		
办公、生活区	耗油量…L	…L
生产作业区	耗油量…L	…L
整个施工区	耗油量…L	…L
基础施工、结构施工、安装装饰装修三个阶段用电比例为：…：…：…		

注：施工阶段分为地基与基础、结构工程、装饰装修与机电安装 3 个阶段，此处只以地基与基础阶段为例。

二、节材与材料资源利用

1. 绿色施工要素评价表见表 8-4

表 8-4　绿色施工要素评价表——节材与材料资源利用

工程名称		编号	1—00　号	
		填表日期		
施工单位		施工阶段	地基基础	
评价要素	节材与材料资源利用	施工部位		
控制项	标准编号及标准要求		评价结论	
	6.1.1　应根据就地取材的原则进行材料选择并实施记录			
	6.1.2　应有健全的机械保养、限额领料、建筑垃圾再生利用等制度			
一般项	标准编号及标准要求	计分标准	应得分	实得分
	6.2.1　材料的选择 1）施工应选用绿色、环保材料； 2）临建设施应采用可拆迁、可回收材料； 3）应利用粉煤灰、矿渣、外加剂等新材料降低混凝土和砂浆中的水泥用量，粉煤灰、矿渣、外加剂等新材料掺量应按供货单位推荐掺量、使用要求、施工条件、原材料等因素通过试验确定	1. 措施到位，满足考评指标要求，得 2 分； 2. 措施基本到位，部分满足考评指标要求，得 1 分； 3. 措施不到位，不满足考评指标要求，得 0 分	2 2 2	

续表 8-4

	标准编号及标准要求	计分标准	应得分	实得分
一般项	6.2.2 材料节约	1. 措施到位，满足考评指标要求，得2分； 2. 措施基本到位，部分满足考评指标要求，得1分； 3. 措施不到位，不满足考评指标要求，得0分		
	1）应采用管件合一的脚手架和支撑体系；		2	
	2）应采用工具式模板和新型模板材料，如铝合金、塑料、玻璃钢和其他可再生材质的大模板和钢框镶边模板；		2	
	3）材料运输方法应科学，应降低运输损耗率；		2	
	4）应优化线材下料方式；		2	
	5）面材、材料镶贴应做到预先总体排版；		2	
	6）应因地制宜，采用利用降低材料消耗的四新技术；		2	
	7）应提高模板、脚手架体系的周转率		2	
	6.2.3 资源再生利用			
	1）建筑余料应合理利用；		2	
	2）板材、块材等下脚料和洒落混凝土及砂浆应科学利用；		2	
	3）临建设施应充分利用既有建筑物、市政设施和周边道路；		2	
	4）现场办公用纸应分类摆放，纸张应两面使用，废纸应回收		1	
优选项	6.3.1 应编制材料计划，合理使用材料	计分标准同前	1	
	6.3.2 应采用建筑配件整体化或建筑构件装配化安装的施工方法		1	
	6.3.3 主体结构施工应选择自动提升、顶升模架或工作平台		1	
	6.3.4 建筑材料包装物回收率应达到100%		1	
	6.3.5 现场应使用预拌砂浆		1	
	6.3.6 水平承重模板应采用早拆支撑体系		1	
	6.3.7 现场临建设施、安全防护设施应定型化、工具化、标准化		1	
评价得分	控制项符合要求 一般项折算得分：（实得分/应得分）＝（ / ）×100%＝ 分 优选得分： 分 要素得分： 分			
签字栏	建设单位 （盖章）	监理单位 （盖章）	施工单位 （盖章）	

上级评价单位：　　　　专家组组长：　　　　专家：

注：施工阶段分为地基与基础、结构工程、装饰装修与机电安装3个阶段，此处只以地基与基础阶段为例。

2. 目标值见表 8-5，实施情况见表 8-6

表 8-5　节材与材料资源利用目标值

主要指标	目标值
钢材损耗率	钢材损耗率…%，比定额损耗率降低…%
混凝土损耗率	混凝土损耗率…%，比定额损耗率降低…%
木材损耗率	木材损耗率…%，比定额损耗率降低…%
其他主要材料损耗率	其他主要材料损耗率…%，比定额损耗率降低…%
模板	平均周转次数为…次
围挡等周转设备（料）	重复使用率…%
工具式定型模板	使用面积占模板工程总面积的…%
就地取材≤500 km 以内	就地取材≤500 km 以内占总量的…%
建筑材料包装物回收率	建筑材料包装物回收率…%
预拌砂浆	预拌砂浆使用占砂浆总量的…%
钢筋工厂化加工	钢筋工厂化加工占钢筋总量的…%

表 8-6　节材与材料资源利用目标实际情况

主要指标	目标值	实际值
钢材损耗率	钢材损耗率…%，比定额损耗率降低…%	损耗…t，损耗率…%
混凝土损耗率	混凝土损耗率…%，比定额损耗率降低…%	损耗…m^3，损耗率…%
木材损耗率	木材损耗率…%，比定额损耗率降低…%	损耗…m^3，损耗率…%
其他主要材料损耗率	其他主要材料损耗率…%，比定额损耗率降低…%	损耗…m^3，损耗率…%
模板	平均周转次数为…次	平均周转次数为…次
围挡等周转设备（料）	重复使用率…%	重复使用率…%
工具式定型模板	使用面积占模板工程总面积的…%	使用…m^2，占总面积的…%
就地取材≤500 km 以内	就地取材≤500 km 以内占总量的…%	占总量的…%
建筑材料包装物回收率	建筑材料包装物回收率…%	…%
预拌砂浆	预拌砂浆使用占砂浆总量的…%	…m^3，占砂浆总量的…%
钢筋工厂化加工	钢筋工厂化加工占钢筋总量的…%	…t，占钢筋总量的…%

3. 限额领料相关表单见表 8-7～表 8-9

表 8-7　绿色施工材料限额总表

工程部位	材料名称	规格型号	计量单位	计划用量	核定损耗量	领用限额

签发：　　　　　　　　　　　　　　　　　　　　　　　制表：

注：1. 计划用量为按图纸计算出来的使用量，不包含额定损耗；

2. 额定损耗量为成本控制部门核准后的材料损耗率，应不大于项目部绿色施工目标规定的材料损耗量；

3. 由项目经理负责签发。

表 8-8　绿色施工消耗材料限额表

序号	材料名称	规格型号	计量单位	单位消耗定额	备注

签发：　　　　　　　　　　　　　　　　　　　　　　　制表：

表 8-9　绿色施工材料限额总表

<table>
<tr><td rowspan="2">材料编号</td><td rowspan="2">材料名称</td><td rowspan="2">规格</td><td rowspan="2">计量单位</td><td rowspan="2">限领数量</td><td colspan="4">实际领用</td><td rowspan="2">备注</td></tr>
<tr><td>数量</td><td>单价</td><td colspan="2">金额</td></tr>
<tr><td></td><td></td><td></td><td></td><td></td><td></td><td></td><td colspan="2"></td><td></td></tr>
<tr><td rowspan="2">日期</td><td colspan="2">请领</td><td colspan="3">实发</td><td colspan="3">退库</td><td rowspan="2">限额结余</td></tr>
<tr><td>数量</td><td>负责人</td><td>数量</td><td>发料人</td><td>领用人</td><td>数量</td><td>收料人</td><td>退料人</td></tr>
<tr><td></td><td></td><td></td><td></td><td></td><td></td><td></td><td></td><td></td><td></td></tr>
<tr><td></td><td></td><td></td><td></td><td></td><td></td><td></td><td></td><td></td><td></td></tr>
</table>

注：1. 限额结余＝限领数量－实发数量＋退库数量；

2. 限额领料单一般以月为单位，一月一张。

三、节水与水资源利用

1. 绿色施工要素评价见表 8-10

表 8-10　绿色施工要素评价表——节水与水资源利用

<table>
<tr><td rowspan="2">工程名称</td><td rowspan="2"></td><td>编号</td><td>1—00　号</td></tr>
<tr><td>填表日期</td><td></td></tr>
<tr><td>施工单位</td><td></td><td>施工阶段</td><td>地基基础</td></tr>
</table>

续表 8-10

评价要素	节水与水资源利用	施工部位		
控制项	标准编号及标准要求		评价结论	
	7.1.1　签订标段分包或劳务合同时，应将节水指标纳入合同条款			
	7.1.2　应有计量考核记录			
一般项	标准编号及标准要求	计分标准	应得分	实得分
	7.2.1　节约用水	1. 措施到位，满足考评指标要求，得 2 分； 2. 措施基本到位，部分满足考评指标要求，得 1 分； 3. 措施不到位，不满足考评指标要求，得 0 分		
	1）应根据工程特点，制定用水定额；		2	
	2）施工现场供、排水系统应合理适用；		2	
	3）施工现场办公区、生活区的生活用水应采用节水器具，节水器具配置率应达到 100%；		2	
	4）施工现场的生活用水与工程用水应分别计量；		2	
	5）施工中应采用先进的节水设施；		2	
	6）混凝土养护和砂浆搅拌用水应合理，应有节水措施；		2	
	7）管网和用水器具不应有渗漏		2	
	7.2.2　水资源的利用			
	1）基坑降水应储存使用；		2	
	2）冲洗现场机具、设备、车辆用水，应设立循环用水装置		2	
优选项	7.3.1　施工现场应建立基坑降水再利用的收集处理装置	计分标准同前	1	
	7.3.2　施工现场应有雨水收集利用的设施		1	
	7.3.3　喷洒路面、绿化浇灌不应用自来水		1	
	7.3.4　生活、生产污水应处理并使用		1	
	7.3.5　现场应使用检验合格的非传统水源		1	
评价得分	控制项符合要求 实得分：应得分： 一般项折算得分：（实得分/应得分）＝（　/　）×100%＝　分 优选得分：　分 要素得分：　分			
签字栏	建设单位 （盖章）	监理单位 （盖章）	施工单位 （盖章）	

上级评价单位：　　　　　　　　　　专家组组长：　　　　　　　　　　专家：

注：施工阶段分为地基与基础、结构工程、装饰装修与机电安装 3 个阶段，此处只以地基与基础阶段为例。

2. 目标值见表 8-11，实施情况见表 8-12

表 8-11 节水与水资源利用目标值

主要指标	目标值
办公、生活区	耗水量…m^3
生产作业区	耗水量…m^3
整个施工区	耗水量…m^3
节水设备（设施）配置率	节水设备（设施）配置率…%
非传统水源和循环水利用量	非传统水源和循环水利用占施工用水总量的…%

表 8-12 节水与水资源利用目标实际情况表

主要指标	目标值	实际值
办公、生活区	耗水量…m^3	…m^3
生产作业区	耗水量…m^3	…m^3
整个施工区	耗水量…m^3	…m^3
节水设备（设施）配置率	节水设备（设施）配置率…%	…%
非传统水源和循环水利用量	非传统水源和循环水利用占施工用水总量的…%	…m^3，占施工用水总量的…%
基础施工、结构施工、安装装饰装修三个阶段用水比例分别为：…：…：…		

四、节地与土地资源保护

1. 绿色施工要素评价见表 8-13

表 8-13 绿色施工要素评价表——节地与土地资源利用

<table>
<tr><td rowspan="2">工程名称</td><td rowspan="2" colspan="2"></td><td>编号</td><td>1—00 号</td></tr>
<tr><td>填表日期</td><td></td></tr>
<tr><td>施工单位</td><td colspan="2"></td><td>施工阶段</td><td>地基基础</td></tr>
<tr><td>评价要素</td><td colspan="2">节地与土地资源利用</td><td>施工部位</td><td></td></tr>
<tr><td rowspan="4">控制项</td><td colspan="3">标准编号及标准要求</td><td>评价结论</td></tr>
<tr><td colspan="3">9.1.1 施工现场布置应合理并应实施动态管理</td><td></td></tr>
<tr><td colspan="3">9.1.2 施工临时用地应有审批用地手续</td><td></td></tr>
<tr><td colspan="3">9.1.3 施工单位应充分了解施工现场及毗邻区域内人文景观保护要求、工程地质情况及基础设施管线分布情况，制定相应保护措施，并应报请相关方核准</td><td></td></tr>
</table>

续表 8-13

	标准编号及标准要求	计分标准	应得分	实得分
一般项	9.2.1　节约用地	1. 措施到位，满足考评指标要求，得2分； 2. 措施基本到位，部分满足考评指标要求，得1分； 3. 措施不到位，不满足考评指标要求，得0分		
	1）施工总平面布置应紧邻，并应尽量减少占地；		2	
	2）应在经批准的临时用地范围内组织施工；		2	
	3）应根据现场条件，合理设计场内交通道路；		2	
	4）施工现场临时道路布置应与原有及永久道路兼顾考虑，并应充分利用拟建道路为施工服务；		2	
	5）应采用商品混凝土		2	
	9.2.2　保护用地			
	1）应采取防止水土流失的措施；		2	
	2）应充分利用山地、荒地作为取、弃土场的用地；		2	
	3）施工后应恢复植被；		2	
	4）应对深基坑施工方案进行优化，并应减少土方开挖和回填量，保护用地		2	
	5）在生态脆弱的地区施工完成后，应进行地貌复原		2	
优选项	9.3.1　临时办公和生活用房应采用结构可靠的多层活动板房、钢骨架多层水泥活动板房等可重复使用的装配式结构	计分标准同前	1	
	9.3.2　对施工中发现的地下文物资源，应进行有效保护，处理措施恰当		1	
	9.3.3　地下水位控制应对相邻地表和建筑物无有害影响		1	
	9.3.4　钢筋加工应配送化，构件制作应工厂化		1	
	9.3.5　施工总平面布置应能充分利用和保护原有建筑物、构筑物、道路和管线等，职工宿舍应满足 $2m^2$/人的使用面积		1	
评价得分	控制项符合要求 一般项折算得分：（实得分/应得分）＝（　/　）×100％＝　分 优选得分：　分 要素得分：　分			

签字栏	建设单位	监理单位	施工单位
	（盖章）	（盖章）	（盖章）

上级评价单位：　　　　专家组组长：　　　　专家：

注：施工阶段分为地基与基础、结构工程、装饰装修与机电安装3个阶段，此处只以地基与基础阶段为例。

2. 目标值见表 8-14，实施情况见表 8-15

表 8-14 节地与施工用地保护目标值

主要指标	目标值
办公、生活区面积	…m^2
生产作业区面积	…m^2
办公、生活区面积与生产作业区面积比率	…%
施工绿化面积与占地面积比率	…%
临时设施占地面积有效利用率	…%
原有建筑物、构筑物、道路和管线的利用情况	
永久设施利用情况	
场地道路布置情况	双车道宽度≤…m，单车道宽度≤…m，转弯半径≤…m

表 8-15 节地与施工用地保护目标实施情况

主要指标	目标值	实际值
办公、生活区面积	…m^2	…m^2
生产作业区面积	…m^2	…m^2
办公、生活区面积与生产作业区面积比率	…%	…%
施工绿化面积与占地面积比率	…%	…%
临时设施占地面积有效利用率	…%	…%
原有建筑物、构筑物、道路和管线的利用情况		
永久设施利用情况		
场地道路布置情况	双车道宽度≤…m，单车道宽度≤…m，转弯半径≤…m	双车道宽度≤…m，单车道宽度≤…m，转弯半径≤…m

五、环境保护

1. 绿色施工要素评价见表 8-16

表 8-16 绿色施工要素评价表——环境保护

工程名称		编号	1—00 号
		填表日期	
施工单位		施工阶段	地基基础
评价要素	环境保护	施工部位	

续表 8-16

<table>
<tr><td></td><td colspan="2">标准编号及标准要求</td><td colspan="2">评价结论</td></tr>
<tr><td rowspan="4">控制项</td><td colspan="2">5.1.1　现场施工标牌应包括环境保护内容</td><td colspan="2"></td></tr>
<tr><td colspan="2">5.1.2　施工现场应在醒目位置设环境保护标识</td><td colspan="2"></td></tr>
<tr><td colspan="2">5.1.3　施工现场的文物古迹和古树、名木应采取有效措施保护</td><td colspan="2"></td></tr>
<tr><td colspan="2">5.1.4　现场食堂应有卫生许可证，炊事员应持有健康许可证</td><td colspan="2"></td></tr>
<tr><td rowspan="20">一般项</td><td>标准编号及标准要求</td><td>计分标准</td><td>应得分</td><td>实得分</td></tr>
<tr><td>5.2.1　资源保护</td><td rowspan="19">1. 措施到位，满足考评指标要求，得2分；
2. 措施基本到位，部分满足考评指标要求，得1分；
3. 措施不到位，不满足考评指标要求，得0分</td><td></td><td></td></tr>
<tr><td>1）应保护场地四周原有地下水形态，减少抽取地下水；</td><td>2</td><td></td></tr>
<tr><td>2）危险品、化学品存放处及污物排放应采取隔离措施</td><td>2</td><td></td></tr>
<tr><td>5.2.2　人员健康</td><td></td><td></td></tr>
<tr><td>1）施工作业区和生活办公区应分开布置，生活设施应远离有毒有害物质；</td><td>2</td><td></td></tr>
<tr><td>2）生活区应有专人负责，应有消暑或保暖措施；</td><td>2</td><td></td></tr>
<tr><td>3）现场工人劳动强度和工作时间应符合现行国家标准《体力劳动强度等级》（GB 3869—1997）的有关规定；</td><td>2</td><td></td></tr>
<tr><td>4）从事有毒、有害、有刺激性气味和强光、强噪声施工的人员应佩戴与其相应的防护器具；</td><td>2</td><td></td></tr>
<tr><td>5）深井、密闭环境、防水和室内装修施工应有自然通风或临时通风设施；</td><td>2</td><td></td></tr>
<tr><td>6）现场危险设备、地段、有毒物品存放地应配置醒目安全标志，施工应采取有效防毒、防污、防尘、防潮、通风等措施，应加强人员健康管理；</td><td>2</td><td></td></tr>
<tr><td>7）厕所、卫生设施、排水沟及阴暗潮湿地带应定期消毒；</td><td>2</td><td></td></tr>
<tr><td>8）食堂各类器具应清洁，个人卫生、操作行为应规范</td><td>2</td><td></td></tr>
<tr><td>5.2.3　扬尘控制</td><td></td><td></td></tr>
<tr><td>1）现场应建立洒水清扫制度，配备洒水设备，并应有专人负责；</td><td>2</td><td></td></tr>
<tr><td>2）对裸露地面、集中堆放的土方应采取抑尘措施；</td><td>2</td><td></td></tr>
<tr><td>3）运送土方、渣土等易产生扬尘的车辆应采取封闭或遮盖措施；</td><td>2</td><td></td></tr>
<tr><td>4）现场进出口应设冲洗池和吸湿垫，应保持进出现场车辆清洁；</td><td>2</td><td></td></tr>
</table>

续表 8-16

	标准编号及标准要求	计分标准	应得分	实得分
一般项	5）易飞扬和细颗粒建筑材料应封闭存放，余料应及时回收；	同上页一般项计分标准	2	
	6）易产生扬尘的施工作业应采取遮挡、抑尘等措施；		2	
	7）拆除爆破作业应有降尘措施；		2	
	8）高空垃圾清运应采用封闭式管道或垂直运输机械完成；		2	
	9）现场使用散状水泥、预拌砂浆应有密闭防尘措施		2	
	5.2.4 废弃排放控制			
	1）进出场车辆及机械设备废气排放应符合国家年检要求；		2	
	2）不应使用煤作为现场生活的燃料；		2	
	3）电焊烟气的排放应符合现行国家、地方标准；		2	
	4）不应在现场燃烧废弃物		2	
	5.2.5 建筑垃圾处置			
	1）建筑垃圾应分类收集、集中堆放；		2	
	2）废电池、废墨盒等有毒有害的废弃物应封闭回收，不应混放；		2	
	3）有毒有害废弃物分类率应达100%；		2	
	4）垃圾桶应分为可回收垃圾与不可回收利用两类，应定期清运；		2	
	5）建筑垃圾回收利用率应达到30%；		2	
	6）碎石和土石方类等应用作地基和路基回填材料		2	
	5.2.6 污水排放			
	1）现场道路和材料堆放场地周边应设排水沟；		2	
	2）工程污水和实验室养护用水应经处理达标后排入市政污水管道；		2	
	3）现场厕所应设置化粪池，化粪池应定期处理；		2	
	4）工地厨房应设隔油池，并应定期清理；		2	
	5）雨水、污水应分流排放		2	
	5.2.7 光污染			
	1）夜间焊接作业时，应采取挡光措施；		2	
	2）工地设置大型照明灯具时，应有防止强光线外泄的措施		2	
	5.2.8 噪声控制			
	1）应采用先进机械、低噪声设备进行施工，机械、设备应定期保养维护；		2	

续表 8-16

	标准编号及标准要求	计分标准	应得分	实得分
一般项	2）产生噪声较大的机械设备，应尽量远离施工现场办公区、生活区和周边住宅区；	同上页一般项计分标准	2	
	3）混凝土输送泵、电锯房等应设有吸音降噪屏或其他降噪设施；		2	
	4）夜间施工噪声强值应符合国家有关规定；		2	
	5）吊装作业指挥应使用对讲机传达指令		2	
	5.2.9　施工现场应设置连续、密闭、能有效隔绝各类污染的围挡		2	
	5.2.10　施工中，开挖土方应合理回填利用		2	
优选项	5.3.1　施工作业面应设置隔音设施	1. 措施到位，满足考评指标要求，得1分 2. 措施基本到位，部分满足考评指标要求，得0.5分； 3. 措施不到位，不满足考评指标要求，得0分	1	
	5.3.2　现场应设置可移动环保厕所，并定期清运、消毒		1	
	5.3.3　现场应设噪声监测点，并应实施动态监测		1	
	5.3.4　现场应有医务室，人员健康应急预案应完善		1	
	5.3.5　施工应采取基坑封闭降水措施		1	
	5.3.6　现场应采用喷雾设备降尘		1	
	5.3.7　建筑垃圾回收利用率应达到50％		1	
	5.3.8　工程污水应采取去泥沙、除油污、分解有机物、沉淀过滤、酸碱中和等处理方式，实现达标排放		1	
评价得分	控制项符合要求 一般项折算得分：（实得分/应得分）＝（　/　）×100％＝　分 优选得分：　分 要素得分：　分			
签字栏	建设单位 （盖章）	监理单位 （盖章）	施工单位 （盖章）	

上级评级单位：　　　　　　　　　　专家组组长：　　　　　　　　　　专家：

注：施工阶段分为地基与基础、结构工程、装饰装修与机电安装3个阶段，此处只以地基与基础阶段为例。

2. 目标值见表8-17，实施情况见表8-18

表 8-17　环境保护目标值

主要指标	目标值
建筑垃圾产量	每万平方米建筑面积≤…t
建筑垃圾回收率	建筑垃圾回收率≥…％

续表 8-17

主要指标	目标值
建筑垃圾再利用率	建筑垃圾再利用率≥…%
碎石类、土石方类建筑垃圾再利用率	碎石类、土石方类建筑垃圾再利用率≥…%
有毒有害废物分类率	有毒有害废物分类率…%
噪声控制	昼间≤…dB；夜间≤…dB
水污染控制	pH 值达到…
扬尘控制	扬尘高度基础施工≤…m，结构施工、安装装饰装修≤…m
光污染控制	达到环保部门要求

表 8-18 环境保护目标实际情况表

主要指标	目标值	实际值
建筑垃圾产量	每万平方米建筑面积≤…t	每万平方米建筑面积…t
建筑垃圾回收率	≥…%	…%
建筑垃圾再利用率	≥…%	…%
碎石类、土石方类建筑垃圾再利用率	≥…%	…%
有毒有害废物分类率	有毒有害废物分类率…%	…%
噪声控制	昼间≤…dB；夜间≤…dB	昼间…dB；夜间…dB
水污染控制	pH 值达到…	pH 值达到…
扬尘控制	扬尘高度基础施工≤…m，结构施工、安装装饰装修≤…m	扬尘高度基础施工…m，结构施工、安装装饰装修…m
光污染控制	达到环保部门要求	

六、其他表格

1. 绿色施工批次评价汇总见表 8-19

表 8-19 绿色施工批次评价汇总表

工程名称		编号	1—00 号
		填表日期	
评价阶段	地基基础阶段		
评级要素	评价得分	权重系数	实得分
环境保护			
节材与材料资源利用			

续表 8-19

节水与水资源利用			
节能与能源利用			
节地与施工用地保护			
合计			
评价结论	1. 控制项： 2. 评价得分： 分 3. 优选项： 分 结论：		

签字栏	建设单位	监理单位	施工单位
	（盖章）	（盖章）	（盖章）

上级评价单位： 专家组组长： 专家：

2. 绿色施工阶段评价汇总见表 8-20

表 8-20 绿色施工阶段评价汇总表

工程名称		编号	1—00 号
		填表日期	
评价阶段	地基基础		
评级批次	批次得分	评价批次	批次得分
1		6	
2		7	
3		8	
4		9	
5		10	
小计	阶段评价得分：$G=\sum$批次评价得分 E/评级批次数＝ 分		

签字栏	建设单位	监理单位	施工单位
	（盖章）	（盖章）	（盖章）

上级评价单位： 专家组组长： 专家：

3. 单位工程绿色施工管理评价汇总见表 8-21

表 8-21 单位工程绿色施工管理评价汇总表

工程名称		编号	
		填表日期	
评价阶段	阶段得分	权重系数	实得分
地基与基础		0.3	
结构工程		0.5	
装饰装修与机电安装		0.2	
合计		1.0	

续表 8-21

<table>
<tr><td colspan="2">评价结论</td><td colspan="3">1. 控制项　满足要求。
2. 单位工程总得分　　分，结构工程得分　分。
3. 优选项得分　分。
4.
5.
6.
7.
评价结论为：</td></tr>
<tr><td rowspan="2">签字栏</td><td>建设单位</td><td colspan="2">监理单位</td><td>施工单位</td></tr>
<tr><td>（盖章）</td><td colspan="2">（盖章）</td><td>（盖章）</td></tr>
</table>

上级评价单位：　　　　　　　　　专家组组长：　　　　　　　　　专家：

4. 施工项目绿色施工考核评价阶段能源资源材料统计见表 8-22

表 8-22　施工项目绿色施工考核评价阶段能源资源材料统计表

<table>
<tr><td colspan="2">工程名称</td><td colspan="2"></td><td>施工企业</td><td colspan="6"></td></tr>
<tr><td colspan="2">考核阶段</td><td colspan="2"></td><td>形象进度</td><td colspan="6"></td></tr>
<tr><td colspan="2">统计日期</td><td colspan="2"></td><td>累计完成工作量</td><td colspan="6"></td></tr>
<tr><td colspan="2">统计项目</td><td colspan="2"></td><td>计划用量</td><td colspan="2">实际用量</td><td colspan="2">节约用量</td><td colspan="2">实际万元
产值消耗</td></tr>
<tr><td colspan="2">能源</td><td colspan="2">吨标煤/万吨</td><td>吨标煤</td><td colspan="2">吨标煤</td><td colspan="2">吨标煤</td><td colspan="2"></td></tr>
<tr><td rowspan="3">其中</td><td>电</td><td colspan="2">吨标煤　kW・h/万元</td><td>kW・h</td><td colspan="2">kW・h</td><td colspan="2">kW・h</td><td colspan="2"></td></tr>
<tr><td>柴油</td><td colspan="2">吨标煤　L/万元</td><td>L</td><td colspan="2"></td><td colspan="2"></td><td colspan="2"></td></tr>
<tr><td>其他</td><td colspan="2"></td><td></td><td colspan="2"></td><td colspan="2"></td><td colspan="2"></td></tr>
<tr><td colspan="2">水</td><td colspan="2">m^3/万元</td><td>m^3</td><td colspan="2">m^3</td><td colspan="2">m^3</td><td colspan="2"></td></tr>
<tr><td colspan="2">其他资源利用率</td><td colspan="2">占总用水量　%</td><td>m^3</td><td colspan="2">m^3</td><td colspan="2">其他水资源
实际利用率</td><td colspan="2">%</td></tr>
<tr><td rowspan="6">主要材料节约指标</td><td rowspan="2"></td><td rowspan="2">计划降低定
额损耗率</td><td rowspan="2">预计用量</td><td rowspan="2">实际用量</td><td colspan="5">节约用量</td><td rowspan="2">额定损耗率
实际降低</td></tr>
<tr><td>实际节
约量</td><td colspan="2">其他方案
优化节约数</td><td colspan="2">其中降低定额
损耗节约数</td></tr>
<tr><td>钢材</td><td>%</td><td>%</td><td>t</td><td>t</td><td colspan="2">t</td><td colspan="2">t</td><td>%</td></tr>
<tr><td>木材</td><td>%</td><td>%</td><td>m^3</td><td>m^3</td><td colspan="2">m^3</td><td colspan="2">m^3</td><td>%</td></tr>
<tr><td>商品混凝土</td><td>%</td><td>%</td><td>m^3</td><td>m^3</td><td colspan="2">m^3</td><td colspan="2">m^3</td><td>%</td></tr>
<tr><td>预拌砂浆</td><td>%</td><td>%</td><td>m^3</td><td>m^3</td><td colspan="2">m^3</td><td colspan="2">m^3</td><td>%</td></tr>
<tr><td colspan="2">建筑垃圾
回收利用</td><td>实际产
生量</td><td>t</td><td>回收
利用量</td><td>t</td><td colspan="2">利用率</td><td colspan="3">%</td></tr>
</table>

附录A 绿色施工导则

一、总则

①我国尚处于经济快速发展阶段，作为大量消耗资源、影响环境的建筑业，应全面实施绿色施工，承担起可持续发展的社会责任。

②本导则用于指导建筑工程的绿色施工，并可供其他建设工程的绿色施工参考。

③绿色施工是指工程建设中，在保证质量、安全等基本要求的前提下，通过科学管理和技术进步，最大限度地节约资源与减少对环境负面影响的施工活动，实现四节一环保（节能、节地、节水、节材和环境保护）。

④绿色施工应符合国家的法律、法规及相关的标准规范，实现经济效益、社会效益和环境效益的统一。

⑤实施绿色施工，应依据因地制宜的原则，贯彻执行国家、行业和地方相关的技术经济政策。

⑥运用 ISO 14000 和 ISO 18000 管理体系，将绿色施工有关内容分解到管理体系目标中去，使绿色施工规范化、标准化。

⑦鼓励各地区开展绿色施工的政策与技术研究，发展绿色施工的新技术、新设备、新材料与新工艺，推行应用示范工程。

二、绿色施工原则

①绿色施工是建筑全寿命周期中的一个重要阶段。实施绿色施工，应进行总体方案优化。在规划、设计阶段，应充分考虑绿色施工的总体要求，为绿色施工提供基础条件。

②实施绿色施工，应对施工策划、材料采购、现场施工、工程验收等各阶段进行控制，加强对整个施工过程的管理和监督。

三、绿色施工总体框架

绿色施工总体框架由施工管理、环境保护、节材与材料资源利用、节水与水资源利用、节能与能源利用、节地与施工用地保护六个方面组成，如图 A-1 所示。这六个方面涵盖了绿色施工的基本指标，同时包含了施工策划、材料采购、现场施工、工程验收等各阶段指标的子集。

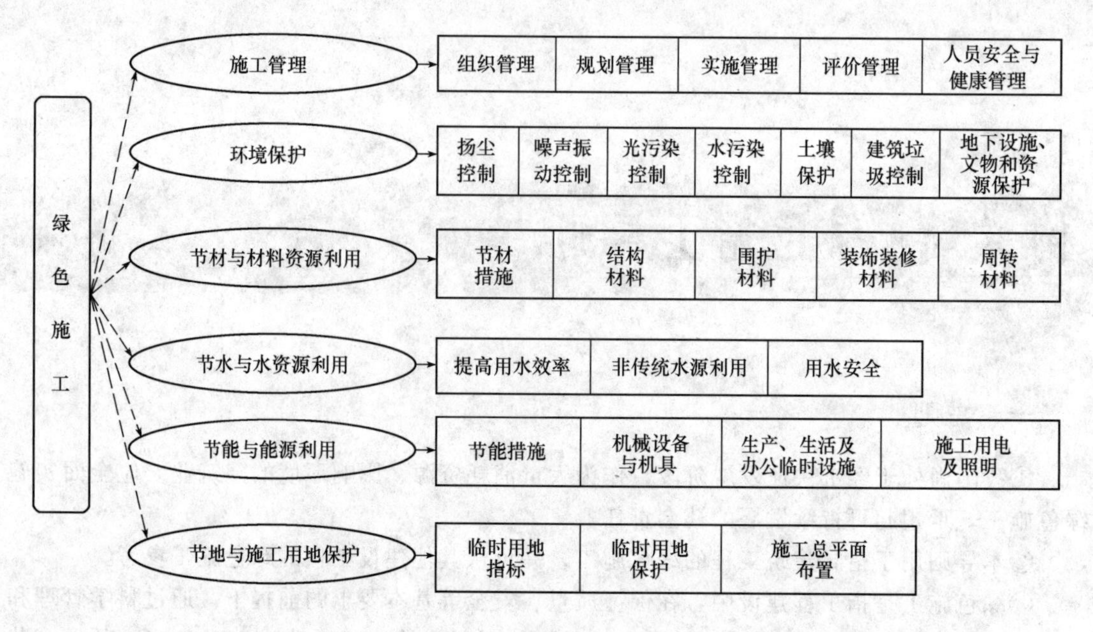

图 A-1 绿色施工总体框架

四、绿色施工要点

1. 绿色施工管理

绿色施工管理主要包括组织管理、规划管理、实施管理、评价管理和人员安全与健康管理五个方面。

1）组织管理

①建立绿色施工管理体系，并制定相应的管理制度与目标。

②项目经理为绿色施工第一责任人，负责绿色施工的组织实施及目标实现，并指定绿色施工管理人员和监督人员。

2）规划管理

①编制绿色施工方案。该方案应在施工组织设计中独立成章，并按有关规定进行审批。

②绿色施工方案应包括以下内容。

环境保护措施，制订环境管理计划及应急救援预案，采取有效措施，降低环境负荷，保护地下设施和文物等资源。

节材措施，在保证工程安全与质量的前提下，制定节材措施。如进行施工方案的节材优化，建筑垃圾减量化，尽量利用可循环材料等。

节水措施，根据工程所在地的水资源状况，制定节水措施。

节能措施，进行施工节能策划，确定目标，制定节能措施。

节地与施工用地保护措施，制定临时用地指标、施工总平面布置规划及临时用地节地措施等。

3）实施管理

①绿色施工应对整个施工过程实施动态管理，加强对施工策划、施工准备、材料采购、现场施工、工程验收等各阶段的管理和监督。

②应结合工程项目的特点，有针对性地对绿色施工作进行相应的宣传，通过宣传营造绿色施工的氛围。

③定期对职工进行绿色施工知识培训，增强职工绿色施工意识。

4）评价管理

①对照本导则的指标体系，结合工程特点，对绿色施工的效果及采用的新技术、新设备、新材料与新工艺，进行自评估。

②成立专家评估小组，对绿色施工方案、实施过程至项目竣工，进行综合评估。

5）人员安全与健康管理

①制定施工防尘、防毒、防辐射等预防职业危害的措施，保障施工人员的长期职业健康。

②合理布置施工场地，保护生活及办公区不受施工活动的有害影响。施工现场建立卫生急救、保健防疫制度，在安全事故和疾病疫情出现时提供及时救助。

③提供卫生、健康的工作与生活环境，加强对施工人员的住宿、膳食、饮用水等生活与环境卫生的管理，明显改善施工人员的生活条件。

2. 环境保护技术要点

1）扬尘控制

①运送土方、垃圾、设备及建筑材料等，不污损场外道路。运输容易散落、飞扬、流漏的物料的车辆，必须采取措施封闭严密，保证车辆清洁。施工现场出口应设置洗车槽。

②土方作业阶段，采取洒水、覆盖等措施，实现作业区目测扬尘高度小于1.5 m，不扩散到场区外。

③结构施工、安装装饰装修阶段，作业区目测扬尘高度小于0.5 m。对易产生扬尘的堆放材料应采取覆盖措施；对粉末状材料应封闭存放；场区内可能引起扬尘的材料及建筑垃圾搬运应有降尘措施，如覆盖、洒水等；浇筑混凝土前清理灰尘和垃圾时尽量使用吸尘器，避免使用吹风器等易产生扬尘的设备；机械剔凿作业时可用局部遮挡、掩盖、水淋等防护措施；高层或多层建筑清理垃圾应搭设封闭性临时专用道或采用容器吊运。

④施工现场非作业区达到目测无扬尘的要求。对现场易飞扬物质采取有效措施，如洒水、地面硬化、围挡、密网覆盖、封闭等，防止扬尘产生。

⑤构筑物机械拆除前，做好扬尘控制计划。可采取清理积尘、拆除体洒水、设置隔挡等措施。

⑥构筑物爆破拆除前，做好扬尘控制计划。可采用清理积尘、淋湿地面、预湿墙体、屋面敷水袋、楼面蓄水、建筑外设高压喷雾状水系统、搭设防尘排栅和直升机投水弹等综合降尘，选择风力小的天气进行爆破作业。

⑦在场界四周隔挡高度位置测得的大气总悬浮颗粒物（TSP）月平均浓度与城市背景值的差值不大于0.08 mg/m^3。

2）噪声与振动控制

①现场噪声排放不得超过国家标准《建筑施工场界环境噪声排放标准》（GB 12523—2011）的规定。

②在施工场界对噪声进行实时监测与控制。监测方法参照国家标准《建筑施工场界环境噪声排放标准》（GB 12523—2011）。

③使用低噪声、低振动的机具，采取隔音与隔振措施，避免或减少施工噪声和振动。

3）光污染控制

①尽量避免或减少施工过程中的光污染。夜间室外照明灯加设灯罩，透光方向集中在施工范围。

②电焊作业采取遮挡措施，避免电焊弧光外泄。

4）水污染控制

①施工现场污水排放应达到国家标准《污水综合排放标准》（GB 8978—1996）的要求。

②在施工现场应针对不同的污水，设置相应的处理设施，如沉淀池、隔油池、化粪池等。

③污水排放应委托有资质的单位进行废水水质检测，提供相应的污水检测报告。

④保护地下水环境。采用隔水性能好的边坡支护技术。在缺水地区或地下水位持续下降的地区，基坑降水尽可能少地抽取地下水；当基坑开挖抽水量大于50万 m^3时，应进行地下水回灌，并避免地下水被污染。

⑤对于化学品等有毒材料、油料的储存地，应有严格的隔水层设计，做好渗漏液收集和处理。

5）土壤保护

①保护地表环境，防止土壤侵蚀、流失。因施工造成的裸土，及时覆盖砂石或种植速生草种，以减少土壤侵蚀；因施工造成容易发生地表径流土壤流失的情况，应采取设置地表排水系统、稳定斜坡、植被覆盖等措施，减少土壤流失。

②沉淀池、隔油池、化粪池等不发生堵塞、渗漏、溢出等现象，及时清掏各类池内沉淀物，并委托有资质的单位清运。

③对于有毒、有害废弃物，如电池、墨盒、油漆、涂料等应回收后交有资质的单位处理，不能作为建筑垃圾外运，避免污染土壤和地下水。

④施工后应恢复施工活动破坏的植被（一般指临时占地内）。与当地园林、环保部门或当地植物研究机构进行合作，在先前开发地区种植当地或其他合适的植物，以恢复剩余空地地貌或科学绿化，补救施工活动中人为破坏植被和地貌造成的土壤侵蚀。

6）建筑垃圾控制

①制订建筑垃圾减量化计划，如住宅建筑，每万平方米的建筑垃圾不宜超过400 t。

②加强建筑垃圾的回收再利用，力争建筑垃圾的再利用和回收率达到30%，建筑物拆除产生的废弃物的再利用和回收率大于40%。对于碎石类、土石方类建筑垃圾，可采用地基填埋、铺路等方式提高再利用率，力争再利用率大于50%。

③施工现场生活区设置封闭式垃圾容器，施工场地生活垃圾实行袋装化，及时清运。对建筑垃圾进行分类，并收集到现场封闭式垃圾站，集中运出。

7）地下设施、文物和资源保护

①施工前应调查清楚地下的各种设施，做好保护计划，保证施工场地周边的各类管道、管线、建筑物、构筑物的安全运行。

②施工过程中一旦发现文物，立即停止施工，保护现场并通报文物部门，同时协助做好工作。

③避让、保护施工场区及周边的古树、名木。

④逐步开展统计分析施工项目的 CO_2 排放量，以及各种不同植被和树种的 CO_2 固定量的工作。

3. 节材与材料资源利用技术要点

1）节材措施

①图纸会审时，应审核节材与材料资源利用的相关内容，达到材料损耗率比定额损耗率降低 30%。

②根据施工进度、库存情况等合理安排材料的采购、进场时间和批次，减少库存。

③现场材料堆放有序，储存环境适宜，措施得当，保管制度健全，责任落实。

④材料运输工具适宜，装卸方法得当，防止损坏和遗洒。根据现场平面布置情况就近卸载，避免和减少二次搬运。

⑤采取技术和管理措施提高模板、脚手架等的周转次数。

⑥优化安装工程的预留、预埋、管线路径等方案。

⑦应就地取材，施工现场 500 km 以内生产的建筑材料用量占建筑材料总重量的 70% 以上。

2）结构材料

①推广使用预拌混凝土和商品砂浆。准确计算采购数量、供应频率、施工速度等，在施工过程中动态控制。结构工程使用散装水泥。

②推广使用高强钢筋和高性能混凝土，减少资源消耗。

③推广钢筋专业化加工和配送。

④优化钢筋配料和钢构件下料方案。钢筋及钢结构制作前应对下料单及样品进行复核，无误后方可批量下料。

⑤优化钢结构制作和安装方法。大型钢结构宜采用工厂制作，现场拼装；宜采用分段吊装、整体提升、滑移、顶升等安装方法，减少方案的措施用材量。

⑥采取数字化技术，对大体积混凝土、大跨度结构等专项施工方案进行优化。

3）围护材料

①门窗、屋面、外墙等围护结构选用耐候性及耐久性良好的材料，施工确保密封性、防水性和保温隔热性。

②门窗采用密封性、保温隔热性能、隔音性能良好的型材和玻璃等材料。

③屋面材料、外墙材料具有良好的防水性能和保温隔热性能。

④当屋面或墙体等部位采用基层加设保温隔热系统的方式施工时，应选择高效节能、耐久性好的保温隔热材料，以减小保温隔热层的厚度及材料用量。

⑤屋面或墙体等部位的保温隔热系统采用专用的配套材料，以加强各层次之间的粘结或连接强度，确保系统的安全性和耐久性。

⑥根据建筑物的实际特点，优选屋面或外墙的保温隔热材料系统和施工方式，例如，保温板粘贴、保温板干挂、聚氨酯硬泡喷涂、保温浆料涂抹等，以保证保温隔热效果，并减少材料浪费。

⑦加强保温隔热系统与围护结构的节点处理，尽量降低热桥效应。针对建筑物的不同部位的保温隔热特点，选用不同的保温隔热材料及系统，以做到经济适用。

4）装饰装修材料

①贴面类材料在施工前，应进行总体排版策划，减少非整块材的数量。

②采用非木质的新材料或人造板材代替木质板材。

③防水卷材、壁纸、油漆及各类涂料基层必须符合要求，避免起皮、脱落。各类油漆及黏结剂应随用随开启，不用时及时封闭。

④幕墙及各类预留预埋应与结构施工同步。

⑤木制品及木装饰用料、玻璃等各类板材等宜在工厂采购或定制。

⑥采用自黏类片材，减少现场液态黏结剂的使用量。

5）周转材料

①应选用耐用、维护与拆卸方便的周转材料和机具。

②优先选用制作、安装、拆除一体化的专业队伍进行模板工程施工。

③模板应以节约自然资源为原则，推广使用定型钢模、钢框竹模、竹胶板。

④施工前应对模板工程的方案进行优化。多层、高层建筑使用可重复利用的模板体系，模板支撑宜采用工具式支撑。

⑤优化高层建筑的外脚手架方案，采用整体提升、分段悬挑等方案。

⑥推广采用外墙保温板替代混凝土施工模板的技术。

⑦现场办公和生活用房采用周转式活动房。现场围挡应最大限度地利用已有围墙，或采用装配式可重复使用围挡封闭。力争工地临时房屋、临时围挡材料的可重复使用率达到70%。

4. 节水与水资源利用的技术要点

1）提高用水效率

①施工中采用先进的节水施工工艺。

②施工现场喷洒路面、绿化浇灌不宜使用市政自来水。现场搅拌用水、养护用水应采取有效的节水措施，严禁无措施浇水养护混凝土。

③施工现场供水管网应根据用水量设计布置，管径合理、管路简捷，采取有效措施减少管网和用水器具的漏损。

④现场机具、设备、车辆冲洗用水必须设立循环用水装置。施工现场办公区、生活区的生活用水采用节水系统和节水器具，提高节水器具配置比率。项目临时用水应使用节水型产品，安装计量装置，采取针对性的节水措施。

⑤施工现场建立可再利用水的收集处理系统，使水资源得到梯级循环利用。

⑥施工现场分别对生活用水与工程用水确定用水定额指标，并分别计量管理。

⑦大型工程的不同单项工程、不同标段、不同分包生活区，凡具备条件的应分别计量用水量。在签订不同标段分包或劳务合同时，将节水定额指标纳入合同条款，进行计量考核。

⑧对混凝土搅拌站点等用水集中的区域和工艺点进行专项计量考核。施工现场建立雨水、中水或可再利用水的收集利用系统。

2）非传统水源利用

①优先采用中水搅拌、中水养护，有条件的地区和工程应收集雨水养护。

②处于基坑降水阶段的工地，宜优先采用地下水作为混凝土搅拌用水、养护用水、冲洗用水和部分生活用水。

③现场机具、设备、车辆冲洗、喷洒路面、绿化浇灌等用水，优先采用非传统水源，尽量不使用市政自来水。

④大型施工现场，尤其是雨量充沛地区的大型施工现场建立雨水收集利用系统，充分收集自然降水用于施工和生活中适宜的部位。

⑤力争施工中非传统水源和循环水的再利用量大于30%。

3）用水安全

在非传统水源和现场循环再利用水的使用过程中，应制定有效的水质检测与卫生保障措施，确保避免对人体健康、工程质量以及周围环境产生不良影响。

5. 节能与能源利用的技术要点

1）节能措施

①制定合理施工能耗指标，提高施工能源利用率。

②优先使用国家、行业推荐的节能、高效、环保的施工设备和机具，如选用变频技术的节能施工设备等。

③施工现场分别设定生产、生活、办公和施工设备的用电控制指标，定期进行计量、核算、对比分析，并有预防与纠正措施。

④在施工组织设计中，合理安排施工顺序、工作面，以减少作业区域的机具数量，相邻作业区充分利用共有的机具资源。安排施工工艺时，应优先考虑耗用电能的或其他能耗较少的施工工艺，避免设备额定功率远大于使用功率或超负荷使用设备的现象发生。

⑤根据当地气候和自然资源条件，充分利用太阳能、地热等可再生能源。

2）机械设备与机具

①建立施工机械设备管理制度，开展用电、用油计量，完善设备档案，及时做好维修保养工作，使机械设备保持低耗、高效的状态。

②选择功率与负载相匹配的施工机械设备，避免大功率施工机械设备低负载长时间运行。机电安装可采用节电型机械设备，如逆变式电焊机和能耗低、效率高的手持电动工具等，以利节电。机械设备宜使用节能型油料添加剂，在可能的情况下，考虑回收利用，节约油量。

③合理安排工序，提高各种机械的使用率和满载率，降低各种设备的单位耗能。

3）生产、生活及办公临时设施

①利用场地自然条件，合理设计生产、生活及办公临时设施的体形、朝向、间距和窗墙面积比，使其获得良好的日照、通风和采光。南方地区可根据需要在其外墙窗设遮阳设施。

②临时设施宜采用节能材料，墙体、屋面使用隔热性能好的材料，减少夏天空调、冬天取暖设备的使用时间及耗能量。

③合理配置采暖、空调、风扇数量，规定使用时间，实行分段分时使用，节约用电。

4）施工用电及照明

①临时用电优先选用节能电线和节能灯具，临电线路合理设计、布置，临电设备宜采用自动控制装置。采用声控、光控等节能照明灯具。

②照明设计以满足最低照度为原则，照度不应超过最低照度的20%。

6. 节地与施工用地保护的技术要点

1）临时用地指标

①根据施工规模及现场条件等因素合理确定临时设施，如临时加工厂、现场作业棚及材料堆场、办公生活设施等的占地指标。临时设施的占地面积应按用地指标所需的最低面积设计。

②要求平面布置合理、紧凑，在满足环境、职业健康与安全及文明施工要求的前提下，尽可能减少废弃地和死角，临时设施占地面积有效利用率大于90％。

2）临时用地保护

①应对深基坑施工方案进行优化，减少土方开挖和回填量，最大限度地减少对土地的扰动，保护周边自然生态环境。

②红线外临时占地应尽量使用荒地、废地，少占用农田和耕地。工程完工后，及时对红线外占地恢复原地形、地貌，使施工活动对周边环境的影响降至最低。

③利用和保护施工用地范围内原有绿色植被。对于施工周期较长的现场，可按建筑永久绿化的要求，安排场地新建绿化。

3）施工总平面布置

①施工总平面布置应做到科学、合理，充分利用原有建筑物、构筑物、道路、管线为施工服务。

②施工现场搅拌站、仓库、加工厂、作业棚、材料堆场等布置应尽量靠近已有交通线路或即将修建的正式或临时交通线路，缩短运输距离。

③临时办公和生活用房应采用经济、美观、占地面积小、对周边地貌环境影响较小，且适合于施工平面布置动态调整的多层轻钢活动板房、钢骨架水泥活动板房等标准化装配式结构。生活区与生产区应分开布置，并设置标准的分隔设施。

④施工现场围墙可采用连续封闭的轻钢结构预制装配式活动围挡，减少建筑垃圾，保护土地。

⑤施工现场道路按照永久道路和临时道路相结合的原则布置。施工现场内形成环形通路，减少道路占用土地。

⑥临时设施布置应注意远近结合（本期工程与下期工程），努力减少和避免大量临时建筑拆迁和场地搬迁。

五、发展绿色施工的新技术、新设备、新材料与新工艺

①施工方案应建立推广、限制、淘汰公布制度和管理办法。发展适合绿色施工的资源利用与环境保护技术，对落后的施工方案进行限制或淘汰，鼓励绿色施工技术的发展，推动绿色施工技术的创新。

②大力发展现场监测技术、低噪声的施工技术、现场环境参数检测技术、自密实混凝土施工技术、清水混凝土施工技术、建筑固体废弃物再生产品在墙体材料中的应用技术、新型模板及脚手架技术的研究与应用。

③加强信息技术应用，如绿色施工的虚拟现实技术、三维建筑模型的工程量自动统计、绿色施工组织设计数据库的建立与应用系统、数字化工地、基于电子商务的建筑工程材料、设备与物流管理系统等。通过应用信息技术，进行精密规划、设计、精心建造和优化集成，实现与提高绿色施工的各项指标。

附录B 建筑工程绿色施工规范

一、基本规定

1. 组织与管理

①建设单位应履行的职责。

在编制工程概算和招标文件时，应明确绿色施工的要求，并提供包括场地、环境、工期、资金等方面的条件保障。

应向施工单位提供建设工程绿色施工的设计文件、产品要求等相关资料，保证资料的真实性和完善性。

应建立工程项目绿色施工的协调机制。

②设计单位应履行的职责。

应按国家现行有关标准和建设单位的要求进行工程的绿色设计。

应协助、支持、配合施工单位做好建筑工程绿色施工的有关设计工作。

③监理单位应履行的职责。

应对建筑工程绿色施工承担监理职责。

应审查绿色施工组织设计、绿色施工方案或绿色施工专项方案，并在实施过程中做好监督检查工作。

④施工单位应履行的职责。

施工单位是建筑绿色工程施工的施工主体，应组织绿色施工的全面实施。

实行总承包管理的建设工程，总承包单位应对绿色施工负总责。

总承包单位应对专业承包单位的绿色施工实施管理，专业承包单位应对工程承包范围内的绿色施工负责。

施工单位应建立以项目经理为第一责任人的绿色施工管理体系，制订绿色施工管理制度，负责绿色施工的组织实施，进行绿色施工教育培训，定期开展直检、联检和评价工作。

绿色施工组织设计、绿色施工方案或绿色施工专项方案编制前，应进行绿色施工影响因素分析，并据此制订实施对策和绿色施工评价方案。

⑤参建各方应积极推进建筑工业化和信息化，建筑工业化宜重点推进结构构件预制化和建筑配件整体装配化。

⑥应做好施工协通，加强施工管理，协商确定工期。

⑦施工现场应建立机械设备保养、限额领料、建筑垃圾再利用的台账和清单。工程材料和机械设备的存放、运输应制定保护措施。

⑧施工单位应强化技术管理，绿色施工过程技术资料应收集和归档。

⑨施工单位应根据绿色施工要求，对传统施工工艺进行改进。

⑩施工单位应建立不符合绿色施工要求的施工工艺、设备和材料的限制、淘汰等制度。

⑪应按现行国家标准《建筑工程绿色施工评价标准》(GB/T 50640—2010) 的规定，对施工现场绿色施工实施情况进行评价，并根据绿色施工评价情况，采取改进措施。

⑫施工单位应按照国家法律、法规的有关要求，制订施工现场环境和人员安全等突发事件的应急预案。

2. 资源节约

1) 节材及材料利用应符合下列规定

①应根据施工进度、材料使用时点、库存情况等制订材料的采购和使用计划。

②现场材料应堆放有序，并满足材料储存及质量保持的要求。

③工程施工使用的材料宜选用距离现场 500 km 以内生产的建筑材料。

2) 节水及水资源利用应符合下列规定

①现场应结合排水点位置进行管线下路和阀门预设位置的设计，应采取管网和用水器具防渗漏的措施。

②施工现场办公区、生活区的生活用水应采用节水器具。

③宜建立雨水、中水或其他可利用水资源的收集利用系统。

④应按生活用水与工程用水的定额指标进行控制。

⑤施工现场喷洒路面、绿化浇灌不宜使用自来水。

3) 节能及能源利用应符合下列规定

①应合理安排施工顺序及施工区域，减少作业区机械设备数量。

②应选择功率与负荷相匹配的施工机械设备，机械设备不宜低负荷运行，不宜采用自备电源。

③应制定施工能耗指标，明确节能措施。

④应建立施工机械设备档案和管理制度，机械设备应定期保养维修。

⑤生产、生活、办公区域及主要设备宜分别进行耗能、耗水及排污计量，并做好相应记录。

⑥应合理布置临时用电线路，选用节能器具，采用声控、光控和节能灯具；照明都按最低照度设计。

⑦宜利用太阳能、地热能、风能等可再生能源。

⑧施工现场宜错峰用电。

4) 节地及土地资源保护应符合下列规定

①应根据工程规模及施工要求布置施工临时设施。

②施工临时设施不宜占用绿地、耕地以及规划红线以外场地。

③施工现场应避让、保护场区及周边的古树、名木。

3. 环境保护

1) 施工现场扬尘控制应符合下列规定

①施工现场宜搭设封闭式垃圾站。

②细散颗粒材料、易扬尘材料应封闭堆放、存储和运输。

③施工现场出口应设冲洗池，施工场地、道路应采取定期洒水和抑尘措施。

④土石方作业区内扬尘目测高度应小于1.5 m，结构施工、安装、装饰装修阶段目测扬尘高度应小于0.5 m，不得扩散到工作区域外。

⑤施工现场使用的热水锅炉等宜使用清洁燃料，不得在施工现场融化沥青或焚烧油毡、油漆以及其他产生有毒、有害烟尘和恶臭气体的物质。

2）噪声控制应符合下列规定

①施工现场宜对噪声进行实时监测；施工场界环境噪声排放昼间不应超过70 dB（A），夜间不应超过55 dB（A）。噪声测量方法应符合现行国家标准《建筑施工场界环境噪声排放标准》（GB 12523—2011）的规定。

②施工过程宜使用低噪声、低振动的施工机械设备，对噪声控制要求较高的区域应采取隔声措施。

③施工车辆进出现场，不宜鸣笛。

3）光污染控制应符合下列规定

①应根据现场和周边环境采取限时施工、遮光和全封闭等避免和减少施工过程中光污染的措施。

②夜间室外照明灯应加设灯罩，光照方向应集中在施工范围内。

③在光线作用敏感区域施工时，电焊作业和大型照明灯具应采取防光外泄措施。

4）水污染控制应符合下列规定

①污水排放应符合现行行业标准《污水排入城镇下水道水质标准》（CJ 343—2010）的有关要求。

②使用非传统水源和现场循环水时，宜根据实际情况对水质进行检测。

③施工现场存放的油料和化学溶剂等物品应设专门库房，地面应做防渗漏处理。废弃的油料和化学溶剂应集中处理，不得随意倾倒。

④易挥发、易污染的液态材料，应使用密闭容器存放。

⑤施工机械设备使用和检修时，应控制油料污染；清洗机具的废水和废油不得直接排放。

⑥食堂、盥洗室、淋浴间的下水管线应设置过滤网，食堂应另设隔油池。

⑦施工现场应宜采用移动式厕所，并应定期清理；固定厕所应设化粪池。

⑧隔油池和化粪池应做防渗处理，并应进行定期清运和消毒。

5）施工现场垃圾处理应符合下列规定

①垃圾应分类存放、按时处理。

②应制订建筑垃圾减量计划，建筑垃圾的回收利用应符合现行国家标准《工程施工废弃物再生利用技术规范》（GB/T 50734—2012）的规定。

③有毒有害废弃物的分类率应达到100%；对有可能造成二次污染的废弃物应单独储存，并设置醒目标识。

④现场清理时，应采用封闭式运输，不得将施工垃圾从窗口、洞口、阳台等处抛撒。

⑤施工使用的乙炔、氧气、油漆、防腐剂等危险品、化学品的运输和储存应采取隔离措施。

二、施工准备

①施工单位应根据设计文件、场地条件、周边环境和绿色施工总体要求，明确绿色施工的目标、材料、方法和实施内容，并在图纸会审时突出需设计单位配合的建议和意见。

②施工单位应编制包含绿色施工管理和技术要求的工程绿色施工组织设计、绿色施工方案或绿色施工专项方案，并经审批通过后实施。

③绿色施工组织设计、绿色施工方案或绿色施工专项方案编制应符合下列规定。

应考虑施工现场的自然与人文环境特点。

应有减少资源浪费和环境污染的措施。

应明确绿色施工的组织管理体系、技术要求和措施。

应选用先进的产品、技术、设备、施工工艺和方法，利用规划区域内设施。

应包括改善作业条件、降低劳动强度、节约人力资源等内容。

④施工现场宜实行电子文档管理。

⑤施工单位宜建立建筑材料数据库，应采用绿色性能相对优良的建筑材料。

⑥施工单位宜建立施工机械设备数据库。应根据现场和周边环境情况，对施工机械和设备进行节能、减排、降耗指标分析和比较，采用高性能、低噪声和低能耗的机械设备。

⑦在绿色施工评价前，依据工程项目环境影响因素分析情况，应对绿色施工评价要素中一般项和优选项的条目进行相应调整，并经工程项目建设和监理方确认后，作为绿色施工的相应评价依据。

⑧在工程开工前，施工单位应完成绿色施工的各项准备工作。

三、施工场地

1. 一般规定

①在施工总平面设计时，应针对施工场地、环境和条件进行分析，制订具体实施方案。

②施工总平面布置宜利用场地及周边现有和拟建建筑物、构筑物、道路和管线等。

③施工前应制订合理的场地使用计划；施工中应减少场地干扰，保护环境。

④临时设施的占地面积可按最低面积指标设计，有效使用临时设施用地。

⑤塔吊等垂直运输设施基座宜采用可重复利用的主配式基座或利用在建工程的结构。

2. 施工总平面布置

①施工现场总平面布置应符合下列规定。

在满足施工需要前提下，应减少施工用地。

应合理布置起重机械和各项施工设施，统筹规划施工道路。

应合理划分施工分区和流水段，减少专业工种之间的交叉作业。

②施工现场平面布置应根据施工各阶段的特点和要求，实行动态管理。

③施工现场生产区、办公区和生活区应实现相对隔离。

④施工现场作业棚、库房、材料堆场等布置宜靠近交通线路和主要用料部位。

⑤施工现场的强噪声机械设备宜远离噪声敏感区。

3. 场区围护及道路

①施工现场大门、围挡和围墙宜采用可重复利用的材料和部件，并应工具化、标准化。

②施工现场入口应设置绿色施工制度图牌。

③施工现场道路布置应遵循永久道路和临时道路相结合的原则。

④施工现场主要道路的硬化处理宜采用可周转使用的材料和构件。

⑤施工现场围墙、大门和施工道路周边宜设绿化隔离带。

4. 临时设施

①临时设施的设计、布置和使用，应采取有效的节能降耗措施，并应符合下列规定。

应利用场地自然条件，临时建筑的体形宜规整，应有自然通风和采光，并应满足节能要求。

临时设施应选用由高效保湿、隔热、防火材料制成的复合墙体和屋面，以及密封保温隔热性能好的门窗。

临时设施建设不宜使用一次性墙体材料。

②办公和生活临时用房应采用可重复利用的房屋。

③严寒和寒冷地区外门应采取防寒措施；夏季炎热地区的外窗宜设置外遮阳。

四、地基与基础工程

1. 一般规定

①桩基施工应选用低噪、环保、节能、高效的机械设备和工艺。

②地基与基础工程施工时，应识别场地内及周边现有的自然、文化和建（构）筑物特征，并采取相应保护措施。场内发现文物时，应立即停止施工，派专人看管，并通知当地文物主管部门。

③应根据气候特征选择施工方法、施工机械、安排施工顺序、布置施工场地。

④地基与基础工程施工应符合下列规定。

现场土、料存放应采取加盖或植被覆盖措施。

土方、渣土装卸车和运输车应有防止遗撒和扬尘的措施。

对施工过程产生的泥浆应设置专门的泥浆池或泥浆罐车存储。

⑤基础工程涉及的混凝土结构、钢结构、砌体结构工程应按《建筑工程绿色施工规范》(GB/T 50905—2014) 第7章的有关要求执行。

2. 土石方工程

①土石方工程开挖前应进行挖、填方的平衡计算，在土石方场内应实现有效利用、运距最短和工序衔接紧密。

②工程渣土应分类堆放和运输，其再生利用应符合现行国家标准《工程施工废弃物再生利用技术规范》(GB/T 50743—2014) 的规定。

③土石方工程开挖宜采用逆作法或半逆作法进行施工，施工中应采取通风和降温等改善地下工程作业条件的措施。

④在受污染的场地进行施工时，应对土质进行专项检测和治理。

⑤土石方工程爆破施工前，应进行爆破方案的编制和评审，应采取防尘和飞石控制措施。

⑥4级风以上天气，严禁土石方工程爆破施工作业。

3. 桩基工程

①成桩工艺应根据桩的类型、使用功能、土层特性、地下水位、施工机械、施工环境、施工经验、制桩材料供应条件等，按安全适用、经济合理的原则选择。

②混凝土灌注桩施工应符合下列规定。

灌注桩采用泥浆护壁成孔时，应采取导流沟和泥浆池等排浆及储浆措施。

施工现场应设置专用泥浆池，并及时清理沉淀的废渣。

工程桩不宜采用人工挖孔成桩。当特殊情况采用时，应采取护壁、通风和防坠落措施。

在城区或人口密集地区施工混凝土预制桩和钢桩时，宜采用静压沉桩工艺。静力压装置选择液压式和绳索式压桩工艺。

工程桩桩顶剔除部分的再生利用应符合现行国家标准《工程施工废弃物再生利用技术规范》(GB/T 50743—2014) 的规定。

4. 地基处理工程

①回填法施工应符合下列规定。

回填土施工应采取防止扬尘的措施，4 级风以上天气严禁回填土施工。施工间歇时应对同填土进行覆盖。

当采用砂石料作为回填材料时，宜采用振动碾压。

灰土过筛施工应采取避风措施。

开挖原土的土质不适宜回填时，应采取土质改良措施后加以利用。

②在城区或人口密集地区，不宜使用强夯法施工。

③高压喷射注浆法施工的浆液应有专用容器存放，置换出的废浆应收集清理。

④采用砂石回填时，砂石填充料应保持湿润。

⑤基坑支护结构采用锚杆（锚索）时，宜采用可拆式锚杆。

⑥喷射混凝土施工宜采用湿喷或水泥裹砂喷射工艺，并采取防尘措施。喷射混凝土作业区的粉尘浓度不应大于 10 mg/m^3，喷射混凝土作业人员应佩戴防尘用具。

5. 地下水控制

①基坑降水宜采用基坑封闭降水方法。

②基坑施工排出的地下水应加以利用。

③采用井点降水施工时，地下水位与作业面高差宜控制在 250 mm 以内，并应根据施工进度进行水位自动控制。

④当无法采用基坑封闭降水，且基坑抽水对周围环境可能造成不良影响时，应采用对地下水无污染的回灌方法。

五、主体结构工程

1. 一般规定

①预制装配式结构构件，宜采取工厂化加工；构件的存放和运输应采取防止变形和损坏的措施；构件的加工和进场顺序应与现场安装顺序一致，不宜二次倒运。

②基础和主体结构施工应统筹安排垂直和水平运输机械。

③施工现场宜采用预拌混凝土和预拌砂浆。现场搅拌混凝土和砂浆时，应使用散装水泥；搅拌机棚应有封闭降噪和防尘措施。

2. 混凝土结构工程

1）钢筋工程

①钢筋宜采用专用软件优化放样下料，根据优化配料结果确定进场钢筋的定尺长度。

②钢筋工程宜采用专业化生产的成型钢筋，钢筋现场加工时，宜采取集中加工方式。

③钢筋连接宜采用机械连接方式。

④进场钢筋原材料和加工半成品应存放有序、标识清晰、储存环境适宜，并应制定保管制度，采取防潮、防污染等措施。

⑤钢筋除锈时，应采取避免扬尘和防止土壤污染的措施。

⑥钢筋加工中使用的冷却液体，应过滤后循环使用，不得随意排放。

⑦钢筋加工产生的粉末状废料，应收集和处理，不得随意掩埋或丢弃。

⑧钢筋安装时，绑扎丝、焊剂等材料应妥善保管和使用，散落的余废料应收集利用。

⑨箍筋宜采用一笔箍或焊接封闭箍。

2）模板工程

①应选用周转率高的模板和支撑体系。模板宜选用可回收利用率高的塑料、铝合金等材料。

②宜使用大模板、定型模板、爬升模板和早拆模板等工业化模板及支撑体系。

③当采用木或竹制模板时，宜采取工程化定型加工、现场安装的方式，不得在工作面上直接加工拼装。在现场加工时，应设封闭场所集中加工，并采取隔声和防粉尘措施。

④模板安装精度应符合现行国家标准《混凝土结构工程施工质量验收规范》(GB 50204—2015）的要求。

⑤脚手架和模板支撑宜选用承插式、碗扣式、盘扣式等管件合一的脚手架材料搭设。

⑥高层建筑结构施工，应采用整体或分片提升的工具式脚手架和分断悬挑式脚手架。

⑦模板及脚手架施工应回收散落的铁钉、铁丝、扣件、螺栓等材料。

⑧短木方应叉接接长，木、竹胶合板的边角余料应拼接并利用。

⑨模板脱模剂应选用环保型产品，并派专人保管和涂刷，剩余部分应加以利用。

⑩模板拆除宜按支设的逆向顺序进行外，不得硬撬或重砸。拆除平台楼层的底模，应采取临时支撑、支垫等防止模板坠落和损坏的措施，并应建立维护维修制度。

3）混凝土工程

①在混凝土配合比设计时，应减少水泥用量，增加工业废料、矿山废渣的掺量；当混凝土中添加粉煤灰时，宜利用其后期强度。

②混凝土宜采用泵送、布料机布料浇筑；地下大体积混凝土宜采用溜槽或串筒浇筑。

③超长无缝混凝土结构宜采用滑动支座法、跳仓法和综合治理法施工；当裂缝控制要求较高时，可采用低温补仓法施工。

④混凝土应采用低噪声振捣设备振捣，也可采取围挡降噪措施；在噪声敏感环境或钢筋密集时，宜采用自密实混凝土。

⑤混凝土宜采用塑料薄膜加保温材料覆盖保湿、保温养护；当采用洒水或喷雾养护时，养护用水宜使用回收的基坑降水或雨水；混凝土竖向构件宜采用养护剂进行养护。

⑥混凝土结构宜采用清水混凝土，其表面应涂刷保护剂。

⑦混凝土浇筑余料应制成小型预制件，或采用其他措施加以利用，不得随意倾倒。

⑧清洗泵送设备和管道的污水应经沉淀后回收利用，浆料分离后可作室外道路、地面等垫层的回填材料。

3. 砌体结构工程

①砌体结构宜采用工业废料或废渣制作的砌块及其他节能环保的砌块。

②砌块运输宜采用托板整体包装，现场应减少二次搬运。

③砌块湿润和砌体养护宜使用检验合格的非自来水源。

④混合砂浆掺合料可使用粉煤灰等工业废料。

⑤砌筑施工时，落地灰应及时清理、收集和再利用。

⑥砌块应按组砌图砌筑；非标准砌块应在工厂加工按计划进场，现场切割时应集中加工，并采取防尘降噪措施。

⑦毛石砌体砌筑时产生的碎石块，应加以回收利用。

4. 钢结构工程

①钢结构深化设计时，应结合加工、运输、安装方案和焊接工艺要求，确定分段、分节数量和位置，优化节点构造，减少钢材用量。

②钢结构安装连接宜选用高强螺栓连接，钢结构宜采用金属涂层进行防腐处理。

③大跨度钢结构安装宜采用起重机吊装、整体提升、顶升和滑移等机械化程度高、劳动强度低的方法。

④钢结构加工应制订废料减量计划，优化下料，综合利用余料，废料应分类收集、集中堆放、定期回收处理。

⑤钢材、零（部）件、成品、半成品件和标准件等应堆放在平整、干燥的场地或仓库内。

⑥复杂空间钢结构的制作和安装，应预先采用仿真技术模拟施工过程和状态。

⑦钢结构现场涂料应采用无污染、耐候性好的材料。防火涂料喷涂施工时，应采取防止涂料外泄的专项措施。

5. 其他

①装配式混凝土结构安装所需的埋件和连接件以及室内外装饰装修所需的连接件，应在工厂制作时准确预留、预埋。

②钢混组合结构中的钢结构构件，应结合配筋情况，在深化设计时确定与钢筋的连接方式。钢筋连接、套筒焊接、钢筋连接板焊接及预留孔应在工厂加工时完成，严禁安装时随意割孔或后焊接。

③索膜结构施工时，索、膜应工厂化制作和裁剪，现场安装。

附录C 建筑工程绿色施工评价标准

一、基本规定

①绿色施工评价应以建筑工程施工过程为对象进行评价。

②绿色施工项目应符合以下规定。

建立绿色施工管理体系和管理制度，实施目标管理。

根据绿色施工要求进行图纸会审和深化设计。

施工组织设计及施工方案应有专门的绿色施工章节，绿色施工目标明确，内容应涵盖“四节一环保”要求。

工程技术交底应包含绿色施工内容。

采用符合绿色施工要求的新材料、新工艺、新技术、新机具进行施工。

建立绿色施工培训制度，并有实施记录。

根据检查情况，制定持续改进措施。

采集和保存过程管理资料、见证资料和自检评价记录等绿色施工资料。

在评价过程中，应采集反映绿色施工水平的典型图片或影像资料。

③发生下列事故之一，不得评为绿色施工合格项目。

发生安全生产死亡责任事故。

发生重大质量事故，并造成严重影响。

发生群体传染病、食物中毒等责任事故。

施工中因“四节一环保”问题被政府管理部门处罚。

违反国家有关“四节一环保”的法律法规，造成严重社会影响。

施工扰民造成严重社会影响。

二、评价框架体系

①评价阶段宜按地基与基础工程、结构工程、装饰装修与机电安装工程进行。

②建筑工程绿色施工应根据环境保护、节材与材料资源利用、节水与水资源利用、节能与能源利用和节地与土地资源保护五个要素进行评价。

③评价要素应由控制项、一般项、优选项三类评价指标组成。

④评价等级应分为不合格、合格和优良。

⑤绿色施工评价框架体系应由评价阶段、评价要素、评价指标、评价等级构成。

三、环境保护评价指标

1. 控制项

①现场施工标牌应包括环境保护内容。

②施工现场应在醒目位置设环境保护标识。

③施工现场应对文物古迹、古树、名木采取有效保护措施。

④现场食堂有卫生许可证，炊事员持有效健康证明。

2. 一般项

1）资源保护应符合下列规定

①应保护场地四周原有地下水形态，减少抽取地下水。

②危险品、化学品存放处及污物排放应采取隔离措施。

2）人员健康应符合下列规定

①施工作业区和生活办公区应分开布置，生活设施应远离有毒有害物质。

②生活区应有专人负责，并有消暑或保暖措施。

③现场工人劳动强度和工作时间应符合现行国家标准《体力劳动强度等级》(GB 3869—19971)的有关规定。

④从事有毒、有害、有刺激性气味和强光、强噪施工的人员应佩戴与其相应的防护器具。

⑤深井、密闭环境、防水和室内装修施工应有自然通风或临时通风设施。

⑥现场危险设备、地段、有毒物品存放地应配置醒目安全标志，施工应采取有效防毒、防污、防尘、防潮、通风等措施，应加强人员健康管理。

⑦厕所、卫生设施、排水沟及阴暗潮湿地带应定期消毒。

⑧食堂各类器具应清洁，个人卫生、操作行为应规范。

3）扬尘控制应符合下列规定

①现场应建立洒水清扫制度，配备洒水设备，并应有专人负责。

②对裸露地面、集中堆放的土方应采取抑尘措施。

③运送土方、渣土等易产生扬尘的车辆应采取封闭或遮盖措施。

④现场进出口应设冲洗池和吸湿垫，应保持进出现场车辆清洁。

⑤易飞扬和细颗粒建筑材料应封闭存放，余料及时回收。

⑥易产生扬尘的施工作业应采取遮挡、抑尘等措施。

⑦拆除爆破作业应有降尘措施。

⑧高空垃圾清运应采用密封式管道或垂直运输机械完成。

⑨现场使用散装水泥有密闭防尘措施。

4）废弃排放控制应符合下列规定

①进出场车辆及机械设备废气排放应符合国家年检要求。

②不应使用煤作为现场生活的燃料。

③电焊烟气的排放应符合现行国家标准《大气污染物综合排放标准》(DB 11/501—2007）的规定。

④不应在现场燃烧木质下脚料。

5）建筑垃圾处理应符合下列规定

①建筑垃圾应分类收集，集中堆放。

②废电池、废墨盒等有毒有害的废弃物应封闭回收，不应混放。

③有毒有害废物分类率应达到100%。

④垃圾桶应分为可回收利用与不可回收利用两类，并定期清运。

⑤建筑垃圾回收利用率应达到30%。

⑥碎石和土石方类等废料应用作地基和路基填埋材料。

6）污水排放应符合下列规定

①现场道路和材料堆放场周边应设排水沟。

②工程污水和实验室养护用水应经处理达标后排入市政污水管道。

③现场厕所应设置化粪池，化粪池应定期清理。

④工地厨房应设隔油池，并应定期清理。

⑤雨水、污水应分流排放。

7）光污染控制应符合下列规定

①夜间焊接作业时，应采取挡光措施。

②工地设置大型照明灯具时，应有防止强光线外泄的措施。

8）噪声控制宜符合下列规定

①应采用先进机械、低噪声设备进行施工，机械、设备应定期保养维护。

②产生噪声较大的机械设备，应尽量远离施工现场办公区、生活区和周边住宅区。

③混凝土输送泵、电锯房等应设有吸音降噪屏或其他降噪措施。

④夜间施工噪声声强值应符合国家有关规定。

⑤吊装作业指挥应使用对讲机传达指令。

9）其他

①施工现场应设置连续、密闭能有效隔绝各类污染的围挡。

②施工中，开挖土方应合理回填利用。

3. 优选项

①施工作业面应设置隔声设施。

②现场应设置可移动环保厕所，并应定期清运、消毒。

③现场应设噪声监测点，并应实施动态监测。

④现场应有医务室，人员健康应急预案应完善。

⑤施工应采取基坑封闭降水措施。

⑥现场应采用喷雾设备降尘。

⑦建筑垃圾回收利用率应达到50%。

⑧工程污水应采取去泥沙、除油污、分解有机物、沉淀过滤、酸碱中和等处理方式，实现达标排放。

四、节材与材料资源利用评价标准

1. 控制项

①应根据就地取材的原则进行材料选择并有实施记录。

②应有健全的机械保养、限额领料、建筑垃圾再生利用等制度。

2. 一般项

1）材料的选择应符合下列规定

①施工应选用绿色、环保材料。

②临建设施应采用可拆迁、可回收材料。

③应利用粉煤灰、矿渣、外加剂等新材料，降低混凝土及砂浆中的水泥用量；粉煤灰、矿渣、外加剂等新材料掺量应按供货单位推荐掺量、使用要求、施工条件、原材料等因素通过试验确定。

2）材料节约应符合下列规定

①应采用管件合一的脚手架和支撑体系。

②应采用工具式模板和新型模板材料，如铝合金、塑料、玻璃钢和其他可再生材质的大模板和钢框镶边模板。

③材料运输方法应科学，应降低运输损耗率。

④应优化线材下料方案。

⑤面材、块材镶贴应做到预先总体排版。

⑥应因地制宜，采用新技术、新工艺、新设备、新材料。

⑦应提高模板、脚手架体系的周转率。

3）资源再生利用应符合下列规定

①建筑余料应合理使用。

②板材、块材等下脚料和撒落混凝土及砂浆应科学利用。

③临建设施应充分利用既有建筑物、市政设施和周边道路。

④现场办公用纸应分类摆放，纸张应两面使用，废纸应回收。

3. 优选项

①应编制材料计划，应合理使用材料。

②应采用建筑配件整体化及建筑构件装配化安装的施工方法。

③主体结构施工应选择自动提升、顶升模架或工作平台。

④建筑材料包装物回收率应达到100%。

⑤现场应使用预拌砂浆。

⑥水平承重模板应采用早拆支撑体系。

⑦现场临建设施、安全防护设施应定型化、工具化、标准化。

五、节水与水资源利用评价指标

1. 控制项

①签订标段分包或劳务合同时，应将节水指标纳入合同条框。

②应有计量考核记录。

2. 一般项

1）节约用水应符合下列规定

①应根据工程特点，制定用水定额。

②施工现场供、排水系统应合理使用。

③施工现场办公区、生活区的生活用水采用节水器具，节水器具配置率应达到100%。

④施工现场对生活用水与工程用水应分别计量。

⑤施工中应采用先进的节水施工工艺。

⑥混凝土养护和砂浆搅拌用水应合理，应有节水措施。

⑦管网和用水器具不应有渗漏。

2）水资源的利用应符合下列规定

①基坑降水应储存使用。

②冲洗现场机具、设备、车辆用水，应设立循环用水装置。

3. 优选项

①施工现场应建立基坑降水再利用的收集处理系统。

②施工现场应有雨水收集利用的设施。

③喷洒路面、绿化浇灌不应使用自来水。

④生活、生产污水应处理并使用。

⑤现场应使用经检验合格的非传统水源。

六、节能与能源利用评价指标

1. 控制项

①对施工现场的生产、生活、办公和主要耗能施工设备应设有节能的控制措施。

②对主要耗能施工设备应定期进行耗能计算核算。

③国家、行业、地方政府明令淘汰的施工设备、机具和产品不应使用。

2. 一般项

1）临时用电设施应符合下列规定

①应采取节能型设备。

②临时用电应设置合理，管理制度应齐全并应落实到位。

③现场照明设计应符合国家现行标准《施工现场临时用电安全技术规范》（JGJ 46—2005）的规定。

2）机械设备应符合下列规定

①应采用能源利用效率高的施工机械设备。

②施工机具资源应共享。

③应定期监控重点耗能设备的能源利用情况，并有记录。

④建立设备技术档案，并应定期进行设备维护、保养。

3）临时设施应符合下列规定

①施工临时设施应结合日照和风向等自然条件，合理采用自然采光、通风和外窗遮阳设施。

②临时施工用房应使用热工性能达标的复合墙体和屋面板，顶棚宜采用吊顶。

4）材料运输与施工应符合下列规定

①建筑材料的选用应缩短运输距离，减少能源消耗。

②应采用能耗少的施工工艺。

③应合理安排施工工序和施工进度。

④应尽量减少夜间作业和冬期施工的时间。

3. 优选项

①根据当地气候和自然资源条件，应合理利用太阳能或其他可再生资源。

②临时用电设备应采用自动控制装置。

③使用的施工设备和机具应符合国家、行业有关节能、高效、环保的规定。

④办公、生活和施工现场，采用节能照明灯具的比例应大于80％。

⑤办公、生活和施工现场用电应分别计算。

七、节地和土地资源保护评价指标

1. 控制项

①施工现场布置应合理并应实施动态管理。

②施工临时用地应有审批用地手续。

③施工单位应充分了解施工现场及毗邻区域内人文景观保护要求、工程地质情况及基础设施管线分布情况，制定相应保护措施，并应报请相关方核准。

2. 一般项

1）节约用地应符合下列规定

①施工总平面布置应紧凑，并应尽量减少占地。

②在经批准的临时用地范围内组织施工。

③应根据现场条件，合理设计场内交通道路。

④施工现场临时道路布置应与原有及永久道路兼顾考虑，并应充分利用拟建道路为施工服务。

⑤应采用预拌混凝土。

2）保护用地应符合下列规定

①应采取防止水土流失的措施。

②应充分利用山地、荒地作为取、弃土场的用地。

③施工后应恢复植被。

④应对深基坑施工方案进行优化，并应减少土方开挖和回填量，保护用地。

⑤在生态脆弱的地区施工完成后，应进行地貌复原。

3. 优选项

①临时办公和生活用房应采用结构可靠的多层轻钢活动板房、钢骨架多层水泥活动板房等可重复使用的装配式结构。

②对施工发现的地下文物资源，应进行有效保护，处理措施恰当。

③地下水位控制应对相邻地表和建筑物无有害影响。

④钢筋加工应配送化，构件制作应工厂化。

⑤施工总平面布置应能充分利用和保护原有建筑物、构筑物、道路和管线等，职工宿舍应能满足2 m^2/人的使用面积要求。

八、评价方法

①绿色施工项目自评价次数每月不少于1次，且每阶段不应少于1次。

②评价方法。

控制项指标，必须全部满足，评价方法见表 C-1。

表 C-1　控制项评价方法

评分要求	结论	说明
措施到位，全部满足考评指标要求	符合要求	进入评分流程
措施不到位，不满足考评指标要求	不符合要求	一票否决，为非绿色施工项目

一般项指标，应根据实际发生项执行的情况计分，评价方法见表 C-2。

表 C-2　一般项计分标准

评分要求	评分
措施到位，满足考评指标要求	2
措施基本到位，部分满足考评指标要求	1
措施不到位，不满足考评指标要求	0

优选项指标，应根据实际发生项执行的情况计分，评价方法见表 C-3。

表 C-3　优选项计分标准

评分要求	评分
措施到位，满足考评指标要求	1
措施基本到位，部分满足考评指标要求	0.5
措施不到位，不满足考评指标要求	0

③要素评价得分应符合下列规定。

一般项得分按百分制折算，并按下式进行计算：

$$A=\frac{B}{C}\times 100$$

式中　A——折算分；

B——实际发生项条目实得分之和；

C——实际发生项条目应得分之和。

优选项计分应按照优选项实际发生条目加分求和 D；

要素评价得分：要素评价得分 F=一般项折算分 A+优选项加分 D。

④批次评价得分应符合下列规定。

批次评价应按表 C-4 的规定进行要素权重确定。

表 C-4　批次评价要素权重系数

评价要素	地基与基础、结构工程、装饰装修与机电安装
环境保护	0.3
节材与材料资源利用	0.2

续表 C-4

评价要素	地基与基础、结构工程、装饰装修与机电安装
节水与水资源利用	0.2
节能与能源利用	0.2
节地与施工用地保护	0.1

批次评价得分 $E=\sum$(要素评价得分 $F\times$权重系数)。

⑤阶段评价得分 $G=\dfrac{\sum \text{批次评价得分 } E}{\text{评价批次数}}$

⑥单位工程绿色评价得分应符合下列规定。

单位工程评价应按表 C-5 的规定进行要素权重确定。

表 C-5　单位工程要素权重系数表

评价阶段	权重系数
地基与基础	0.3
结构工程	0.5
装饰装修与机电安装	0.2

单位工程评价得分 $W=\sum$(阶段评价得分 $G\times$权重系数)。

⑦单位工程绿色施工等级应按下列规定进行判定。

有下列情况之一者为不合格：

控制项不满足要求；

单位工程总得分 $W<60$ 分；

结构工程阶段得分<60 分。

满足以下条件者为合格：

控制项全部满足要求；

单位工程总得分 60 分$\leqslant W<80$ 分，结构工程得分$\geqslant$60 分；

每个评价要素至少各有一项优选项得分，优选项总分$\geqslant$5 分。

满足以下条件者为优良：

控制项全部满足要求；

单位工程总得分 $W\geqslant80$ 分，结构工程得分$\geqslant$80 分；

每个评价要素中至少有两项优选项得分，优选项总分$\geqslant$10 分。

参考文献

[1] 建设部．绿色施工导则．建质［2007］223号．

[2] 环境保护部，国家质量监督检验检疫总局．建筑施工场界噪声排放标准（GB 12523—2011）［S］．北京：中国环境科学出版社，2010.

[3] 中华人民共和国住房和城乡建设部．建筑工程绿色施工评价标准（GB/T 50640—2014）［S］．北京：中国建筑工业出版社，2014.

[4] 中华人民共和国住房和城乡建设部．建筑施工手册（第五版）［M］．北京：中国建筑工业出版社，2012.

[5] 中华人民共和国国家标准．混凝土结构设计规范（GB 50010—2010）［S］．北京：中国建筑工业出版社，2011.

[6] 肖绪文，罗能镇，蒋立红，马荣全．建筑工程绿色施工［M］．北京：中国建筑工业出版社，2013.

[7] 侯君伟．装配式混凝土住宅工程施工手册［M］．北京：中国建筑工业出版社，2015.

[8] 沈建祥．绿色建筑施工管理［J］．中国新技术新产品，2009（16）：11－15.

[9] 王桂玲，王龙志，张海霞，崔鑫，宋生辉．植生混凝土的含义、技术指标及研究重点［J］//预拌混凝土，2013（1）：105－109.

[10] 张庆国，毕秀丽．强夯法加固机理与应用［M］．济南：山东科学技术出版社，2003.

[11] 住房和城乡建设部．混凝土结构工程施工质量验收规范（GB 50204—2015）［S］．北京：中国建筑工业出版社，2015.

[12] 杨志贤，魏阳平．灌注桩施工中的一些问题的处理措施［J］//公路，2005（9）：43－44.

[13] 邓友生．桩基检测技术新进展［J］//嘉兴大学学报：自然科学版，2003（6）：211－12.

[14] 张朝辉．多孔植被混凝土研究［D］．重庆：重庆大学，2006（10）．

[15] 冯辉荣，聂丽华，罗仁安，等．绿化混凝土的研究进展［J］//混凝土，2015（12）：25－28.